"十三五"江苏省高等学校重点教材
（编号：2020-2-172）

材料力学

CAILIAO LIXUE

主 编 冯 鲜 蒋学东 吴 犇

副主编 杨德云 谭 飞 李 芳 张 野

华中科技大学出版社
http://www.hustp.com
中国·武汉

内 容 简 介

本书涵盖了材料力学的主要内容,包括绪论,轴向拉伸与压缩变形,剪切与挤压,扭转变形,弯曲内力,弯曲应力,弯曲变形,应力与应变分析、强度理论,组合变形,压杆稳定,动载荷,有限元分析与建模等共十二章,具有较大的专业覆盖面,可以满足不同专业、不同学时课程的需要。

本书注重基本概念,对工程应用、解题方法的介绍翔实清楚,尽力做到结构严谨、层次分明、通俗易懂。考虑到应用型人才的培养要求,对内容进行了适当的取舍,简化了理论推导,加大了例题、思考题的分量,将减速机中轴系的设计计算融入组合变形,增加了有限元分析章节,着重培养学生的实际应用能力。

图书在版编目(CIP)数据

材料力学/冯鲜,蒋学东,吴犇主编.—武汉:华中科技大学出版社,2021.6
ISBN 978-7-5680-7259-5

Ⅰ.①材… Ⅱ.①冯… ②蒋… ③吴… Ⅲ.①材料力学-高等学校-教材 Ⅳ.①TB301

中国版本图书馆 CIP 数据核字(2021)第 140126 号

材料力学
Cailiao Lixue

冯　鲜　蒋学东　吴　犇　主编

策划编辑:康　序
责任编辑:狄宝珠
封面设计:孢　子
责任监印:朱　玢
出版发行:华中科技大学出版社(中国·武汉)　　　电话:(027)81321913
　　　　　武汉市东湖新技术开发区华工科技园　　　邮编:430223
录　　排:华中科技大学惠友文印中心
印　　刷:武汉市籍缘印刷厂
开　　本:787mm×1092mm　1/16
印　　张:17.75
字　　数:442 千字
版　　次:2021 年 6 月第 1 版第 1 次印刷
定　　价:58.00 元

本书是为应用型本科院校编写的材料力学教材,主要适合于相关院校工科各专业材料力学课程以及工程力学课程中材料力学部分的教学,也可以用作高职高专、自考和成人教育等相关专业的教材。

本书涵盖了材料力学的主要内容,包括绪论,轴向拉伸与压缩变形,剪切与挤压,扭转变形,弯曲内力,弯曲应力,弯曲变形,应力与应变分析、强度理论,组合变形,压杆稳定,动载荷,有限元分析与建模等共十二章,具有较大的专业覆盖面,可以满足不同专业、不同学时课程的需要。

本书注重基本概念,对工程应用、解题方法的介绍翔实清楚,尽力做到结构严谨、层次分明、通俗易懂。考虑到应用型人才的培养要求,对内容进行了适当的取舍,简化了理论推导,加大了例题、思考题的分量,将减速机中轴系的设计计算融入组合变形,增加了有限元分析章节,着重培养学生的实际应用能力。

参加本书编写工作的有无锡太湖学院的冯鲜、杨德云、谭飞,常州大学的蒋学东,哈尔滨华德学院的吴犇、张野,三江学院的李芳。其中,冯鲜、蒋学东、吴犇任主编,杨德云、谭飞、李芳、张野任副主编,冯鲜负责全书的统稿定稿工作。

为了方便教学,本书还配有电子课件等资料,可以在"我们爱读书"网(www.ibook4us.com)浏览,任课老师可以发邮件至 hustpeiit@163.com 索取。

本书借鉴了近年来国内应用型本科院校力学课程的教学经验,但由于编者能力有限,书中难免会存在不足之处,衷心希望读者批评指正。

第1章
绪论

知识目标：

1.理解安全性的三大指标：强度、刚度和稳定性的概念；

2.了解变形体的四个基本假设；

3.掌握利用截面法求解内力的方法，掌握应力的概念。

能力素质目标：

1.培养学生对终身学习的正确认识；

2.培养学生具有不断学习和适应发展的能力。

◀ 1.1 材料力学的研究对象和任务 ▶

材料力学是固体力学的一个基础分支,为解决机械、土木、水利、交通、石油化工和航空航天等工程问题提供了理论依据和计算方法。理论力学将物体抽象为刚体,实际上,任何固体在外力作用下都会发生变形,材料力学的研究对象是可变形固体材料。工程中遇到的各种建筑物或机械都是由若干零(部)件组成的,这些零(部)件统称为构件。根据构件的几何特征,可将其分为杆件、板、壳和块体等。

材料力学主要研究纵向尺寸远大于横向尺寸的构件,这种构件称为杆件。杆件的主要几何因素有两个,即轴线和横截面。按照轴线的曲直,杆件可分为直杆和曲杆;根据横截面的形状和大小是否沿轴线变化,杆件可分为等截面杆和变截面杆。轴线为直线且截面沿轴线不发生变化的杆件称为等截面直杆,简称等直杆。这是最为常见的一类杆,也是材料力学最主要的研究对象。

当结构或机械承受载荷或传递运动时,要保证结构或机械安全地工作,其组成构件必须要有足够的承受载荷的能力,这种承受载荷的能力简称**承载能力**。如果构件设计得相对薄弱或选材不恰当,就可能发生破坏或产生过大变形,从而影响整体的安全或正常工作,甚至造成严重的工程事故;相反,如果构件设计得过于保守或选材质量太好,虽然构件、整体都能安全地工作,但构件的承载能力不能充分发挥,既浪费材料、提高成本,又增加重量,亦不可取。因此,构件的设计是否合理,主要考虑两个因素,即安全性和经济性。既要安全,有足够的承载能力,又要经济,以适度、够用为原则。材料力学提供了解决经济与安全矛盾的理论依据和计算方法。此外,材料力学还在基本概念、基本理论和基本方法等方面,为结构力学、弹性力学、机械零件等后续课程提供了理论基础。

为保证整个结构或机械正常地工作,构件应当满足以下要求。

1. 强度要求

在规定载荷的作用下,构件不发生破坏。这里的破坏是指构件发生断裂或产生明显的塑性变形。例如,机床主轴不应发生断裂,隧道不能坍塌等。强度是指在外力作用下,构件抵抗破坏的能力。

2. 刚度要求

在载荷作用下,构件除须满足强度条件外,还要求不能产生过大的变形。如果轮轴变形过大,将使轴上的齿轮啮合不良,从而造成轴承的不均匀磨损。刚度是指在外力作用下,构件抵抗变形的能力。

3. 稳定性要求

承受载荷作用时,构件在其原有形态下的平衡称为稳定平衡。例如,千斤顶的螺杆、房屋的柱子,这类构件若是细长杆,在压力作用下,杆轴线有发生弯曲的可能。为保证其正常工作,要求这类构件始终保持直线的平衡状态。稳定性是指构件保持其原有平衡状态的能力。

构件的强度、刚度和稳定性均与材料的力学性能(主要指在外力作用下,材料表现出的抵抗变形和破坏等方面的性能)有关,这些力学性能均需通过材料力学试验来测定。此外,经过简化得出的理论是否可信也要靠试验来验证。尚无理论结果的问题,还要借助试验方法来解决。试验分析和理论研究都是完成材料力学任务所必需的手段。

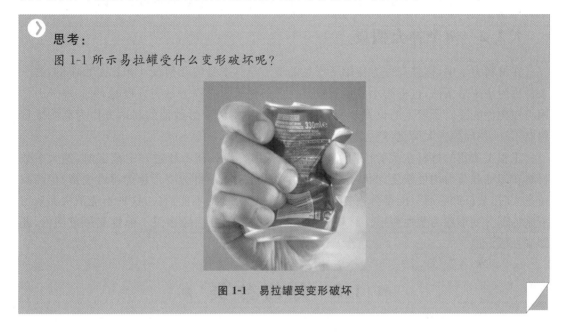

思考:

图 1-1 所示易拉罐受什么变形破坏呢?

图 1-1　易拉罐受变形破坏

◀ 1.2　可变形固体的基本假设和补充假设 ▶

　　结构或机械的构件是由各种材料制成的,虽然其物质结构和性质各异,但都为固体,且在载荷的作用下,都会发生尺寸和形状的变化,故在材料力学中,称其为可变形固体。对可变形固体材料构件进行强度、刚度和稳定性研究时,为简化计算,常依据所研究问题的性质略去部分次要因素,建立理想化的力学模型,从而简化研究的问题,或解决用精确理论方法难以求解的问题。材料力学中对可变形固体提出了如下三个基本假设和两个补充假设。

1.2.1　可变形固体的基本假设

为研究问题的方便,材料力学对变形固体作出下列假设:

1. 连续性假设

假设:组成固体的物质毫无空隙地充满了固体所占有的整个几何空间。这样,在材料力学中,就可以将力学参量表示为固体上点的坐标的连续函数,并可以采用数学分析中的微积分方法。

2. 均匀性假设

假设固体的力学性能在固体内处处相同。这样,从构件的任何部位截取的任意大小的部分,都具有完全相同的力学性能。

3. 各向同性假设

假设固体在各个方向上的力学性能完全相同。

即在材料力学中,将制作构件的材料视为连续、均匀、各向同性的可变形固体。

1.2.2 两个补充假设

在材料力学中,构件在外力作用下产生的变形与其本身的几何尺寸相比是很小的,这一条件称为小变形条件,也称为小变形假设。在此条件下建立静力平衡方程时,可忽略外力作用点在构件变形时所发生的位置改变,计算时还可将构件变形数值的高次方作为高阶微量忽略不计,使问题大大简化,产生的误差也极其微小。

工程上所用的材料在载荷作用下均会发生变形。当载荷不超过一定范围时,绝大多数材料在卸除载荷后均可恢复原状,这种卸载后能完全消失的部分变形称为弹性变形;但当载荷过大时,载荷卸除后只能部分恢复而残留下来一部分变形不能消失,这种不能消失而残留下来的部分变形称为塑性变形。材料力学所研究的大部分问题多限于弹性变形范围内,此即弹性假设。

◀ 1.3 力 的 分 类 ▶

1. 按力的来源分类

力按来源可分为主动力和约束力。一般而言,主动力是载荷,约束力是被动力,是为了阻止物体因载荷作用产生运动趋势所起的反作用。

2. 按力的作用范围分类

力按作用范围可分为分布力和集中力,其中分布力可分为体积分布力、面积分布力和线性分布力。

1)分布力

(1)体积分布力。体积分布力是指连续分布于物体整个体积内各点的力,如物体的重力和惯性力等。

(2)面积分布力。面积分布力是指连续作用于物体某一面积内各点的力,如液体对容器壁的压力。

(3)线性分布力。线性分布力是指连续作用于杆件轴线内各点的力。如楼板对屋梁的作用力,若外力分布范围远小于物体的表面尺寸,可将其简化为分布在梁轴线上的线性分布力。

2)集中力

若载荷分布范围趋近零,则可将分布力简化为作用于一点的集中力,如火车轮对钢轨的压力、滚珠轴承对轴的反作用力等。

3. 按力与时间的关系分类

力按与时间的关系可分为静载荷和动载荷。

1）静载荷

静载荷是指随时间变化极缓慢或不变化的载荷。例如，缓慢放置于基础上的机器对基础施加的即为静载荷。

2）动载荷

动载荷是指随时间发生显著变化的载荷。按其变化方式又可分为交变载荷和冲击载荷。交变载荷是指随时间呈周期性变化的载荷，例如，齿轮转动时，每一个齿上受到的啮合力即为随时间呈周期性变化的交变载荷；冲击载荷是指在瞬时时间内施加于物体的载荷，例如，锻造时，气锤与工件的接触是在瞬间完成的，工件和气锤受到的均为冲击载荷。

应当指出，材料在静载荷作用下的力学性能与动载荷作用下的力学性能有很大不同，分析方法也颇有差异，本书主要讨论静载荷作用的问题。

◀ 1.4 截 面 法 ▶

对确定的研究对象来说，其他物体作用于其上的力称为**外力**。物体在外力作用下发生尺寸和形状改变的原因是内部各质点间的相对位置发生了改变，导致各质点之间的相互作用力发生变化，这种由外力作用而引起的相互作用力的改变量在某截面上对某点的主矢和主矩称为该截面上的**内力**。为了与分子之间的结合力相区分，这种内力也称为附加内力。附加内力随外力的增加而增大，当达到某一极限时，物体就会发生破坏，故它与构件的承载能力密切相关。

为了显示和计算构件的内力，假想地用一个截面将其截开。图 1-2（a）所示截面 m—m 将构件分为 A 和 B 两部分，取其中任意部分（图中取 A）为研究对象，弃去的 B 部分对留下的 A 部分的作用以截面上的分布力系来代替，如图 1-2（b）所示。由材料的连续性假设可知，该分布力系是连续分布于整个截面上的。构件整体处于平衡状态，因此取其任意一部分也应满足平衡条件，即 A 在 F_3、F_4 及 m—m 面上的分布力系作用下满足平衡条件，当作用于 A 部分上的外力已知时，可由静力平衡方程求得该分布力系对截面形心的主矢和主矩。根据作用力与反作用力的关系，B 部分也受到 A 部分作用的大小相等、方向相反的作用力。

这种假想地用一个截面将构件截分为两部分，取其中的任意部分为脱离体，利用静力平衡方程求解截面上内力的方法称为截面法，此法是材料力学求解内力的基本方法，可将其概括为截、留、代、平四个字。

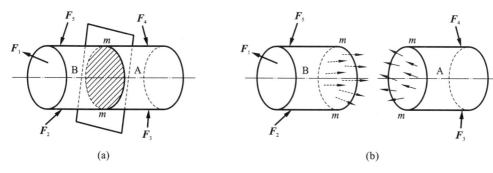

（a）   （b）

图 1-2 截面法

截:在所求内力处假想地用一个截面将构件一分为二。

留:留下其中任意一部分作为研究对象。

代:将弃去部分对留下部分的作用代之以内力。

平:对所取的研究对象建立静力学平衡方程,求解该截面上的内力。

◀ 1.5 应 力 ▶

> **思考:**
> 图 1-3 所示跳水板如果破坏,会从哪个截面先断裂呢?

图 1-3 跳水板问题

截面法求的是构件截面上分布内力系对截面形心的主矢和主矩,这并不能准确说明其在截面内某一点处的强弱程度。分析构件的强度时,分布内力系在各点的强弱程度(内力集度)是至关重要的。例如,材料相同而粗细不同的两根杆件受等大轴向拉力作用,两者同时缓慢等速加载时,细杆将先被拉断。这表明,虽然两杆截面上的内力相等,但内力的分布集度并不相同,细杆截面上内力的分布集度比粗杆的大,故在材料相同的情况下,导致杆件被破坏的因素不仅有内力的大小,还应考虑内力的集度,因此只知道构件截面上的内力是不够的,仍需进一步研究内力的分布集度。通常将内力的分布集度称为**应力**。

在截面内的点 K 处取一微小面积 ΔA,如图 1-4(a)所示。由于内力在整个截面上是连续分布的,因此,可用 ΔA 上作用的微小内力大小 ΔF 与 ΔA 的比值来表示平均应力的大小,即

$$p_{平均} = \frac{\Delta F}{\Delta A}$$

为消除所取面积 ΔA 大小的影响,令 ΔA 趋于零,此时点 k 处的应力大小为

$$p = \lim_{\Delta A \to 0} \frac{\Delta F}{\Delta A} = \frac{\mathrm{d}F}{\mathrm{d}A}$$

它代表了分布内力在 K 点的集度,称为 K 点的应力。

通常,将应力 p 分解为沿截面法向和切向的两个分量,如图 1-4(b)所示。其中:法向应力分量称为正应力,记作 $\boldsymbol{\sigma}$;切向应力分量称为切应力,记作 $\boldsymbol{\tau}$。

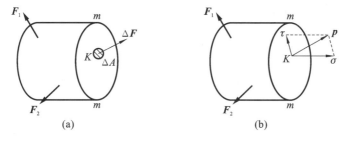

图 1-4 应力示例

在国际单位制中,应力的单位为 Pa(帕),$1\ \mathrm{Pa}=1\ \mathrm{N/m^2}$。由于 Pa 这个单位太小,故常用 MPa(兆帕),$1\ \mathrm{MPa}=10^6\ \mathrm{Pa}$;有时还采用 GPa(吉帕),$1\ \mathrm{GPa}=10^9\ \mathrm{Pa}$。

思考:
如图 1-5 所示,公交车上的逃生锤敲玻璃的哪个位置最好?

图 1-5 逃生锤敲玻璃的位置

◀ 1.6 正应变与切应变 ▶

物体在外力作用下发生的尺寸和形状的改变称为**变形**。变形会使物体上各点、线和面的空间位置发生改变,称为**位移**。

自物体上某一点的初始位置向其最终位置连直线,该距离称为点的线位移。物体上的某一直线段或某一平面在物体变形时所旋转的角度,称为该线或该面的角位移。

1. 正应变

为了研究构件内各点处的变形,可假想将构件分为诸多微元体,称单元体,通常取正六面体。图 1-6 所示为从构件内某一点 M 处取出的一个微小单元体,其沿 x 轴方向的棱边 AB 原长为 Δx 变形后变为 $\Delta x + \Delta u$。Δu 为 AB 线段的绝对变形,其大小与原长 Δx 有关。当 AB 线段内各点处的变形程度相同时,线段 AB 的相对变形(也称为正应变式线应变)ε 为

$$\varepsilon = \frac{\Delta u}{\Delta x}$$

它是一个无量纲的量。若线段 AB 内各点处的变形程度不同,则此比值是线段 AB 的平均线应变。当 Δx 趋于零时,点 M 沿 x 方向的线应变为

$$\varepsilon_x = \lim_{\Delta x \to 0} \frac{\Delta u}{\Delta x} = \frac{\mathrm{d}u}{\mathrm{d}x}$$

2. 切应变

当构件发生变形后,上述正六面体除棱边的长度发生改变外,两条相互垂直的线段 AC 和 AB 之间的夹角也可能发生变化(见图 1-7),不再保持为直角,直角角度的改变量 γ 称为切应变,也称角应变。它也是一个无量纲的量,通常用弧度(rad)来度量。

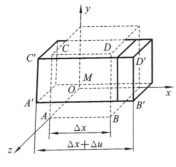

图 1-6　正应变示例

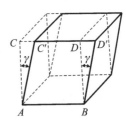

图 1-7　切应变示例

显然,当整个物体变形时,它包含的所有微小单元体也将随之变形,而每一单元体的变形不外乎各棱边长度的改变和各棱边间(或各平面间)角度的改变两种。故无论实际物体的变形多么复杂,都可把它看作是这两种基本应变的综合。

◀ 1.7　杆件的基本变形 ▶

杆件的受力情况不同,变形情况也就不同。杆件的变形可分为下列四种基本形式。

1. 轴向拉伸与压缩

在图 1-8 所示的三角支架中,AC 杆所受的变形为轴向拉伸,BC 杆所受的变形为轴向压缩。

2. 剪切

在图 1-9 所示的连接件中,铆钉所受的变形为剪切变形。

3. 扭转

在图 1-10 所示的机动车转向装置中,AB 轴所受的变形为扭转变形。

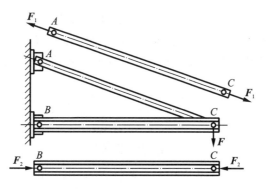

图 1-8 轴向拉伸与压缩

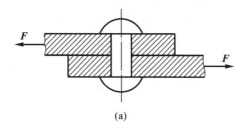 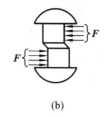

(a)   (b)

图 1-9 剪切

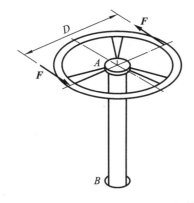 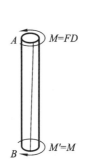

图 1-10 扭转

4. 弯曲

在图 1-11 所示的火车轮轴中，AB 轴所受的变形为弯曲变形。

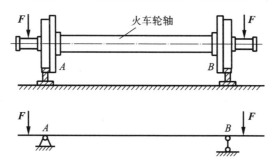

图 1-11 弯曲

在工程实际中，有一些杆件同时发生两种或两种以上的基本变形，这种情况称为组合变形。例如，车床主轴工作时发生弯曲、扭转和压缩三种基本变形；钻床立柱同时发生拉伸和弯曲两种基本变形等，这些情形称为组合变形。分析问题时一般首先讨论四种基本变形，然后讨论组合变形。

知识拓展

罗伯特·胡克（Robert Hooke），英国博物学家，发明家。在物理学研究方面，他提出了描述材料弹性的基本定律-胡克定律，在机械制造方面，他设计制造了真空泵，显微镜和望远镜，并将自己用显微镜观察所得写成《显微术》一书，细胞一词即由他命名。在新技术发明方面，他发明的很多设备仍然在使用。除去科学技术，胡克还在城市设计和建筑方面有着重要的贡献。但由于与牛顿的争论导致他去世后少为人知。胡克也因其兴趣广泛，贡献重要而被某些科学史家称为"伦敦的莱奥纳多（达芬奇）"胡克是17世纪英国最杰出的科学家之一。他在力学、光学、天文学等多方面都有重大成就，被誉为英国的"双眼和双手"。

习　题

1-1　何谓构件的强度、刚度和稳定性？材料力学的主要任务是什么？

1-2　强度与刚度有何区别？

1-3　材料力学中关于变形固体有何基本假设？

1-4　均匀性假设与各向同性假设有何区别？能否说"材料是均匀的就一定是各向同性的"？试举例说明。

1-5　什么是小变形假设？小变形假设有何意义？

1-6　哪一类构件称为杆件？

1-7　杆件有哪几个几何要素？杆件的轴线与横截面之间有何关系？

1-8　杆件有哪几种基本变形？

第 2 章
轴向拉伸与压缩变形

知识目标：

　　1. 掌握轴向拉伸与压缩基本概念；

　　2. 掌握拉压杆的内力（轴力）计算及内力图（轴力图）的绘制；

　　3. 掌握杆的拉压力学性能与胡克定律；

　　4. 掌握拉压杆横截面上的正应力计算与强度条件；

　　5. 掌握拉压杆的变形计算；

　　6. 掌握轴向拉压变形超静定问题的求解。

能力素质目标：

　　1. 具有利用强度条件和刚度条件解决拉伸与压缩杆件的强度问题和变形问题的能力；

　　2. 培养学生掌握一定的力学分析能力和实验能力以及不断学习和适应发展的能力；

　　3. 培养学生应用材料力学知识对机械领域复杂工程问题进行分析和解决的能力。

◀ 2.1 轴向拉伸与压缩的概念和工程实例 ▶

　　承受轴向拉伸或压缩的构件在工程中的应用非常广泛。例如,用于连接的螺栓(见图 2-1)、斜拉索桥上的钢索(见图 2-2)、吊运重物时的起重钢索(见图 2-3)都承受轴向拉伸;千斤顶的螺杆在顶起重物时[见图 2-4(a)]、房屋建筑中的柱子[见图 2-4(b)]则承受轴向压缩。此外,液压传动机构中的活塞杆在油压和工作阻力作用下受拉[见图 2-5(a)],内燃机的连杆在燃气膨胀行程中受压[见图 2-5(b)]。桁架结构中的杆件,则不是受拉就是受压(见图2-6)。

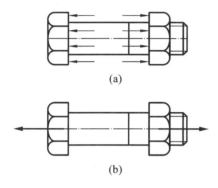

(a)

(b)

图 2-1　螺栓

图 2-2　斜拉索桥上的钢索

图 2-3　起重钢索

　　这些受拉或受压的杆件虽外形各有差异,加载方式也并不相同,但综上各例可以看出,工程实际中的这些构件除连接部分外,多为等截面直杆,它们的共同特点是:**作用在杆件上的外力合力的作用线与杆件轴线相重合,杆件变形是沿轴线方向的伸长或缩短。**这类构件称为轴向拉(压)杆。若不考虑实际拉(压)杆的具体形状与受力情况,则可将其简化为图 2-7 所示的受力简图。变形后的形状在图中用虚线表示。

(a)

(b)

图 2-4　轴向压缩示例

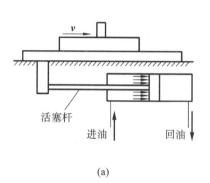

(a)

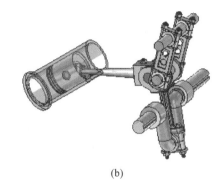

(b)

图 2-5　受拉和受压示例

图 2-6　桁架结构

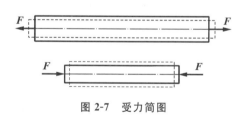

图 2-7　受力简图

◀ 2.2　直杆轴向拉伸(压缩)时横截面上的内力和应力 ▶

2.2.1　横截面上的内力

为了解决构件的强度和刚度等问题,需要首先研究横截面上的内力。

1. 正向假定内力的方法

在材料力学中,力的符号是根据构件的变形情况来规定的。当轴力背离截面,即杆件受拉伸时,其轴力为正;反之,当轴力指向截面,即杆件受压缩时,其轴力为负。

2. 横截面上的内力

为了确定拉(压)杆横截面上的内力,我们采用"挡一挡"的方法[见图2-8(a)]。

设有一拉杆,为求某一横截面 $m—m$ 上的内力,可沿该截面假想地把杆件分为两部分,若取左侧研究,则挡住截面的右侧[见图2-8(b)],因为力 $\boldsymbol{F}$ 背离截面,为正,所以

$$F_{m-m}=F$$

反之,若取右侧研究,则挡住左侧[见图2-8(c)],同样,力 $\boldsymbol{F}$ 背离截面,为正,所以

$$F_{m-m}=F$$

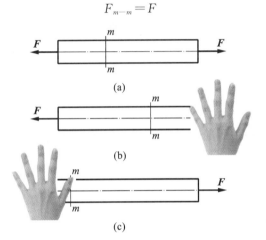

图 2-8 "挡一挡"的方法

> **小贴士:**
>
> 在使用挡一挡的方法时,取左侧或者右侧都可以,读者可以根据解题计算的方便性来考虑。

3. 轴力图

为了形象直观地表现内力沿杆轴线的变化情况,可绘制出内力的函数图像,称为杆件的内力图。

轴力图的作法:沿杆件的轴线取横坐标 x 表示杆件横截面的位置;纵坐标表示截面上内力的大小;选定比例尺;按内力方程描点作图,把正的内力画在 x 轴的上方,负的内力画在 x 轴下方(如图2-9所示)。

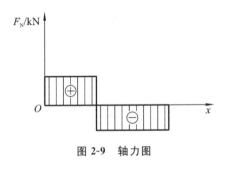

图 2-9 轴力图

【**例 2-1**】 图 2-10(a)为一双压手铆机的示意图。作用于活塞杆上的力分别简化为 $F_1=2.62$ kN,$F_2=1.3$ kN,$F_3=1.32$ kN,计算简图如图2-10(b)所示。这里 F_2 和 F_3 分别是以压强 p_2 和 p_3 乘以作用面积得出的。试求活塞杆横截面1—1和2—2上的内力,并绘制活塞杆的内力图。

解:(1)简化力学模型,并判断有几段不同的内力,如图2-10(b)所示。

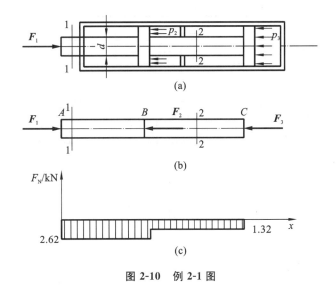

图 2-10 例 2-1 图

求 1—1 截面上的轴力,取左侧,挡住右侧,F_1 指向 1—1 截面,力为负值,得

$$F_{N1-1} = -F_1 = -2.62 \text{ kN}$$

求 2—2 截面上的轴力,可以取右侧,挡住左侧,F_3 指向 2—2 截面,力为负值,得

$$F_{N2-2} = -F_3 = -1.32 \text{ kN}$$

(2)画轴力图。

选取一个坐标系,其横坐标表示横截面的位置,纵坐标表示相应截面上的内力,选定比例尺,用图线表示出沿活塞杆轴线内力变化的情况[如图 2-10(c)所示],这种图线即为内力图(或 F_N 图)。在内力图中,将拉力绘在 x 轴的上侧,压力绘在 x 轴的下侧,标上特征值。这样,内力图不仅显示出杆件各段内力的大小,而且还可表示出各段内的变形是拉伸还是压缩。如图 2-10(c)可以判断,AB 段和 BC 段都受压缩。

2.2.2　横截面上的应力

在确定了拉(压)杆的轴力以后,还无法判断杆件在外力作用下是否会因强度不够而破坏,必须进一步研究横截面上的应力。

在拉(压)杆的横截面上,与轴力 F_N 对应的是正应力 σ。根据均匀连续性假设,内力在横截面上是连续分布的。若以 A 表示横截面面积,则内力元素 σdA 便构成了一个垂直于横截面的平行力系,其合力就是轴力 F_N。于是得

$$F_N = \int_A \sigma dA$$

实验研究:为了确定杆的分布规律,可通过研究杆件的变形入手。变形前,在其侧面上作一系列平行于轴线的纵向线和垂直于轴线的横向线 ab 和 cd,如图 2-11(a)所示。拉伸变形后,发现 ab 和 cd 仍为直线,且仍然垂直于杆轴线,只是分别平行地移至 $a'b'$ 和 $c'd'$,即加力后观察到所有的线段发生的都是平移,如图 2-11(b)所示。这时可观察到如下现象:

各横向线仍为直线,且垂直于杆的轴线,只是分别沿轴线平行移动了一段距离;

各纵向线的伸长均相等,原来的矩形网格仍为矩形。

平面假设:根据以上现象,可以假设变形前原为平面的横截面,变形后仍保持为平面且

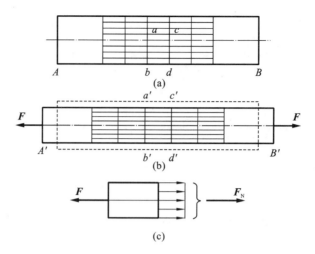

图 2-11 杆件的变形

垂直于轴线。

若设想杆由无数纵向纤维所组成,由平面假设可知,任意两横截面间各条纤维的伸长相同。因材料是均匀的,所以各纵向纤维的力学性能相同。由此可知各纵向纤维所受的力是一样的,即横截面上的应力是均匀分布的,如图 2-11(c)所示。换句话说,σ 是常量。于是有

$$F_N = \int_A \sigma \mathrm{d}A = \sigma A$$

$$\sigma = \frac{F_N}{A} \tag{2-1}$$

关于正应力的符号,一般规定:拉应力为正,压应力为负。

式(2-1)是根据正应力在杆件横截面上均匀分布这一结论而导出的,已为实验所证实,适用于横截面为任意形状的等截面直杆。实践证明,除外力作用点附近外,式(2-1)均适用。这正如圣维南原理指出的:"力作用于杆端方式的不同,只会使与杆端距离不大于杆的横向尺寸的范围内受到影响"。因此,在拉(压)杆的应力计算中,除杆端外,式(2-1)均适用。

【例 2-2】 如图 2-12(a)所示为一悬臂吊车简图,斜杆 AB 为直径 $d = 20$ mm 的钢杆,载荷 $F = 15$ kN,当载荷 F 移到 A 点时,求斜杆 AB 横截面上的应力。

解:(1)求约束反力。

分别以 AB 和 AC 为研究对象,其受力图如图 2-12(b)、(c)所示。由平衡方程

$$\sum M_C = 0$$

得

$$F_{\max} \cdot \sin\alpha \cdot \overline{AC} - F \cdot \overline{AC} = 0$$

$$F_{\max} = \frac{F}{\sin\alpha}$$

得

$$F_{\max} = 38.7 \text{ kN}$$

(2)计算轴力。

用截面法可求得斜杆的轴力为

$$F_N = F_{\max} = 38.7 \text{ kN}$$

(3)应力计算。

由式(2-1),可求得杆 AB 横截面上的应力为

$$\sigma = \frac{F_N}{A} = \frac{38.7 \times 10^3}{\frac{\pi}{4} \times (20 \times 10^{-3})^2} \text{ Pa} = 123 \text{ MPa}$$

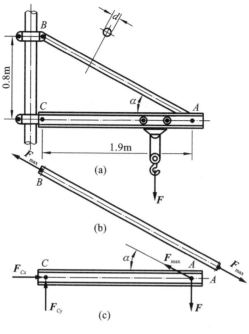

图 2-12　例 2-2 图

◀ **2.3　直杆轴向拉伸(压缩)时斜截面上的应力** ▶

　　前面研究了轴向拉伸(压缩)时直杆横截面上的应力,但没有讨论其他方位截面上的应力情况。不同材料的实验表明,拉(压)杆的破坏并不总是沿横截面发生,为了更全面地对杆件进行强度计算,下面进一步讨论斜截面上的应力。

　　如图 2-13 所示拉杆,利用截面法,假想地用任意一斜截面将杆件分为两段,取左段为研究对象,其受力如图 2-13(b)所示,考虑左端的平衡,则有

$$F_a = F$$

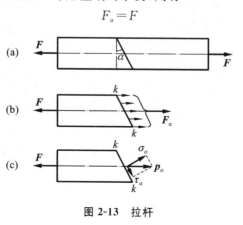

图 2-13　拉杆

仿照求横截面上正应力的过程,可知斜截面上的应力也是均匀分布的,因此有

$$p_\alpha = \frac{F_\alpha}{A_\alpha} = \frac{F}{A_\alpha} \qquad (a)$$

式中,A_α 为斜截面的面积,它与横截面面积 A 之间具有下列关系

$$A_\alpha = \frac{A}{\cos\alpha} \qquad (b)$$

将式(b)代入式(a),得

$$p_\alpha = \frac{F}{A}\cos\alpha = \sigma\cos\alpha \qquad (c)$$

将 p_α 分解为垂直于斜截面的正应力 σ_α 和相切于斜截面的正应力 τ_α,如图 2-13(c)所示,可得

$$\sigma_\alpha = p_\alpha\cos\alpha = \sigma\cos^2\alpha \qquad (2\text{-}2)$$

$$\tau_\alpha = p_\alpha\sin\alpha = \sigma\cos\alpha \cdot \sin\alpha = \frac{\sigma}{2}\sin2\alpha \qquad (2\text{-}3)$$

式(2-2)和式(2-3)表明:

(1) 正应力 σ_α、切应力 τ_α 均是截面方位角的函数。

(2) 若已知横截面上的正应力 σ,便可求得任意斜截面上的正应力 σ_α 和切应力 τ_α。

(3) 当 $\alpha=0°$ 时,正应力 σ_α 达到最大,其值为 $\sigma_{max}=\sigma$,即最大正应力发生在横截面上;当 $\alpha=45°$,切应力 τ_α 达到最大,其值为 $\tau_{max}=\frac{\sigma}{2}$,即最大切应力发生在与杆轴线成 $45°$ 角的斜截面上;当 $\alpha=90°$ 时,正应力 σ_α 和切应力 τ_α 均为零,$\sigma_\alpha|_{\alpha=90°}=\tau_\alpha|_{\alpha=90°}=0$。轴向拉(压)杆在平行于轴线的纵向截面上无任何应力。

思考:

如图 2-14 所示,用刀切菜时为什么斜着切更好?

图 2-14　用刀斜着切菜

◀ **2.4 材料拉伸(压缩)时的力学性能** ▶

在对构件进行强度计算时,除计算其工作应力外,还应了解材料的力学性能。所谓材料的力学性能主要是指材料在外力作用下表现出的变形和破坏方面的特性。认识材料的力学性能主要是依靠实验的方法。

材料在外力作用下所呈现的有关强度和变形方面的特性,称为材料的力学性能。材料的力学性能一般通过试验来测定。测定材料力学性能的试验种类较多,这里主要介绍在室温下以缓慢平稳的加载方式所进行的试验,即常温静载试验,以及通过试验所得到的一些力学性能。

> **思考:**
> 钢丝绳(见图 2-15)为什么由一根根纤维组成? 钢丝绳的优点是什么? 钢丝绳为什么容易弯曲? 钢丝绳的钢丝为何有粗有细?

图 2-15 钢丝绳

2.4.1 材料拉伸时的力学性能

为了便于比较不同材料的试验结果,采用国家标准统一规定的标准试件。在试件上取 l 长作为试验段,称为标距,如图 2-16 所示。对圆截面试件,标距 l 与直径 d 有两种比例,即 $l=10d$ 和 $l=5d$,分别称为 10 倍试件和 5 倍试件;对于矩形截面试件,标距 l 与横截面面积 A 之间的关系规定为 $l=11.3\sqrt{A}$ 和 $l=5.65\sqrt{A}$。对于试件的形状、加工精度、试验条件等在试验标准中都有具体规定。

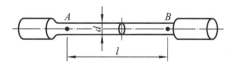

图 2-16 圆截面试件

试验时使试件受轴向拉伸,观察试件从开始受力直到拉断的全过程,了解试件受力与变形之间的关系,以测定材料力学性能的各项指标。

1. 低碳钢拉伸时的力学性能

低碳钢是指碳含量在 0.3% 以下的碳素钢,是工程中广泛使用的材料,它在拉伸试验中表现出来的力学性能比较全面和典型。

通过拉伸试验可以看到,随着拉力 F 的缓慢增加,标距 L 的伸长量 ΔL 有规律地变化,由此可绘制出表示 F 和 ΔL 关系的曲线,即 F-ΔL 曲线(又称 F-ΔL 图),如图 2-17 所示。F-ΔL 图与试件尺寸有关,为了消除试件尺寸的影响,将 F-ΔL 图中的纵坐标即载荷 F 除以试件横截面的原始面积 A,横坐标即伸长量 ΔL 除以标距的原始长度 L,便得到应力 σ 与应变 ε 的关系曲线,称为应力-应变图或 $\sigma\varepsilon$ 曲线,如图 2-18 所示。

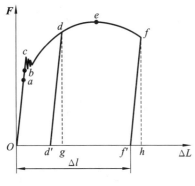

图 2-17　F-ΔL 曲线

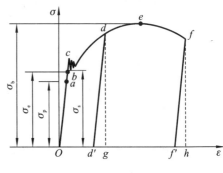

图 2-18　$\sigma\varepsilon$ 曲线

根据试验结果,低碳钢的力学性能大致如下。

1)弹性阶段

在拉伸的初始阶段,σ 与 ε 的关系为直线 Oa,这表示在这一阶段内 σ 与 ε 成正比,即

$$\sigma\infty\varepsilon$$

或者把它写成等式

$$\sigma=E\varepsilon \tag{2-4}$$

上式称为拉伸或压缩胡克定律。式中 E 为与材料有关的比例常数,称为弹性模量。直线部分的最高点 a 所对应的应力值 σ_p,称为比例极限。可见,当应力低于比例极限时,应力与应变成正比,材料服从胡克定律。

超过 a 点后,曲线 ab 段呈微弯状,但在 ab 段内卸载后变形能完全恢复,表明材料是弹性的。b 点所对应的应力 σ_e 称为弹性极限。应力超过 σ_e,便开始出现塑性变形,即 σ_e 是材料产生弹性变形的最大应力。在 $\sigma\varepsilon$ 曲线上,a、b 两点非常接近,所以工程上对弹性极限和比例极限并不严格区分。因而也经常说,应力低于弹性极限时,应力与应变成正比,材料服从胡克定律。

2)屈服阶段

当应力超过 b 点达到某一值时,应力不增加或在微小范围内波动,变形却继续增大,材料暂时失去抵抗变形的能力,这便是屈服现象。在屈服阶段内的最高点和最低点分别称为上屈服点和下屈服点。在正常的试验条件下,下屈服点比较稳定,因此工程上以下屈服点所对应的应力作为材料的屈服极限 σ_s。

在屈服阶段,若试件经过抛光,这时可看到与试件轴线成 45° 角的条纹,如图 2-19 所示,这是因为材料沿试件的最大切应力作用面发生滑移而出现的,称为滑移线。

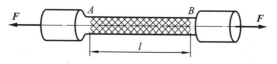

图 2-19　表面抛光的试件

材料屈服表现为显著的塑性变形,工程实践中构件产生较大的塑性变形后便不能正常工作,所以 σ_s 通常是衡量这类构件是否破坏的强度指标。

3) 强化阶段

屈服阶段结束后,材料又恢复了抵抗变形的能力,要使它继续变形,必须增加拉力,这种现象称之为强化。强化阶段的最高点 e 所对应的应力 σ_b 是材料能承受的最大应力,称为强度极限或抗拉强度。它是衡量材料强度的另一重要指标。

4) 局部变形阶段

当应力超过 σ_b 后,在试件某一局部范围内横向尺寸突然急剧减小,形成缩颈现象(见图 2-20)。

由于缩颈处横截面面积迅速减小,试件伸长所需拉力也相应减少。最后试件在缩颈部分被拉断(见图 2-21)。

图 2-20　缩颈现象　　　　　　　　**图 2-21　试件被拉断**

5) 伸长率和断面收缩率

为了更全面衡量低碳钢材料的力学性能,除了掌握 $\sigma\varepsilon$ 曲线各阶段的强度指标以外,还应了解塑性指标(伸长率和断面收缩率),以及在强化阶段的卸载定律和冷作硬化现象对材料性能的影响。

试件拉断后,由于保留了塑性变形,试件长度由原来的 l 变为 l_1。用百分比表示的比值

$$\delta = \frac{l_1 - l}{l} \times 100\% \tag{2-5}$$

称为伸长率。伸长率能够衡量材料塑性变形的程度,是材料重要的塑性指标。工程中按伸长率 δ 的大小把材料分为两大类,$\delta \geqslant 5\%$ 的材料称为塑性材料,如钢、硬铝、青铜、黄铜等,低碳钢的 $\delta = 20\% \sim 30\%$;$\delta < 5\%$ 的材料称为脆性材料,如铸铁、混凝土和石料等。

除 δ 之外,还可用断面收缩率作为材料的塑性指标

$$\varphi = \frac{A - A_1}{A} \times 100\% \tag{2-6}$$

式中,A_1 为断裂后断口处的最小横截面面积,A 为试样横截面的原始面积。低碳钢 $\varphi \approx 60\%$。

6) 卸载定律及冷作硬化

当应力超过屈服极限以后,若在强化阶段某点 d 开始卸载(见图 2-18),卸载曲线 dd' 为一条几乎平行于直线 Oa 的斜直线。这说明在卸载过程中,应力和应变按直线规律变化,这就是卸载定律。外力完全卸除后,图 2-18 中的 $d'g$ 表示消失了的弹性变形,而 Od' 表示消失不掉的塑性变形。

卸载后,若在短期内继续加载,则应力和应变大致上沿卸载时的斜直线 $d'd$ 变化,然后由 d 点按原来的 $\sigma\varepsilon$ 曲线变化至 f 点。可见,在再次加载时,材料的比例极限得到提高,而断裂时的塑性变形却由 Of' 减少至 $d'f'$,伸长率也相应地减少,这种现象称为冷作硬化。工程中常利用冷作硬化来提高构件在弹性范围内所能承受的最大载荷,冷作硬化经退火后可消除。

2. 铸铁拉伸时的力学性能

灰口铸铁拉伸时的 $\sigma\varepsilon$ 曲线如图 2-22 所示,它具有如下特点:

$\sigma\varepsilon$ 图中没有明显的直线阶段,但在实际使用的应力范围内,$\sigma\varepsilon$ 曲线的曲率很小,工程中常以割线代替曲线的开始部分,如图 2-22(b)所示,并以割线斜率作为弹性模量,称为割线弹性模量。

拉伸过程中既无屈服阶段,也无缩颈现象,拉断时测得的强度极限 σ_b 远低于低碳钢的强度极限。

试件在拉伸过程中,变形很小,断裂时的应变只不过为原长的 $0.4\%\sim0.5\%$,断口垂直于试件的轴线,如图 2-23 所示。

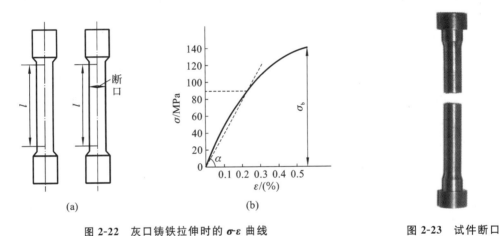

图 2-22　灰口铸铁拉伸时的 $\sigma\varepsilon$ 曲线　　　　图 2-23　试件断口

3. 其他材料拉伸时的力学性能

图 2-24 为几种塑性材料的 $\sigma\varepsilon$ 曲线。

由图 2-24 可见,有些材料,如 16Mn 钢,和低碳钢一样,有明显的弹性阶段、屈服阶段、强化阶段和局部变形阶段;有些材料,如黄铜 H62,没有屈服阶段,但其他三个阶段却很明显;还有些材料,如 T10A,没有屈服阶段和局部变形阶段,只有弹性阶段和强化阶段。对这些没有明显屈服阶段的塑性材料,可以将产生 0.2% 塑性应变时的应力作为屈服指标(称为名义屈服极限),并用 $\sigma_{0.2}$ 来表示(见图 2-25)。

各类碳素钢,随含碳量的增加,屈服极限和强度极限相应提高,但伸长率却降低。例如合金钢、工具钢等高强度钢材,屈服极限较高,但塑性性能却较差。

2.4.2　材料压缩时的力学性能

材料的压缩试验也是测定材料力学性能的基本试验之一。金属材料的压缩试件为圆柱形,为避免试件被压弯,圆柱不能太高,通常取高度为直径的 $1.5\sim3.0$ 倍;混凝土、石料等的

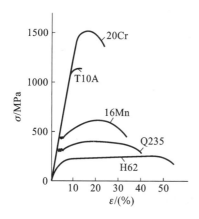

图 2-24 几种塑性材料的 σ-ε 曲线

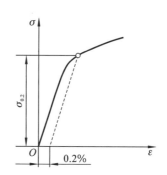

图 2-25 用 $\sigma_{0.2}$ 来表示屈服强度

试样为立方块。

低碳钢压缩时的 σ-ε 曲线如图 2-26 所示。

试验表明：在屈服阶段以前，压缩曲线与拉伸曲线基本重合，因此低碳钢压缩时的弹性模量 E、屈服极限 σ_s 等均与拉伸试验结果基本相同。屈服阶段以后，压缩曲线一直上升，这是由于试件越压越扁，截面面积越来越大，试件抗压能力也继续提高，试件产生很大的塑性变形而不断裂，因此，无法测出低碳钢的压缩强度极限，但由于可以从拉伸试验测定出低碳钢压缩时的主要性能，所以实际上不一定要进行压缩试验。

与塑性材料不同，脆性材料压缩时的力学性能与拉伸时有较大差异。图 2-27 为铸铁压缩时的 σ-ε 曲线。由图可见，试件在较小的变形下突然破坏。破坏断面的法线与轴线大致成 $45°\sim55°$ 的倾角，表明试件沿最大切应力面发生错动而被剪断。铸铁的抗压强度比抗拉强度高 3～5 倍。其他脆性材料，如混凝土、石料等，抗压强度也高于抗拉强度，混凝土的抗拉强度为抗压强度的 $\frac{1}{5}\sim\frac{1}{20}$。

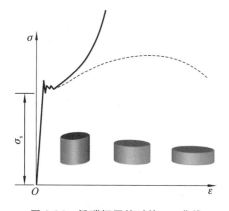

图 2-26 低碳钢压缩时的 σ-ε 曲线

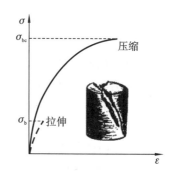

图 2-27 铸铁压缩时的 σ-ε 曲线

混凝土压缩时的 σ-ε 曲线如图 2-28(a) 所示。在加载初期有很短的一直线段，以后明显弯曲，在变形不大的情况下突然断裂。混凝土的弹性模量规定以 $\sigma = 0.4\sigma_b$ 时的割线斜率来确定。混凝土在压缩试验中的破坏形式，与两端压板和试块的接触面的润滑条件有关。

图 2-28(b)、(c) 分别为不同端部条件下的破坏形式，其标号就是根据其抗压强度标定的。

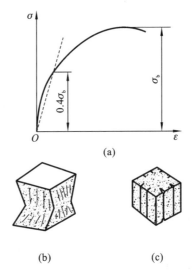

(a)

(b)　　　　　(c)

图 2-28　混凝土压缩时的 σ-ε 曲线

脆性材料抗拉强度低,塑性性能差,但抗压能力强,且价格低廉,宜于作为抗压构件的材料。铸铁坚硬耐磨,易于铸成形状复杂的零部件,是良好的耐压、减震材料,在工程中得到广泛应用;混凝土作为非金属的人造材料更是广泛用于工业与民用建筑当中。因此脆性材料的压缩试验比拉伸试验更为重要。

◀ 2.5　许用应力、安全因数和强度计算 ▶

2.5.1　安全因数和许用应力

实验结果表明:对于脆性材料,当正应力达到强度极限 σ_b 时,会引起断裂;对于塑性材料,当正应力达到屈服极限 σ_s 时,将产生屈服或产生显著塑性变形。工程上,为了确保构件的正常工作,既不允许构件断裂,也不允许构件产生显著塑性变形。通常将脆性材料的强度极限与塑性材料的屈服极限称为材料的破坏应力,即极限应力,用 σ_u 来表示。但是,仅仅将构件的工作应力限制在极限应力的范围内还是不够的,这是因为:

(1) 材料组织并不是理想的均匀性,同一种材料测出的力学性能是在某一范围内波动的;

(2) 作用在构件上的外力常常估计不准确;

(3) 实际结构是比较复杂的,它与设计中的计算简图不可避免地存在差异,因而计算结果带有一定程度的近似性;

(4) 构件需有必要的强度储备,特别是对于因破坏带来严重后果的构件,更应给予较大的强度储备。

由此可见,为了使构件具有足够的强度,在载荷作用下构件的工作应力显然应低于极限应力,也就是将材料的极限应力除以一个大于 1 的因数 n,作为构件应力所不允许超过的值。

这个应力称为材料的许用应力,用$[\sigma]$表示,因数 n 称为安全因数,它们具有如下关系:

$$[\sigma]=\frac{\sigma_{\mathrm{u}}}{n}=\begin{cases}\dfrac{\sigma_{\mathrm{s}}}{n_{\mathrm{s}}}(塑性材料) & (2\text{-}7)\\[3mm]\dfrac{\sigma_{\mathrm{b}}}{n_{\mathrm{b}}}(脆性材料) & (2\text{-}8)\end{cases}$$

安全因数不能简单理解为安全倍数,因为安全因数一方面考虑给构件必要的强度储备,如构件工作时可能遇到的不利的工作条件和意外事故,构件的重要性及损坏时引起后果的严重性等;另一方面考虑在强度计算中有些量本身就存在着主观认识和客观实际间的差异,如材料的均匀程度、载荷的估计是否准确、实际构件的简化和计算方法的精确程度、对减轻自重和提高机动性的要求等。可见在确定安全因数时,要综合考虑多方面的因素,对具体情况做具体分析,很难做统一的规定。不过,人类对客观事物的认识总是逐步地从不完善趋向完善,随着原材料质量的日益提高,制造工艺和设计方法的不断改进,对客观世界认识的不断深入,安全因数的选择必将日趋合理。

许用应力和安全因数的具体数据,有关业务部门有一些规范可供参考。目前,一般机械制造中,在静载的情况下,对塑性材料可取 $n_{\mathrm{s}}=1.2\sim2.5$;对于脆性材料,由于其均匀性较差,且破坏往往突然发生,有更大的危险性,所以,取 $n_{\mathrm{b}}=2\sim3.5$,甚至取到 $3\sim9$。

2.5.2 强度条件及其应用

为了保证构件安全可靠地正常工作,必须使构件内最大工作应力不超过材料的许用应力,即

$$\sigma_{\max}\leqslant[\sigma] \qquad (2\text{-}9)$$

称为强度条件。对于轴向拉压等直杆,式(2-9)可简写为

$$\sigma_{\max}=\frac{F_{\mathrm{N,max}}}{A}\leqslant[\sigma] \qquad (2\text{-}10)$$

强度条件是判别构件是否满足强度要求的准则。这种强度计算的方法是工程上普遍采用的许用应力法。运用这一强度条件可以解决以下三类强度计算问题。

1. 强度校核

若已知构件尺寸、载荷及材料的许用应力,则可用强度条件式(2-10)校核构件是否满足强度要求。

2. 设计截面

若已知构件所受的载荷及材料的许用应力,则可由强度条件式(2-10),得

$$A\geqslant\frac{F_{\mathrm{N,max}}}{[\sigma]}$$

由此确定出构件所需要的横截面面积。

3. 确定许可载荷

若已知构件的尺寸和材料的许用应力,可由强度条件式(2-10),得

$$F_{\mathrm{N,max}}\leqslant A[\sigma]$$

由此可以确定构件所能承担的最大轴力,进而确定结构的许可载荷。

下面我们用例题说明上述三种类型的强度计算问题。

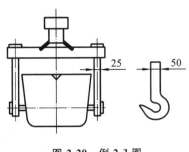

图 2-29　例 2-3 图

【例 2-3】　铸工车间吊运铁液包的吊杆的横截面尺寸如图 2-29 所示。吊杆材料的许用应力 $[\sigma]=80$ MPa。铁液包自重为 8 kN，最多能容 30 kN 重的铁液。试校核吊杆的强度。

解：因为总载荷由两根吊杆来承担，故每根吊杆的轴力应为

$$F_N=\frac{F}{2}=\frac{1}{2}(30+8)\ kN=19\ kN$$

吊杆横截面上的应力为

$$\sigma=\frac{F_N}{A}=\frac{19\times10^3\ N}{25\times50\times10^{-6}\ m^2}=15.2\times10^6\ Pa=15.2\ MPa$$

$$\sigma<[\sigma]$$

故吊杆满足强度条件。

【例 2-4】　某冷镦机的曲柄滑块机构如图 2-30(a)所示，镦压时连杆 AB 接近水平位置，镦压力 $F=3.78$ MN。连杆横截面为矩形，高与宽之比 $h/b=1.4$[见图 2-30(b)]，材料的许用应力 $[\sigma]=90$ MPa，试设计截面尺寸 h 和 b。

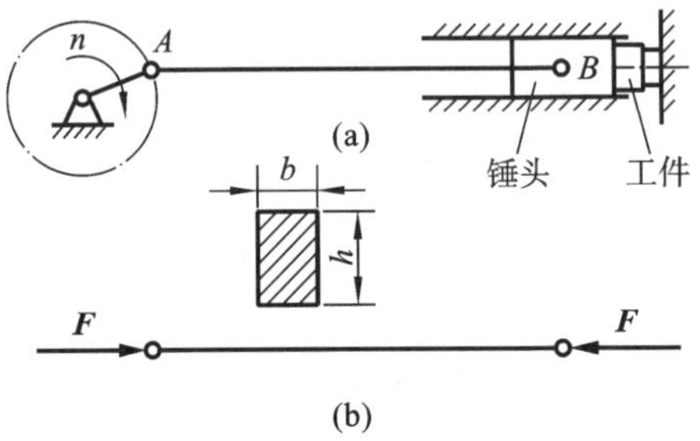

解：由于镦压时连杆近乎水平，连杆所受压力近似等于镦压力 F，则轴力为 $F_N=F=3.78$ MN。根据强度条件式(2-10)

$$\sigma=\frac{F_N}{A}\leqslant[\sigma]$$

图 2-30　例 2-4 图

所以

$$A\geqslant\frac{F_N}{[\sigma]}=\frac{3.78\ MN}{90\ MPa}=420\times10^{-4}\ m^2=420\ cm^2$$

注意到连杆截面为矩形，且 $h=1.4b$，故

$$A=bh=1.4b^2=420\ cm^2$$

$$b=\sqrt{\frac{420}{1.4}}\ cm=17.32\ cm$$

$$h=1.4b=1.4\times17.32\ cm=24.25\ cm$$

取 $b=174$ mm，$h=243$ mm。

本例的许用应力较低，这主要是考虑工作时有比较强烈的冲击作用；另外还有失稳的问题。

【例 2-5】　如图 2-31(a)所示，斜杆 AB 由两根 80 mm×80 mm×7 mm 等边角钢组成，横杆 AC 由两根 10 号槽钢组成，材料为 Q235 钢，许用应力 $[\sigma]=120$ MPa，$\alpha=30°$，求结构的许可载荷 $[F]$。

解：(1) 确定各杆的内力。

围绕 A 点将 AB、AC 两杆截开得分离体，如图 2-31(b)所示，在这里我们假设 $\mathbf{F}_{N1}$ 为拉力，$\mathbf{F}_{N2}$ 为压力。由平衡条件，得

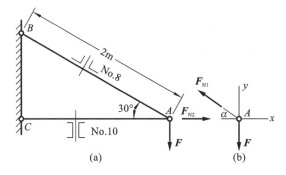

图 2-31 例 2-5 图

$$\sum F_y = 0 \quad F_{N1} = \frac{F}{\sin 30°} = 2F（拉）$$

$$\sum F_x = 0 \quad F_{N2} = F_{N1} \cos 30° = \sqrt{3}F = 1.732F（压）$$

（2）计算许可轴力。

由型钢表查得斜杆 80 mm×80 mm×7 mm 等边角钢横截面面积 A_1=10.86 cm²×2=21.7 cm²，横杆 10 号槽钢横截面面积 A_2=12.74 cm²×2=25.48 cm²。由强度条件式（2-10）可得

$$F_{N1} \leqslant A_1[\sigma] = 21.7 \times 10^{-4} \text{ m}^2 \times 120 \times 10^6 \text{ Pa} = 260 \times 10^3 \text{ N} = 260 \text{ kN}$$

$$F_{N2} \leqslant A_2[\sigma] = 25.48 \times 10^{-4} \text{ m}^2 \times 120 \times 10^6 \text{ Pa} = 306 \text{ kN}$$

（3）计算结构的许可载荷。

由以上计算结果，可得许可载荷为

$$F_1 = \frac{F_{N1}}{2} = 130 \text{ kN}$$

$$F_2 = \frac{F_{N2}}{1.732} = 176.7 \text{ kN}$$

因此，为了保证结构能正常工作，其许可载荷必须取 F_1 和 F_2 中较小的一个，即

$$[F] = \min\{F_1, F_2\} = 130 \text{ kN}$$

即结构的许可载荷$[F]$=130 kN。

这里只考虑了 AC 压杆的强度，而没有考虑其稳定性问题。

2.6 轴向拉伸和压缩时的变形

2.6.1 纵向变形和横向变形

杆件在轴向拉伸（或压缩）时，产生轴向伸长（或缩短），其横向尺寸也相应地发生缩小（或增大），前者称为纵向变形，后者称为横向变形。

设等直杆的原长为 l（见图 2-32），横截面面积为 A，在轴向拉力 F 作用下，长度由 l 变为 l_1，轴向伸长量为

$$\Delta l = l_1 - l$$

图 2-32 等直杆

杆件沿轴线方向的线应变为

$$\varepsilon = \frac{\Delta l}{l}$$

若杆件变形前的横向尺寸为 b，变形后为 b_1，则横向线应变为

$$\varepsilon' = \frac{\Delta b}{b} = \frac{b_1 - b}{b}$$

实验结果表明：当应力不超过比例极限时，横向应变 ε' 与纵向应变 ε 之比的绝对值是一个常数，即

$$\mu = \left| \frac{\varepsilon'}{\varepsilon} \right|$$

常数 μ 称为泊松（Poisson）比，是一个量纲为 1 的量。

当杆件轴向伸长时，则横向缩小；轴向缩短时，则横向增大。所以 ε' 和 ε 的符号是相反的，且有以下关系

$$\varepsilon' = -\mu\varepsilon$$

泊松比 μ 和弹性模量 E 一样，是材料固有的弹性常数，表 2-1 中摘录了几种常用材料的 E 和 μ 的值。

表 2-1　几种常用材料的 E 和 μ 的值

材料名称	E/GPa	μ
碳钢	196～216	0.24～0.28
合金钢	186～206	0.25～0.30
灰铸铁	78.5～157	0.23～0.27
铜及其合金	72.6～128	0.31～0.42
铝合金	70	0.33

2.6.2　胡克定律

在 2.4 节中指出：当应力不超过材料的比例极限时，应力与应变成正比，这就是胡克定律，即

$$\sigma = E\varepsilon$$

将 $\sigma = F_N/A$ 和 $\varepsilon = \Delta l/l$ 代入上式，得

$$\Delta l = \frac{F_N l}{EA} \tag{2-11}$$

这是胡克定律的另一种表达式。它表示：当应力不超过比例极限时，杆件的伸长 Δl 与轴力

F_N 和杆件原长 l 成正比,与横截面面积 A 成反比。以上结果同样可以用于轴向压缩的情况。

从式(2-11)还可以看出,对于长度相同、受力相等的杆件,EA 越大则变形 Δl 越小,所以 EA 称为杆件的抗拉(或抗压)刚度。

关于式(2-11)的几点说明:

(1)当杆件的轴力 F_N、横截面面积 A 和弹性模量 E 沿杆轴线分段为常数时,则在每一段上应用式(2-11),然后叠加。即

$$\Delta l = \sum_{i=1}^{n} \frac{F_{Ni}l}{E_iA_i} \tag{2-12}$$

(2)当杆件的轴力 $F_N(x)$ 或横截面面积 $A(x)$ 沿轴线是连续变化时,可先在微段 dx 上应用式(2-11),然后积分。即

$$\Delta l = \int_l \frac{F_N(x)dx}{EA(x)} \tag{2-13}$$

【例 2-6】 如图 2-33(a)所示钢杆,已知 $F_1=50$ kN,$F_2=20$ kN,$l_1=120$ mm,$l_2=l_3=100$ mm,横截面面积 $A_{1-1}=A_{2-2}=500$ mm^2,$A_{3-3}=250$ mm^2,材料的弹性模量 $E=200$ GPa。求 B 截面的水平位移和杆内最大纵向线应变。

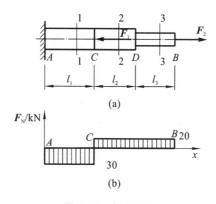

图 2-33 例 2-6 图

解:(1)计算各段轴力,并画出轴力图。

用截面法,可分别求出杆件各段的轴力为

$$F_{N1} = -30 \text{ kN}$$

$$F_{N2} = 20 \text{ kN}$$

$$F_{N3} = 20 \text{ kN}$$

其轴力图如图 2-33(b)所示。

(2)计算 B 截面的水平位移。

B 截面水平位移是由各段纵向变形引起的,因此 AB 杆的纵向变形量即为 B 截面的水平位移。由图 2-33 可知,杆件各段的轴力及横截面面积分段为常数,故此用式(2-12)可得

$$\Delta l = \sum_{i=1}^{3} \frac{F_{Ni}l}{E_iA_i} = \Delta l_1 + \Delta l_2 + \Delta l_3$$

$$\Delta l_1 = \frac{F_{N1}l_1}{EA_1} = \frac{-30 \times 10^3 \times 120 \times 10^{-3}}{200 \times 10^9 \times 500 \times 10^{-6}} \text{m} = -3.6 \times 10^{-5} \text{m}$$

而

$$\Delta l_2 = \frac{F_{N2}l_2}{EA_2} = \frac{20 \times 10^3 \times 100 \times 10^{-3}}{200 \times 10^9 \times 500 \times 10^{-6}} \text{m} = 2.0 \times 10^{-5} \text{m}$$

$$\Delta l_3 = \frac{F_{N3}l_3}{EA_3} = \frac{20 \times 10^3 \times 100 \times 10^{-3}}{200 \times 10^9 \times 250 \times 10^{-6}} \text{m} = 4.0 \times 10^{-5} \text{m}$$

所以 B 截面水平位移是杆件各段纵向变形的总和,即

$$\Delta_{BH} = \Delta l = \Delta l_1 + \Delta l_2 + \Delta l_3 = 0.024 \text{ mm}$$

(3)计算杆内最大纵向线应变。

由于杆件内各段轴力、横截面面积分段为常数,故各段的变形互不相同,其纵向应变也不相同。各段的纵向应变分别为

$$\varepsilon_1 = \frac{\Delta l_1}{l_1} = \frac{-3.6 \times 10^{-5}}{120 \times 10^{-3}} = -3.0 \times 10^{-4}$$

$$\varepsilon_2 = \frac{\Delta l_2}{l_2} = \frac{2.0 \times 10^{-5}}{100 \times 10^{-3}} = 2.0 \times 10^{-4}$$

$$\varepsilon_3 = \frac{\Delta l_3}{l_3} = \frac{4.0 \times 10^{-5}}{100 \times 10^{-3}} = 4.0 \times 10^{-4}$$

因此,杆内最大纵向线应变为

$$\varepsilon_{max} = \varepsilon_3 = 4.0 \times 10^{-4}$$

【例 2-7】 横梁 $ABCD$ 为刚性梁,如图 2-34(a)所示,截面面积为 76.36 mm^2 的钢索绕过无摩擦的定滑轮,$F = 20 \text{ kN}$,$E = 177 \text{ GPa}$,求钢索的应力和 C 点的垂直位移。

解:由于横梁 $ABCD$ 为刚体,故在外力作用下,设 AB 梁绕 A 点向下移动,如图 2-34(c)所示。

(1)取横梁 $ABCD$ 受力分析[图 2-34(b)],列平衡方程

由 $$\sum M_A = 0$$

$$F_T \sin 60° \times 0.8 - 1.2F + 1.6F_T \sin 60° = 0$$

所以 $$F_T = F/\sqrt{3} = 11.55 \text{ kN}$$

(2)钢索的应力和伸长

$$\sigma = \frac{F_T}{A} = \frac{11.55}{76.36} \times 10^9 \text{ Pa} = 151 \text{ MPa}$$

$$\Delta L = \frac{F_T L}{EA} = \frac{11.55 \times 1.6}{76.36 \times 177} \text{ m} = 1.36 \text{ mm}$$

(3)求 C 点的垂直位移,列变形几何方程

$$\Delta_C = \frac{BB' + DD'}{2}$$

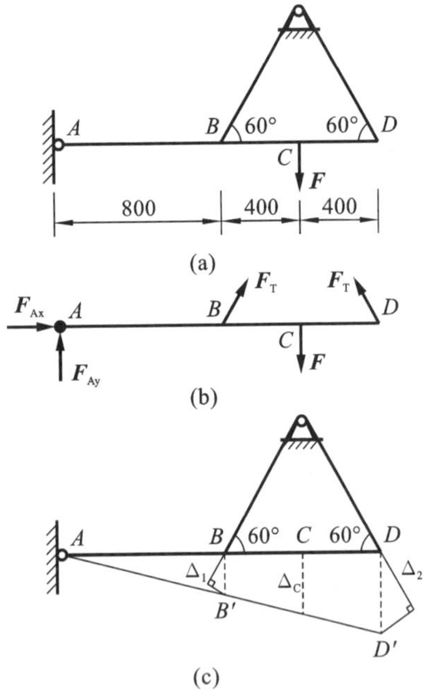

图 2-34 例 2-7 图

(4)代入物理方程,得

$$\Delta_C = \frac{BB' + DD'}{2} = \frac{\Delta_1/\sin 60° + \Delta_2/\sin 60°}{2} = \frac{\Delta L}{2\sin 60°} = \frac{1.36}{2\sin 60°} \text{mm} = 0.79 \text{ mm}$$

> **思考：**
> 如图 2-35 所示"金枪对顶"的杂技属于压缩变形吗？

图 2-35 "金枪对顶"的杂技

◀ 2.7 杆件拉伸、压缩的超静定问题 ▶

2.7.1 超静定的概念

在以前所研究的杆系问题中，支反力或内力等未知力都可由静力平衡方程求得，这种单凭静力平衡方程就能确定出全部未知力的问题称为静定问题，而相应的结构称为静定结构，如图 2-36 所示。

为了提高结构的强度和刚度，有时需要在静定结构基础上增加一些约束，如图 2-37 所示。此结构是在图 2-36 所示静定结构基础上增加 AC 杆后形成的三杆汇交桁架。这样一来，此结构未知力的数目就超过了可能列出独立的平衡方程数目。因此，也就无法单凭静力

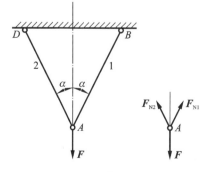

图 2-36 静定结构

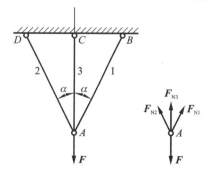

图 2-37 静定结构上增加约束

平衡方程求得全部未知力。这种单凭静力平衡方程不能确定全部未知力的问题称为超静定问题或静不定问题。相应的结构称为超静定结构,而把超过独立平衡方程数目的未知力个数称为超静定次数。

2.7.2 超静定问题的解法

由超静定问题的定义可知,所谓超静定问题就是未知力数目多于独立平衡方程的数目。因此,求解超静定问题的关键就是要建立补充方程,使得平衡方程数目加上补充方程数目正好等于未知力数目,从而使问题得到解决。

【例2-8】 由三根杆组成的结构如图2-38(a)所示。设1、2两杆的长度、横截面面积及材料均相同,即:$l_1 = l_2$,$A_1 = A_2$,$E_1 = E_2$,3杆的长度为l,横截面面积为A_3,弹性模量为E_3,1、2两杆与3杆的夹角均为α。试求在力 F 作用下三根杆的轴力。

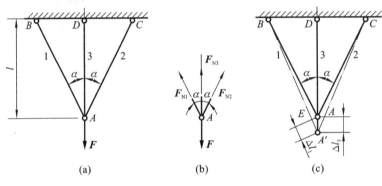

图 2-38 例 2-8 图

解: 从图2-38(a)不难看出,在力 F 作用下,A 点必然下降。又由于1、2两杆抗拉(压)刚度相同且左右对称,故 A 点必沿铅垂方向下降。为此,我们假设结构变形如图2-38(c)所示。由变形图可知,这时三根杆都伸长,以 A 点为研究对象,其受力图如图2-38(b)所示。此时三根杆的轴力均为拉力,则

(1) 列平衡方程。

由图2-38(b)所示的受力图,可得

$$\sum F_x = 0 \qquad F_{N1}\sin\alpha - F_{N2}\sin\alpha = 0 \tag{a}$$

$$\sum F_y = 0 \qquad F_{N3} + F_{N1}\cos\alpha + F_{N2}\cos\alpha - F = 0 \tag{b}$$

在(a)、(b)两式中包含有 F_{N1}、F_{N2}、F_{N3} 三个未知力,故为一次超静定。

(2) 列变形几何方程。

由图2-38(c)所示的变形图,可明显看出(要应用小变形条件)

$$\Delta l_3 \cos\alpha = \Delta l_1 = \Delta l_2 \tag{c}$$

(3) 建立物理方程。

根据内力和变形之间的物理关系,即胡克定律,可得

$$\Delta l_1 = \frac{F_{N1} l_1}{E_1 A_1}, \Delta l_2 = \frac{F_{N2} l_2}{E_2 A_2}, \Delta l_3 = \frac{F_{N3} l_3}{E_3 A_3} \tag{d}$$

(4) 列补充方程。

将式(d)代入式(c)中,即得所需的补充方程

$$\frac{F_{N3}l}{E_3 A_3}\cos\alpha = \frac{F_{N1}\dfrac{l}{\cos\alpha}}{E_1 A_1} \tag{e}$$

(5) 联立方程求解。

将式(a)、(b)、(e)联立求解,可得

$$F_{N1} = F_{N2} = \frac{F}{2\cos\alpha + \dfrac{E_3 A_3}{E_1 A_1}\dfrac{1}{\cos^2\alpha}} \tag{f}$$

$$F_{N3} = \frac{F}{1 + 2\dfrac{E_1 A_1}{E_3 A_3}\cos^3\alpha} \tag{g}$$

由结果可以看出,在超静定问题中,杆件的内力不仅与载荷有关,而且与杆件的刚度有关,即与材料性质、杆件截面有关。任一杆件刚度的改变,都将引起结构中所有各杆内力的重新分配。这是超静定结构区别于静定结构的特点之一。工程中正是利用了超静定结构的这一特点,充分发挥材料的作用。

上述的解题方法和步骤,对一般超静定问题都是适用的,可总结归纳如下:

(1) 根据静力学平衡条件列出所有的独立平衡方程;

(2) 根据变形协调条件列出变形几何方程;

(3) 根据力与变形间的物理关系建立物理方程;

(4) 将物理方程代入几何方程中,得到补充方程,然后与平衡方程联立求解。

【例 2-9】　图 2-39(a)所示一平行杆系 1、2、3 悬吊着横梁 AB(AB 梁可视为刚体),在横梁上作用着载荷 **F**,如果杆 1、2、3 的长度、截面面积、弹性模量均相同,分别设为 l、A、E。试求 1、2、3 三杆的轴力。

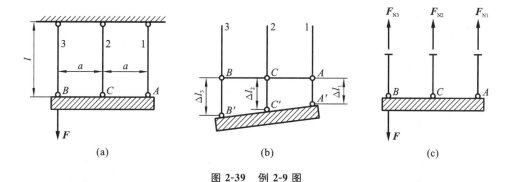

图 2-39　例 2-9 图

解:在载荷 **F** 作用下,假设一种可能变形,如图 2-39(b)所示,则此时杆 1、2、3 均伸长,其伸长量分别为 Δl_1、Δl_2、Δl_3,与之相对应,杆 1、2、3 的轴力皆为拉力,如图 2-39(c)所示。则根据图 2-39(b)、(c),可得

(1) 列平衡方程。

$$\sum F_y = 0 \qquad F_{N1} + F_{N2} + F_{N3} - F = 0 \tag{h}$$

$$\sum M_B = 0 \qquad F_{N1} \cdot 2a + F_{N2} \cdot a = 0 \tag{i}$$

在(h)、(i)两式中包含着 F_{N1}、F_{N2}、F_{N3} 三个未知力,故为一次超静定。

（2）列变形几何方程。

$$\Delta l_1 + \Delta l_3 = 2\Delta l_2 \tag{j}$$

（3）建立物理方程。

$$\Delta l_1 = \frac{F_{N1} l}{EA}, \Delta l_2 = \frac{F_{N2} l}{EA}, \Delta l_3 = \frac{F_{N3} l}{EA} \tag{k}$$

（4）列补充方程。

将式（k）代入式（j）中，即得所需的补充方程

$$\frac{F_{N1} l}{EA} + \frac{F_{N3} l}{EA} = 2 \frac{F_{N2} l}{EA} \tag{l}$$

（5）联立方程求解。

将式（h）、式（i）、式（l）三式联立求解，可得

$$F_{N1} = -\frac{F}{6}, \quad F_{N2} = \frac{F}{3}, \quad F_{N3} = \frac{5F}{6} \tag{m}$$

由例 2-9 可以看出，假设各杆的轴力是拉力还是压力，要以假设的变形关系图中所反映的杆是伸长还是缩短为依据，两者之间必须一致，即变形与内力的一致性。

在以上两例题中，假设一种可能变形，它不是唯一的，只要与结构的约束不发生矛盾即可。变形一旦假设后，其各杆的内力一定要与其变形保持一致。即如果假设杆件伸长，则对应的内力一定为拉力，否则相反。对图 2-40（a）所示结构，还可作如下假设，其变形图和受力图如图 2-40（b）、（c）所示。

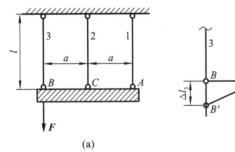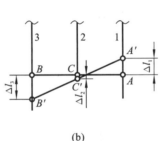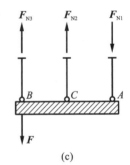

图 2-40　另一种假设变形

2.7.3　装配应力

在机械制造和结构工程中，零件或构件尺寸在加工过程中存在微小误差是难以避免的。这种误差在静定结构中，只不过造成结构几何形状的微小改变，不会引起内力［见图 2-41（a）］。但对超静定结构，加工误差却往往要引起内力。图 2-41（b）所示结构中，3 杆比原设计长度短了 δ，若将三根杆强行装配在一起，必然导致 3 杆被拉长，1、2 杆被压短，最终位置如图2-41（b）中双点画线所示。这样，装配后 3 杆内引起拉应力，1、2 杆内引起压应力。这种在超静定结构中，未加载之前因装配而引起的应力称为**装配应力**。

装配应力的计算方法与解超静定问题的方法相同。

【例 2-10】 如图 2-42（a）所示结构，设 1、2 两杆材料、横截面面积和长度均相同，即 $E_1 = E_2$，$A_1 = A_2$，$l_1 = l_2$，3 杆的横截面面积为 A_3，弹性模量为 E_3，杆长设计长度为 l，但在加工

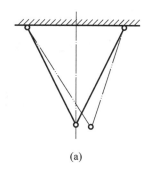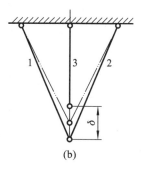

图 2-41 静定结构与超静定结构

时,3 杆的实际尺寸比设计长度短了 $\delta(\delta \ll l)$,试求将三杆强行装配在一起后,各杆所产生的装配应力。

解:由于 3 杆比原设计长度短了 δ,若将三根杆强行装配在一起,则必然导致 3 杆被拉长,而 1、2 杆被压短,如图 2-42(a)中双点画线所示。这时三根杆的受力如图 2-42(b)所示,即 1、2 两杆受压力,3 杆受拉力。因此,可得

(1)列平衡方程。

$$\sum F_x = 0 \qquad F_{N1}\sin\alpha - F_{N2}\sin\alpha = 0 \tag{a}$$

$$\sum F_y = 0 \qquad F_{N3} - F_{N1}\cos\alpha - F_{N2}\cos\alpha = 0 \tag{b}$$

(2)列变形几何方程。

$$\Delta l_3 + \Delta = \Delta l_3 + \frac{\Delta l_1}{\cos\alpha} = \delta \tag{c}$$

(3)建立物理方程。

$$\Delta l_1 = \frac{F_{N1}l_1}{E_1 A_1} = \frac{F_{N1}\dfrac{l}{\cos\alpha}}{E_1 A_1}, \quad \Delta l_3 = \frac{F_{N3}l_3}{E_3 A_3} = \frac{F_{N3}l}{E_3 A_3} \tag{d}$$

注意在计算 Δl_3 时,杆 3 的原长为 $l-\delta$,但由于 $\delta \ll l$,故以 l 代替 $l-\delta$。将式(d)代入式(c),再与式(a)、式(b)两式联立求解,可得

$$F_{N1} = F_{N2} = \frac{F_{N3}}{2\cos\alpha}$$

$$F_{N3} = \frac{E_3 A_3 \delta}{l\left(1 + \dfrac{E_3 A_3}{2E_1 A_1 \cos^3\alpha}\right)}$$

将 F_{N1}、F_{N2}、F_{N3} 的值分别除以杆的截面面积,即可得到三杆的装配应力。如三根杆的材料、截面面积都相同,设 $E = 200$ GPa,$\alpha = 30°$,$\delta/l = 1/1000$,则可计算出 $\sigma_1 = \sigma_2 = 65.3$ MPa(压),$\sigma_3 = 112.9$ MPa(拉)。

从以上计算结果可以看出,制造误差 δ/l 虽很小,但装配后仍要引起相当大的装配应力。因此,装配应力的存在对于结构往往是不利的,工程中要求制造时保证足够的加工精度,来降低有害的装配应力。但有时却又要利用它,如机械制造中的紧配合就是根据需要有意识地使其产生适当的装配应力,或制造相反的预应力,以提高结构的承载能力。

【例 2-11】 如图 2-43 所示,内燃机缸盖螺栓、连杆大头螺栓及工程中的很多连接螺栓都要受到预紧时的轴向拉力,被连接件受到相等的轴向压力。设螺栓的预拉力为 F_{N1},横截

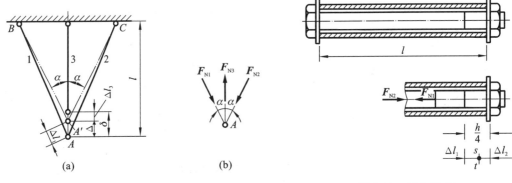

图 2-42　例 2-10 图　　　　　　　　　　图 2-43　例 2-11 图

面面积为 A_1，弹性模量为 E_1，被连接件用一套筒代表，预压力为 F_{N2}，横截面面积为 A_2，弹性模量为 E_2，长度为 l，如图 2-43 所示，求把螺母拧进 1/4 螺距时螺栓所受到的预拉力 F_{N1}。

解：根据图 2-43 所示，可得

（1）列平衡方程。

$$F_{N1} = F_{N2} \tag{e}$$

（2）列变形几何方程。

在螺母拧进 1/4 螺距时，螺栓伸长 Δl_1，同时套筒缩短 Δl_2，为了保证两者变形后的协调关系，则必须有如下协调方程

$$\Delta l_1 + \Delta l_2 = \frac{h}{4} \quad (h \text{ 为螺距}) \tag{f}$$

（3）建立物理方程。

$$\Delta l_1 = \frac{F_{N1} l}{E_1 A_1}, \quad \Delta l_2 = \frac{F_{N2} l}{E_2 A_2} \tag{g}$$

将式（g）代入式（f）中得到补充方程

$$\frac{F_{N1} l}{E_1 A_1} + \frac{F_{N2} l}{E_2 A_2} = \frac{h}{4} \tag{h}$$

联立式（h）和式（e），解得

$$F_{N1} = F_{N2} = \frac{h E_1 E_2 A_1 A_2}{4l(E_1 A_1 + E_2 A_2)}$$

2.7.4　温度应力

温度变化将引起物体的膨胀或收缩。静定结构由于可以自由变形，温度均匀变化时不会引起构件的内力变化，也就不会引起应力。但对超静定结构，由于它具有多余约束，温度变化将引起内力的改变，从而引起应力。这种在超静定结构中，由于温度变化而引起的应力称为**温度应力或热应力**。计算温度应力的方法与解超静定问题的方法相同。不同之处在于杆件的变形应包括弹性变形和由温度引起的变形两部分。

【例 2-12】 一阶梯钢杆如图 2-44（a）所示，在温度为 15 ℃时，两端固定在绝对刚硬的墙壁上，已知 AC、CB 两段杆的横截面积分别 $A_1 = 200 \text{ mm}^2$、$A_2 = 100 \text{ mm}^2$，钢材的弹性模量 $E = 200 \text{ GPa}$、线胀系数 $\alpha = 1.25 \times 10^{-5} / ℃$。试求当温度升高至 55 ℃ 时，杆内的最大正应力。

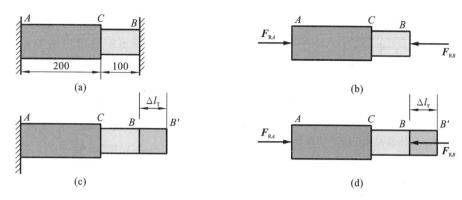

图 2-44 例 2-12 图

解：取 AB 段研究，设两端的压力为 F_{RA} 和 F_{RB} [见图 2-44(b)]。

（1）列平衡方程。

$$F_{RA} - F_{RB} = 0 \qquad\qquad (a)$$

两端压力虽相等，但值未知，故为一次超静定。

（2）列变形几何方程。因为支承是刚性的，温度升高以后，杆将伸长 [见图 2-44(c)]，但因刚性支承的阻挡，杆不能伸长 [见图 2-44(d)]，故与这一约束情况相适应的变形协调条件是杆的总长度不变，即 $\Delta l = 0$。杆的变形包括由温度引起的变形和由轴向压力引起的弹性变形两部分，故变形几何方程为

$$\Delta l = \Delta l_T + \Delta l_F = 0 \qquad\qquad (b)$$

式中，Δl_T 表示由温度升高引起的变形，Δl_F 表示由轴力 F_N 引起的弹性变形，这两个变形都取绝对值。

> **小贴士：**
>
> 温度应力问题求解时通常可以分为两步考虑，一是假设有支座，再考虑实际没有支座，不难得出变形协调方程。

（3）建立物理方程。利用线胀定律和胡克定律，可得

$$\Delta l_T = \alpha l \Delta T = 15 \times 10^{-5} \text{ m}$$

$$\Delta l_F = \frac{F_N l_1}{EA_1} + \frac{F_N l_2}{EA_2} = -F_A \times 10^{-8} \text{ m} \qquad\qquad (c)$$

式中，α 为材料的线胀系数，可通过查表得到。

将式（c）代入式（b），可得补充方程为

$$-F_A \times 10^{-8} + 15 \times 10^{-5} = 0 \qquad\qquad (d)$$

由此得

$$F_A = F_B = 15 \times 10^3 \text{ N} \qquad\qquad (e)$$

结果为正，说明假定杆受轴向压力是正确的，故该杆温度应力是压应力。

杆内的最大正应力位于 CB 段的横截面上，为

$$\sigma_{Tmax} = \frac{F_N}{A_2} = -\frac{F_A}{A_2} = -\frac{15 \times 10^3 \text{ N}}{100 \times 10^{-6} \text{ m}^2} = -150 \text{ MPa（压应力）}$$

由此数值可见，温度应力是比较严重的。

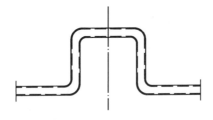

图 2-45　在热力管道中增加伸缩节

为了避免过高的温度应力,在铺设钢轨时必须留有空隙;在热力管道中有时要增加伸缩节,如图 2-45 所示。

【例 2-13】 图 2-46(a)所示横梁 AB 为刚体,钢杆 AD 的 $E_1 = 200$ GPa,$l_1 = 330$ mm,$A_1 = 100$ mm²,线胀系数 $\alpha_1 = 12.5 \times 10^{-6}/℃$;铜杆 BE 的 $E_2 = 100$ GPa,$l_2 = 220$ mm,$A_2 = 200$ mm²,$\alpha_2 = 16.5 \times 10^{-6}/℃$。求温度升高 30 ℃时两杆的轴力。

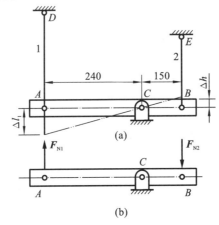

图 2-46　例 2-13 图

解: 设结构最终变形如图 2-46(a)中双点画线所示,其中 Δl_1 和 Δl_2 为 AD、BE 两杆的最终变形,它分别包含了内力和温度变化引起的变形,其各杆受力如图 2-46(b)所示,则有

(1)列平衡方程

$$\sum M_C = 0, \qquad 240F_{N1} + 150F_{N2} = 0 \tag{f}$$

(2)列变形几何方程

$$\frac{\Delta l_1}{\Delta l_2} = \frac{240}{150} = \frac{8}{5} \tag{g}$$

(3)建立物理方程

$$\Delta l_1 = \frac{F_{N1} l_1}{E_1 A_1} + \alpha_1 \cdot \Delta T \cdot l_1, \quad \Delta l_2 = \frac{F_{N2} l_2}{E_2 A_2} - \alpha_2 \cdot \Delta T \cdot l_2 \tag{h}$$

将式(h)代入式(g),经整理得

$$124 + 0.0165F_{N1} = 1.6 \times (0.011F_{N2} - 109) \tag{i}$$

联立式(f)、式(i)求解,得

$$F_{N1} = -6.68 \text{ kN}, \qquad F_{N2} = 10.7 \text{ kN}$$

求得 F_{N1} 为负号,说明真实内力的方向与假设的相反,即 1 杆为压力;F_{N2} 为正号,说明假设方向与真实的方向一致。

2.7.5　超静定结构的特点

(1)在超静定结构中,各杆的内力与该杆的刚度及各杆的刚度比值有关,任一杆件刚度的改变都将引起各杆内力的重新分配。

（2）在超静定结构中温度变化或制造加工误差都将引起温度应力或装配应力。

（3）超静定的形成,对结构的强度和刚度都有所提高。

◀ 2.8 应力集中的概念 ▶

2.8.1 应力集中现象和理论应力集中系数

等截面直杆受轴向拉伸或压缩时,横截面上的应力是均匀分布的。但由于实际需要,有些零件必须有切口、切槽、油孔、螺纹、轴肩等,在这些部位上截面尺寸发生突然变化。实验结果和理论分析表明,在零件尺寸突然改变处的横截面上,应力并不是均匀分布的。例如开有圆孔和带有切口的板条,如图 2-47 所示,当其受轴向拉伸时,在圆孔和切口附近的局部区域内,应力将急剧地增加,但在离开这一区域稍远处,应力就迅速降低而趋于均匀。这种因杆件外形突然变化而引起局部应力急剧增大的现象,称为**应力集中**。

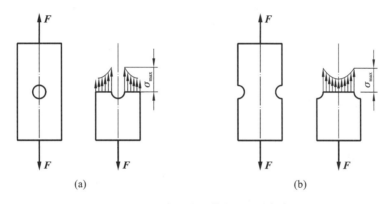

图 2-47 开有圆孔和带有切口的板条

思考：

如图 2-48 所示,包装袋上为什么会打个小缺口,或做成锯齿状呢?

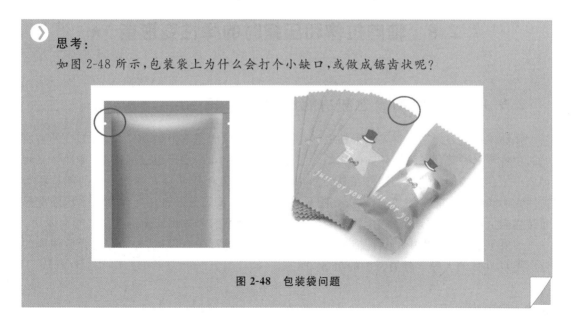

图 2-48 包装袋问题

设发生应力集中的截面上的最大应力为 σ_{max}，同一截面上的平均应力为 σ_m，则比值

$$\alpha = \frac{\sigma_{max}}{\sigma_m}$$

称为理论应力集中系数。它反映了应力集中的程度，是一个大于 1 的系数。实验结果表明：截面尺寸改变得越急剧，角越尖，孔越小，应力集中的程度就越严重。因此，在设计构件时应尽可能避免带尖角的孔和槽，在阶梯轴的轴肩处要用圆弧过渡，以减缓应力集中。

2.8.2 应力集中对构件强度的影响

在静载荷（载荷从零缓慢增加到一定值后保持恒定）作用下，应力集中对构件强度的影响随材料性质而异，因为不同材料对应力集中的敏感程度不同。塑性材料制成的构件在静

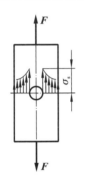

图 2-49 应力集中对塑性材料强度的影响

载荷下可以不考虑应力集中的影响。因为塑性材料有屈服阶段，当局部最大应力达到屈服点 σ_s 时，应力不再增大。继续增加的外力由截面上尚未屈服的材料来承担，使截面上其他点的应力相继增大到屈服点，如图 2-49 所示。这就使截面上应力趋于平均，降低了应力不均匀程度，限制了最大应力的数值。而脆性材料制成的构件即使在静载荷作用下，也应考虑应力集中对强度的影响。因为脆性材料没有屈服阶段，应力集中处的最大应力一直增加到强度极限 σ_b，在该处首先产生裂纹，直至断裂破坏。但对灰铸铁，其内部组织的不均匀性和缺陷是产生应力集中的主要因素，而构件外形或截面尺寸改变所引起的应力集中就成为次要因素，对构件的强度不一定造成明显的影响。因此，在设计灰铸铁构件时，可以不考虑局部应力集中对强度的影响。

在动载荷（载荷随时间变化）作用下，不论是塑性材料还是脆性材料，都应考虑应力集中对构件强度的影响，它往往是构件破坏的根源。

◀ 2.9 轴向拉伸和压缩时的弹性变形能 ▶

2.9.1 变形能的概念和功能原理

弹性体在外力作用下将发生弹性变形，外力将在相应的位移上做功。与此同时，外力所做的功将转变为储存在弹性体内的能量。当外力逐渐减小时，变形也逐渐恢复，弹性体又将释放出储存的能量而做功。这种在外力作用下，因弹性变形而储存在弹性体内的能量称为弹性变形能或应变能。例如，内燃机气阀开启时，气阀弹簧因受摇臂压力作用发生压缩变形而储存能量，当压力逐渐减小时，弹簧变形逐渐恢复，弹簧又释放出能量为关闭气阀而做功。

如果忽略变形过程中的其他能量（如热能、动能等）的损失，可以认为储存在弹性体内的变形能 U 在数值上等于外力所做的功 W，即

$$U = W$$

这就是功能原理。

2.9.2 轴向拉伸和压缩杆的变形能和比能

设受拉杆件上端固定[见图 2-50(a)],作用于下端的拉力 F 缓慢地由零增加到 F,在应力小于比例极限的范围内,拉力 F 与伸长 Δl 的关系是一条斜直线,如图 2-50(b)所示,在逐渐加力的过程中,当拉力为 F_1 时,杆件的伸长为 Δl_1。如果再增加一个 $\mathrm{d}F_1$,杆件相应的变形增量为 $\mathrm{d}(\Delta l_1)$。于是,已经作用于杆件上的 F_1 因位移 $\mathrm{d}(\Delta l_1)$ 而做功,且所做的功为

$$\mathrm{d}W = F_1 \mathrm{d}(\Delta l_1)$$

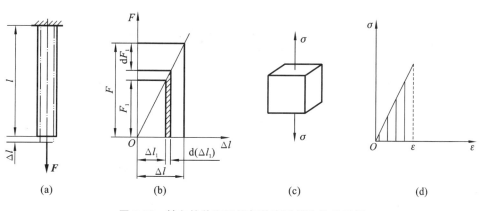

图 2-50　轴向拉伸和压缩杆的变形能和比能示例

容易看出 $\mathrm{d}W$ 等于图 2-50(b)中画阴影线部分的微分面积。把拉力 F 看作是一系列 $\mathrm{d}F_1$ 的积累,则拉力 F 所做的总功 W 应为上述微分面积的总和。即 W 等于 $F\text{-}\Delta l$ 曲线下面的面积。因为在弹性范围内,$F\text{-}\Delta l$ 曲线为一斜直线,故有

$$W = \frac{1}{2} F \Delta l$$

根据功能原理,外力 F 所做的功在数值上等于杆件内部储存的变形能。因此拉杆的弹性变形能 U 为

$$U = W = \frac{1}{2} F \Delta l$$

由胡克定律 $\Delta l = \dfrac{F_N l}{EA}$ 及 $F_N = F$,弹性变形能 U 应为

$$U = W = \frac{1}{2} F_N \Delta l = \frac{F_N^2 l}{2EA} \tag{2-14}$$

变形能的单位和外力功的单位相同,都是焦耳(J)。

若杆的轴力 F_N、截面面积 A 和材料弹性模量 E 分段为常数或连续变化,则变形能的计算式(2-14)可写成下式

$$U = \sum_{i=1}^{n} \frac{F_{Ni}^2 l_i}{2 E_i A_i} \tag{2-15}$$

$$U = \int_0^l \frac{F_N^2(x) \mathrm{d}x}{2EA(x)} \tag{2-16}$$

若对轴向拉伸(或压缩)杆取单元体表示[见图 2-50(c)],在线弹性范围内,其应力-应变关系如图 2-50(d)所示,则单位体积所储存的变形能为

$$u = \frac{1}{2}\sigma\varepsilon = \frac{\sigma^2}{2E} = \frac{E\varepsilon^2}{2} \tag{2-17}$$

u 称为比能或能密度,其单位是焦耳/米^3,记为 J/m^3。

由式(2-17)可求出拉伸(或压缩)杆的变形能

$$U = \int_V u \, \mathrm{d}V \tag{2-18}$$

式中,V 为构件的体积。

由 U、u 的计算式可以看出,变形能是载荷的二次函数,在计算变形能时不满足叠加原理。

利用功能原理可导出一系列的方法,称能量法,应用能量法可计算任意结构、任意截面、任意点、任意方向的位移。

若结构上只有一个做功力,且仅求力作用点沿力作用方向的位移,可由式(2-14)直接求得。

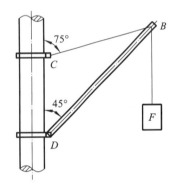

图 2-51　简易起重机

【**例 2-14**】 简易起重机如图 2-51 所示。BD 杆为无缝钢管,外径 90 mm,壁厚 2.5 mm,杆长 $l = 3$ m,弹性模量 $E = 210$ GPa。BC 是两条横截面面积为 171.82 mm^2 的钢索,弹性模量 $E_1 = 177$ GPa,载荷 $F = 30$ kN。若不考虑立柱的变形,试求 B 点的垂直位移。

解:从三角形 BCD 中解出 BC 和 CD 的长度分别为

$$BC = l_1 = 2.20 \text{ m} \quad CD = 1.55 \text{ m}$$

算出 BC 和 BD 两杆的横截面面积分别为

$$A_1 = 2 \times 171.82 \text{ mm}^2 = 344 \text{ mm}^2$$

$$A = \frac{\pi}{4}(90^2 - 85^2) \text{mm}^2 = 687 \text{ mm}^2$$

由 BD 杆的平衡条件,求得钢索 BC 的拉力为

$$F_{N1} = 1.41F$$

BD 杆的压力为

$$F_{N2} = 1.93F$$

把简易起重机看作是由 BC 和 BD 两杆组成的简单弹性杆系,当载荷 F 从零开始缓慢地作用于杆系上时,F 与 B 点垂直位移 δ 的关系是线性的,F 所做的功为

$$W = \frac{1}{2}F\delta$$

F 所做的功在数值上应等于杆系的变形能,亦即等于 BC 和 BD 两杆变形能的总和。故

$$\frac{1}{2}F\delta = \frac{F_{N1}^2 l_1}{2E_1 A_1} + \frac{F_{N2}^2 l}{2EA} = \frac{(1.41F)^2 \times 2.20}{2 \times 177 \times 10^9 \times 344 \times 10^{-6}} + \frac{(1.93F)^2 \times 3}{2 \times 210 \times 10^9 \times 687 \times 10^{-6}}$$

由此求得

$$\delta = \left(\frac{1.41^2 \times 2.20}{177 \times 10^9 \times 344 \times 10^{-6}} + \frac{1.93^2 \times 3}{210 \times 10^9 \times 687 \times 10^{-6}} \right) F = 14.93 \times 10^{-8} F$$

$$= 14.93 \times 10^{-8} \times 30 \times 10^3 \text{ m} = 4.48 \times 10^{-3} \text{ m}$$

知识拓展

埃菲尔铁塔是由古斯塔夫·埃菲尔设计的,古斯塔夫·埃菲尔出生于 1832 年法国东部的第戎城。20 岁以优异的成绩考上了培养工程师的法国国立工艺学院。在那里他租用了单身宿舍,经常挤在桌子和火炉中间通宵达旦埋头读书。不久,他以良好的成绩领到了工程师的毕业文凭。毕业后,经朋友介绍进入西部铁路局研究室任工程师。从此,埃菲尔踏上了一个建筑结构工程师的工作道路,为人类的进步与文明贡献自己的杰出才华。

习　题

2-1　试求图 2-52 所示各杆各段截面上的轴力,并作轴力图。

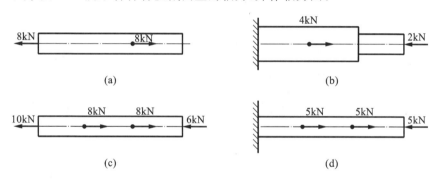

图 2-52　习题 2-1 图

2-2　试求图 2-53 所示阶梯状直杆横截面 1—1、2—2、3—3 上的轴力,并作轴力图。若横截面面积 $A_1 = 200 \text{ mm}^2$、$A_2 = 300 \text{ mm}^2$、$A_3 = 400 \text{ mm}^2$,试求各横截面上的应力。

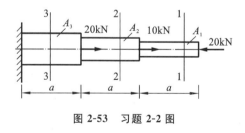

图 2-53　习题 2-2 图

2-3　一横截面为正方形的砖柱分上、下两段,其受力情况如图 2-54 所示,各段长度及横截面面积如图中所示。已知 $F = 50 \text{ kN}$,试求载荷引起的最大工作应力。

2-4　图 2-55 所示为一吊环螺钉,其外径 $d = 48 \text{ mm}$,内径 $d_1 = 42.6 \text{ mm}$,吊重 $F = 50 \text{ kN}$。求螺钉横截面上的应力。

2-5　三脚架结构尺寸及受力如图 2-56 所示,起吊重物为 22.2 kN,钢杆 BD 的直径 $d_1 = 25.4 \text{ mm}$,钢梁 CD 的横截面面积 $A_2 = 2320 \text{ mm}^2$。试求杆 BD 和 CD 横截面上的正应力。

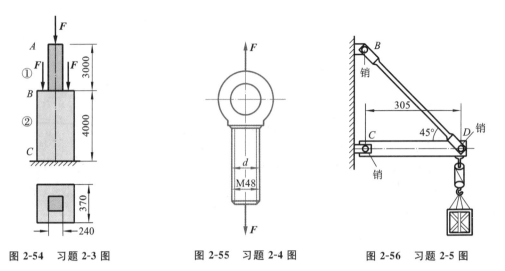

图 2-54 习题 2-3 图　　　　图 2-55 习题 2-4 图　　　　图 2-56 习题 2-5 图

2-6　如图 2-57 所示，液压缸的缸盖与缸体采用 6 个对称分布的螺栓连接。已知液压缸内径 $D=350$ mm，油压 $p=1$ MPa，若螺栓材料的许用应力为 $[\sigma]=40$ MPa，求螺栓的内径 d。

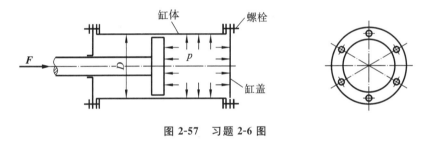

图 2-57　习题 2-6 图

2-7　图 2-58 所示拉杆承受轴向拉力 $F=10$ kN，杆的横截面面积 $A=100$ mm²。如以 θ 表示斜截面与横截面的夹角，试求：当 $\theta=0°$、$30°$、$-60°$ 时各斜面上的正应力和切应力。

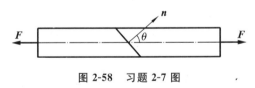

图 2-58　习题 2-7 图

2-8　汽车离合器踏板如图 2-59 所示。已知踏板受到的压力 $F_1=400$ N，拉杆 AB 的直径 $D=9$ mm，杠杆臂长 $L=330$ mm，$l=56$ mm，拉杆的许用应力 $[\sigma]=50$ MPa，试校核拉杆 1 的强度。

2-9　冷镦机的曲柄滑块机构如图 2-60 所示。镦压工件时连杆接近水平位置，承受的镦压力 $F=1100$ kN。连杆是矩形截面，高度 h 与宽度 b 之比为 $h/b=1.4$。材料为 45 钢，许用应力 $[\sigma]=58$ MPa，试确定截面尺寸 h 及 b。

2-10　图 2-61 所示双杠杆夹紧机构，需产生一对 20 kN 的夹紧力，试求水平杆 AB 及两斜杆 BC 和 BD 的横截面直径。已知三杆的材料相同，$[\sigma]=100$ MPa，$\alpha=30°$。

2-11　图 2-62 所示卧式拉床的液压缸内径 $D=186$ mm，活塞杆直径 $d_1=65$ mm，材料为 20Cr，经过热处理后 $[\sigma_1]=130$ MPa。缸盖由六个 M20 的螺栓与缸体连接，M20 螺栓的

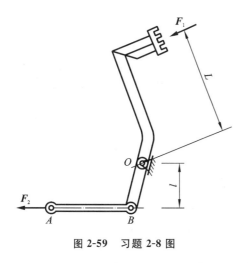

图 2-59 习题 2-8 图

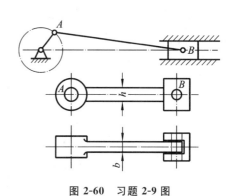

图 2-60 习题 2-9 图

内径 $d=17.3$ mn,材料为 35 钢,经热处理后 $[\sigma_2]=110$ MPa。试按活塞杆和螺栓的强度确定最大油压 p。

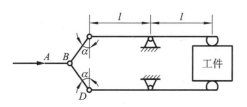

图 2-61 习题 2-10 图

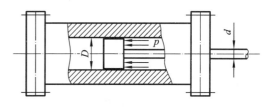

图 2-62 习题 2-11 图

2-12 某拉伸试验机的结构示意图如图 2-63 所示。设试验机的 CD 杆与试件 AB 材料同为低碳钢,其 $\sigma_p=200$ MPa,$\sigma_s=240$ MPa,$\sigma_b=400$ MPa。试验机最大拉力为 100 kN。试问:

(1)用这一试验机做拉断试验时,试件直径最大可达多少?

(2)若设计时取试验机的安全因数 $n=2$,则 CD 杆的截面面积为多少?

(3)若试件直径 $d=1$ cm,今欲测弹性模量 E,则所加载荷最大不能超过多少?

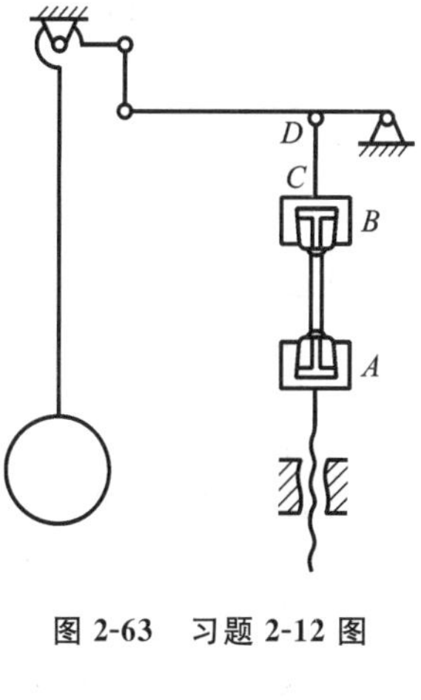

2-13 某铣床工作台进给液压缸如图 2-64 所示,缸内工作油压 $p=2$ MPa,液压缸内径 $D=75$ mm,活塞杆直径

图 2-63 习题 2-12 图

$d=18$ mm。已知活塞杆材料的许用应力 $[\sigma]=50$ MPa,试校核活塞杆的强度。

2-14 如图 2-65 所示变截面直杆,已知:$A_1=8$ cm^2,$A_2=4$ cm^2,$E=200$ GPa,求杆的总伸长 Δl。

2-15 在图 2-66 所示结构中,设横梁 AB 的变形可以省略,1、2 两杆的横截面面积相等,材料相同。试求 1、2 两杆的内力。

2-16 结构如图 2-67 所示,拉杆 AB 和 AD 均由两根等边角钢构成,已知材料的许用应力 $[\sigma]=170$ MPa。试选择拉杆 AB 和 AD 的角钢型号。

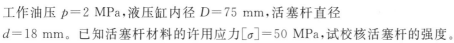

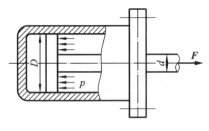

图 2-64 习题 2-13 图

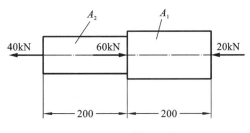

图 2-65 习题 2-14 图

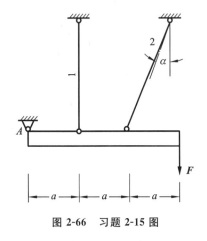

图 2-66 习题 2-15 图

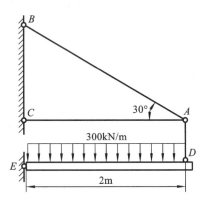

图 2-67 习题 2-16 图

2-17 木制短柱的四角用四根 40 mm×40 mm×4 mm 的等边角钢加固,如图 2-68 所示。已知角钢的许用应力$[\sigma]_{钢}=160$ MPa,$E_{钢}=200$ GPa;木材的许用应力 $[\sigma]_{木}=12$ MPa,$E_{木}=10$ GPa。试求许可载荷$[F]$。

2-18 在图 2-69 所示结构中,1、2 两杆的抗拉刚度同为 E_1A_1,3 杆为 E_3A_3。3 杆的长度为 $l+\delta$,其中 δ 为加工误差,且 $\delta\ll l$,试求将 3 杆装入 AC 位置后,1、2、3 三杆的内力。

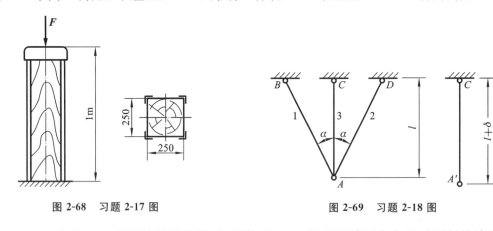

图 2-68 习题 2-17 图

图 2-69 习题 2-18 图

2-19 如图 2-70 所示阶梯形钢杆,在温度 $T_0=15$ ℃时两端固定在绝对刚硬的墙壁上。当温度升高至 55 ℃时,求杆内的最大应力。已知 $E=200$ GPa,线胀系数 $\alpha=125\times10^{-7}/℃$,$A_1=2$ cm²,$A_2=1$ cm²。

2-20 如图 2-71 所示结构,已知横梁 AB 是刚性的,杆 1 与杆 2 的长度、横截面面积、材料均相同,其拉压刚度为 EA,线胀系数为 α。试求当杆 1 温度升高 ΔT 时,杆 1 与杆 2 的轴力。

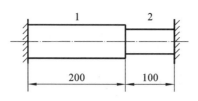

图 2-70　习题 2-19 图

2-21　图 2-72 所示刚性梁 AB 受均布载荷作用,梁在 A 端铰支,在 B 点和 C 点由两根钢杆 BD 和 CE 支承。已知钢杆的横截面面积 $A_{BD}=200\ \mathrm{mm^2}$,$A_{CE}=400\ \mathrm{mm^2}$,其许用应力 $[\sigma]=170\ \mathrm{MPa}$,试校核钢杆的强度。

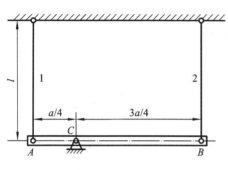
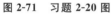

图 2-71　习题 2-20 图

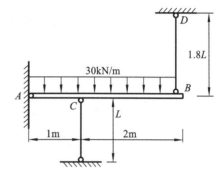

图 2-72　习题 2-21 图

第3章
剪切与挤压

知识目标：

1.掌握剪切变形及其工程实例；

2.掌握挤压变形及其工程实例。

能力素质目标：

1.具有计算联结件的剪切和挤压强度问题的能力；

2.培养学生应用材料力学知识对机械领域简单工程问题进行分析和解决的能力。

◀◀ 3.1 剪切与挤压的概念及实例 ▶▶

在工程结构或机械中,构件之间通常通过铆钉[见图 3-1(a)]、螺栓[见图 3-1(b)]、键[见图 3-1(c)]等连接件相连接。这类连接件的主要变形形式是剪切与挤压。

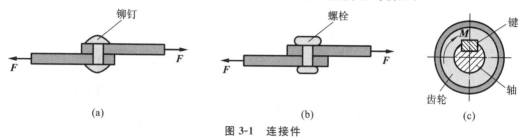

图 3-1 连接件

剪切的受力特点是:**构件在两侧面受到大小相等、方向相反、作用线相距很近的外力(外力合力)的作用**,如图 3-2(a)和图 3-2(b)所示。

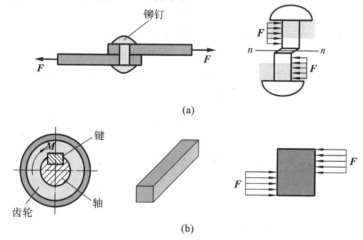

图 3-2 铆钉及键的受力

剪切的变形特点是:构件沿位于两侧外力之间的截面发生相对错动,如图 3-2(a)和图 3-3所示。发生错动的截面称为剪切面,如图 3-3 中的 m—m 截面和图 3-2(a)中的 n—n 截面。当外力到达一定限度时,构件将在剪切面被剪断。

如图 3-4 所示的销轴连接,其中销轴同时有左右两个剪切面,这种情况称为双剪。

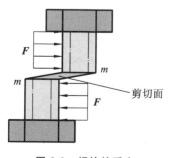

图 3-3 螺栓的受力

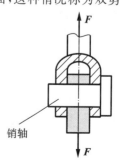

图 3-4 销轴连接

构件在受到剪切变形的同时,往往还要受到挤压变形。在外力作用下,连接件与被连接件之间在侧面互相压紧、传递压力。由于一般接触面较小而传递的压力较大,就有可能在接触面局部被压溃或发生塑性变形,如图 3-5 所示。这种变形破坏形式就称为**挤压**。传递压力的接触面称为**挤压面**。图 3-5 中铆钉的两个挤压面分别为两个圆柱面,在图 3-3 所示的螺栓连接中,取出下半段的螺栓(见图 3-6),其挤压面也为圆柱面。

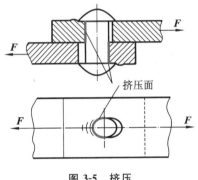

图 3-5 挤压

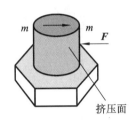

图 3-6 下半段的螺栓

连接件除了受剪切变形和挤压变形外,也存在着上一章所讲过的拉压变形,如图 3-5 中铆钉所连接的两块钢板,在外力 F 的作用下,钢板受到拉力,若拉力较大,钢板在受铆钉孔削弱的截面处,应力增大,易在连接处拉断。综上,连接件的三种变形为剪切、挤压和拉压,本章主要介绍其中的剪切与挤压变形,以及剪切与挤压的强度计算。由于剪切与挤压只发生在构件的局部区域,其受力与变形比较复杂,难以精确计算,因此,工程中均采用简化的实用计算方法。实践表明,这些实用计算方法是可靠的,可以满足工程需要。

◀ 3.2 剪切的实用计算 ▶

下面以螺栓连接为例,介绍剪切的实用计算方法。

3.2.1 剪切面上的内力

首先应用"截面法"来确定螺栓的剪切面上的内力,沿剪切面 m—m 将螺栓假想截断,取螺栓的下半部为研究对象[见图 3-7(b)]。用剪切面的内力 F_S 代替舍弃的上半段。F_S 为剪切面上的切向内力,称为剪力。

对下半部分列平衡方程如下:

$$\sum F_x = 0 \qquad F_S - F = 0$$

得:

$$F_S = F$$

3.2.2 剪切面上的应力

剪力 F_S 是以切应力 τ 的形式分布在剪切面上的,如图 3-7(c)所示。在工程实用计算中,假设切应力 τ 在剪切面上均匀分布,其计算公式为:

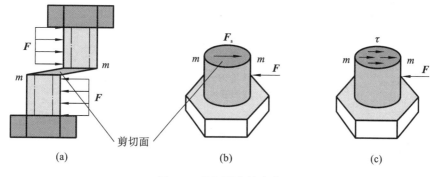

图 3-7　剪切面上的内力

$$\tau = \frac{F_S}{A_S} \tag{3-1}$$

式中，F_S 为剪切面上的剪力，用截面法由平衡方程确定；A_S 为剪切面的面积。

3.2.3　剪切强度条件

综上，连接件的剪切强度条件为

$$\tau = \frac{F_S}{A_S} \leqslant [\tau] \tag{3-2}$$

式中，$[\tau]$ 为材料的许用切应力，其值等于材料的剪切强度极限 τ_b 除以安全因数 n。而剪切强度极限 τ_b，则需通过剪切试验测出剪切破坏载荷并按式(3-1)确定。常用材料的许用切应力可从有关设计手册中查到。

【例 3-1】　如图 3-8 所示为一销钉连接，已知 $F = 100$ kN，销钉的直径 $d = 30$ mm，材料的许用切应力 $[\tau] = 60$ MPa。试校核销钉的剪切强度。

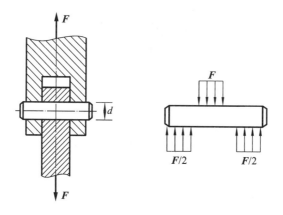

图 3-8　例 3-1 图

解：销钉的受力如图所示，此销钉包含两个剪切面，属于双剪问题。

则两个剪切面上的剪力均为

$$F_S = \frac{F}{2}$$

切应力为

$$\tau = \frac{F_S}{A_S}$$

对于销钉,剪切面为圆截面,则剪切面积为

$$A_S = \frac{\pi d^4}{4}$$

得

$$\tau = \frac{F_S}{A_S} = \frac{\frac{F}{2}}{\frac{\pi d^4}{4}} = \frac{2 \times 100 \times 10^3}{\pi \times 900 \times 10^{-6}} \text{ Pa} = 70.7 \text{ MPa}$$

可得

$$\tau = 70.7 \text{ MPa} > [\tau] = 60 \text{ MPa}$$

所以销钉的剪切强度不够。

◀ 3.3 挤压的实用计算 ▶

如图 3-9 所示,在螺栓与钢板相互接触的侧面上,发生的彼此间的局部承压现象称为挤压。螺栓和钢板接触的左右两个侧面为挤压面,此时两个挤压面均为半圆柱面。

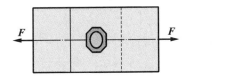

图 3-9 挤压

3.3.1 挤压应力的实用计算

下面以螺栓连接为例,介绍连接件的挤压应力的实用计算。挤压面上传递的压力称为挤压力,记作 F_{bs}[见图 3-10(a)]。挤压力 F_{bs} 实际上是以法向应力的形式分布在挤压面上的,这种法向应力称为挤压应力,记作 σ_{bs},挤压应力 σ_{bs} 的实际分布情况如图 3-10(b)所示,较为复杂。在工程实用中,采用简化公式

$$\sigma_{bs} = \frac{F_{bs}}{A_{bs}} \tag{3-3}$$

来计算挤压应力。式中,F_{bs} 为挤压面上的挤压力大小,由平衡方程确定;A_{bs} 为挤压面的计算面积,取实际挤压面在垂直于挤压力的平面上投影的面积。

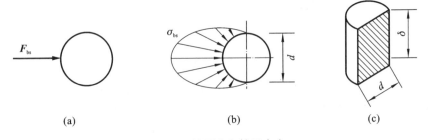

图 3-10 挤压力和挤压应力

如图 3-8 和图 3-9 所示的螺栓连接,螺栓的挤压面为半圆柱面,A_{bs} 应取其直径平面面积

[图 3-10(c)中的阴影线面积],即挤压面的计算面积为

$$A_{bs} = d\delta$$

若挤压面为平面,如图 3-11(a)中的键,A_{bs} 就取该平面的面积[见图 3-11(b)],即挤压面的计算面积

$$A_{bs} = l \times \frac{h}{2}$$

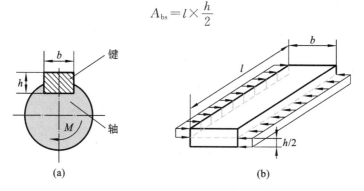

图 3-11　挤压面为平面

3.3.2　挤压强度条件

于是,连接件的挤压强度条件为

$$\sigma_{bs} = \frac{F_{bs}}{A_{bs}} \leqslant [\sigma_{bs}] \tag{3-4}$$

式中,$[\sigma_{bs}]$ 为材料的许用挤压应力,其值等于通过试验按式(3-3)确定的材料的挤压强度极限除以安全因数。常用材料的许用挤压应力可从有关设计手册中查到。

3.3.3　连接件的强度计算

连接件的主要变形形式是剪切与挤压,根据式(3-2)和式(3-4),即可进行连接件的强度计算,现举例说明如下。

【例 3-2】　图 3-12 所示为销钉连接。已知:连接器壁厚 $\delta = 8$ mm,轴向拉力 $F = 15$ kN,销钉许用切应力 $[\tau] = 20$ MPa,许用挤压应力 $[\sigma_{bs}] = 70$ MPa。试求销钉的直径 d。

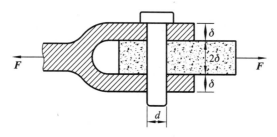

图 3-12　例 3-2 图

解:(1) 根据剪切强度确定销钉直径。

销钉承受双剪,由截面法可得任一剪切面上的剪力

$$F_S = \frac{F}{2} = 7.5 \text{ kN}$$

根据剪切强度条件

$$\tau = \frac{F_{\mathrm{S}}}{A_{\mathrm{S}}} = \frac{7.5 \times 10^3}{\frac{\pi d^2}{4}} \leqslant [\tau] = 20 \times 10^6 \text{ Pa}$$

得销钉直径

$$d \geqslant 0.0219 \text{ m} = 21.9 \text{ mm}$$

(2) 根据挤压强度确定销钉直径。

销钉三段(上段、中段、下段)均承受挤压,分析挤压力和挤压面的计算面积可知三段的挤压应力均相等,根据挤压强度条件

$$\sigma_{\mathrm{bs}} = \frac{F}{2d \times \delta} = \frac{15 \times 10^3}{2d \times 8 \times 10^{-3}} \leqslant [\sigma_{\mathrm{bs}}] = 70 \times 10^6 \text{ Pa}$$

得销钉直径

$$d \geqslant 13.4 \text{ mm}$$

综合上述计算结果,可选取销钉的直径 $d = 22$ mm。

【例 3-3】 如图 3-13 所示的钢板用销钉固连于墙上,钢板受拉力 F 作用。已知销钉直径 $d = 22$ mm,板的厚度 $\delta = 8$ mm、宽度 $b = 100$ mm,板和销钉的许用拉应力 $[\sigma] = 160$ MPa,许用切应力 $[\tau] = 100$ MPa,许用挤压应力 $[\sigma_{\mathrm{bs}}] = 280$ MPa,试求钢板的许用拉力 $[F]$。

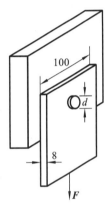

图 3-13 例 3-3 图

解:(1) 根据销钉的剪切强度确定许用拉力 F_1。

销钉只有一个剪切面,由截面法可得剪切面的剪力

$$F_{\mathrm{S}} = F_1$$

根据剪切强度条件

$$F_1 = F_{\mathrm{S}} \leqslant A_{\mathrm{S}}[\tau] = \frac{\pi d^2}{4} \times 100 \times 10^6$$

$$= \frac{\pi \times 22 \times 22 \times 10^{-6}}{4} \times 100 \times 10^6 \text{ N} = 38 \text{ kN}$$

即

$$F_1 \leqslant 38 \text{ kN}$$

(2) 根据销钉的挤压强度确定许用拉力 F_2。

根据挤压强度条件

$$F_2 = F_{\mathrm{bs}} \leqslant A_{\mathrm{bs}}[\sigma_{\mathrm{bs}}] = d \times \delta \times 280 \times 10^6 = 22 \times 8 \times 10^{-6} \times 280 \times 10^6 \text{ N} = 49.3 \text{ kN}$$

即

$$F_2 \leqslant 49.3 \text{ kN}$$

(3) 根据钢板的拉伸强度确定许用拉力 F_3。

钢板受拉时最大正应力位于钢板最小横截面,即螺钉孔直径所过的横截面,则根据此横截面的拉压强度条件

$$F_3 = F_{\mathrm{N}} \leqslant A[\sigma] = \delta \times (b - d) \times 160 \times 10^6 = 8 \times (100 - 22) \times 10^{-6} \times 160 \times 10^6 \text{ N} = 99.8 \text{ kN}$$

即

$$F_3 \leqslant 99.8 \text{ kN}$$

综合上述计算结果,钢板的许用拉力应选取 F_1、F_2、F_3 中的最小值,则取许用拉力 $[F] = 38$ kN。

知识拓展

圣维南（Adhémar Jean Claude Barré de Saint-Venant，1797—1886），法国力学家。圣维南的研究领域主要集中于固体力学和流体力学，特别是在材料力学和弹性力学方面作出很大贡献，提出和发展了求解弹性力学的半逆解法。他一生重视理论研究成果应用于工程实际，他认为只有理论与实际相结合，才能促进理论研究和工程进步。1855 和 1856 年用半逆解法分别求解柱体扭转和弯曲问题，求解运用了这样的思想：如果柱体端部两种外加载荷在静力学上是等效的，则端部以外区域内两种

情况中应力场的差别甚微。J. V. 布森涅斯克于 1885 年把这个思想加以推广，并称之为圣维南原理：设弹性体的一个小范围内作用有一个平衡力系（即合力和合力矩均为零），则在远离作用区处弹性体内由这平衡力系引起的应力是可以忽略的。圣维南原理长期以来在工程力学中得到广泛应用，但是它在数学上的精确表述和严格证明经过将近一百年的时间，才由 R. von 米泽斯和 E. 斯特恩贝格作出。但此证明有局限性，后来有人举出了圣维南原理不适用的实例。

习　题

3-1　如图 3-14 所示，齿轮和轴用平键连接，平键的尺寸如图所示。试计算键的剪切面积和挤压面的计算面积。

3-2　如图 3-15 所示，销钉受拉力 F 的作用，销钉的尺寸如图所示，试计算销钉的切应力。

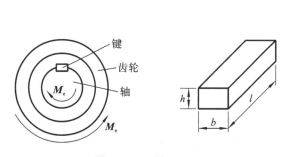

图 3-14　习题 3-1 图

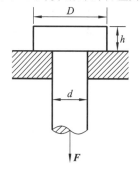

图 3-15　习题 3-2 图

3-3　如图 3-16 所示，铆钉连接的连接板厚度为 δ，铆钉直径为 d。试计算铆钉的切应力和挤压应力。

3-4　矩形截面木拉杆连接如图 3-17 所示，试计算接头处的切应力和挤压应力。

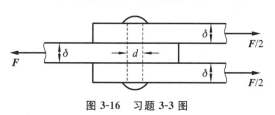

图 3-16　习题 3-3 图

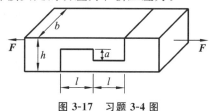

图 3-17　习题 3-4 图

3-5 如图 3-18 所示,用铆钉连接的两块连接板,已知铆钉连接的连接板厚度为 δ,铆钉直径为 d。试计算铆钉挤压应力。

3-6 如图 3-19 所示,直径为 d 的圆柱放在直径为 $D=3d$,厚度为 δ 的圆形基座上,地基对基座的支反力为均匀分布,圆柱承受轴向压力 F,求基座剪切面的剪力。

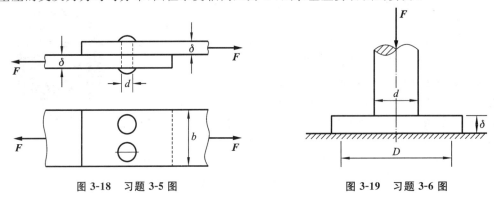

图 3-18 习题 3-5 图   图 3-19 习题 3-6 图

3-7 如图 3-20 所示,螺栓的拉杆及头部均为圆截面,已知 $D=40$ mm,$d=20$ mm,$h=15$ mm。材料的许用切应力 $[\tau]=100$ MPa,许用挤压应力 $[\sigma_{bs}]=240$ MPa,试由拉杆头的强度确定许用拉力 $[F]$。

3-8 如图 3-20 所示的在拉力 F 的作用下的螺栓,已知螺栓的许用切应力 $[\tau]$ 是许用拉应力的 0.6 倍。试求螺栓直径 d 和螺栓头高度 h 的合理比值。

3-9 如图 3-21 所示键的长度 $l=30$ mm,键许用切应力 $[\tau]=80$ MPa,许用挤压应力 $[\sigma_{bs}]=200$ MPa,试求许可载荷 $[F]$。

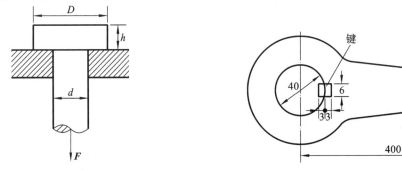

图 3-20 习题 3-7 和习题 3-8 图   图 3-21 习题 3-9 图

3-10 如图 3-22 所示两矩形截面的木杆,用两块钢板连接在一起,已知木杆的截面宽度 $b=250$ mm,许用拉应力 $[\sigma]=6$ MPa,许用挤压应力 $[\sigma_{bs}]=10$ MPa,许用切应力 $[\tau]=1$ MPa,当轴向载荷 $F=45$ kN 时,试确定钢板的尺寸 δ 与 L,以及木杆的高度 h。

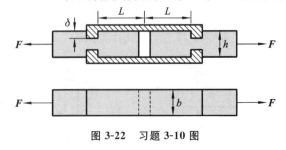

图 3-22 习题 3-10 图

第4章
扭转变形

知识目标：

1. 掌握扭转的概念；

2. 掌握扭转杆件的内力（扭矩）计算及内力图（扭矩图）的绘制；

3. 掌握扭转杆件横截面上的切应力计算与扭转强度条件；

4. 掌握扭转轴的扭转变形（扭转角）计算和扭转刚度条件。

能力素质目标：

1. 具有利用圆轴强度条件和刚度条件求解圆轴的扭转问题，设计轴的截面尺寸、允许载荷的能力；

2. 培养学生应用材料力学知识对机械领域简单工程问题进行分析和解决的能力；

3. 增强学生的民族自豪感和科技报国的责任感、使命感。

扭转是杆件的基本变形之一。本章主要介绍轴的内力、应力及变形计算，并在此基础上研究轴的强度、刚度问题。本章的学习应重点掌握扭矩、应力、强度及刚度的计算。

◀ 4.1 扭转的概念 ▶

图 4-1 汽车转向轴

为了说明扭转变形，以汽车转向轴为例，如图 4-1 所示，轴的上端受到经由方向盘传来的力偶作用，下端则又受到来自转向器的阻抗力偶作用，再以攻丝时丝锥的受力情况为例，如图 4-2 所示，通过绞杠把力偶作用于丝锥的上端，丝锥下端则受到工件的阻抗力偶作用。这些实例都是**在杆件的两端作用两个大小相等、方向相反，且作用平面垂直于杆件轴线的力偶，致使杆件的任意两个横截面都发生绕轴线的相对转动，这就是扭转变形**。工程实际中，有很多构件，如车床的光杆、搅拌机轴、汽车传动轴等，都是受扭构件。还有一些轴类零件，如电动机主轴、水轮机主轴、机床传动轴等，除扭转变形外还有弯曲变形，属于组合变形。

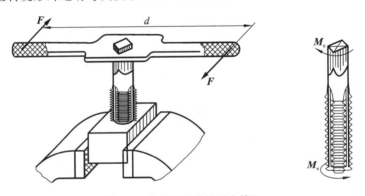

图 4-2 攻丝时丝锥的受力情况

本章主要研究圆截面等直杆的扭转，这是工程中最常见的情况，又是扭转中最简单的问题，如图 4-3 所示的等截面圆杆，在垂直于杆轴的杆端平面内作用着一对大小相等、转向相反的外力偶矩 M_e，使杆发生扭转变形。由图 4-3 可知，圆轴表面的纵向直线 AB，由于外力偶矩 M_e 的作用而变成斜线 AB'，其倾斜的角度为 γ，γ 称为剪切角，也称切应变。B 截面相对 A 截面转过的角度称为相对扭转角，以 φ_{AB} 表示。

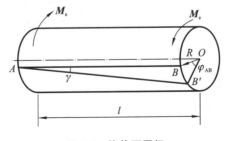

图 4-3 等截面圆杆

◀ 4.2 外力偶矩的计算 扭矩和扭矩图 ▶

4.2.1 外力偶矩的计算

扭转变形杆件上的内力由作用于杆件上的外力偶矩引起。外力偶矩可以是直接作用于杆件上的外力偶的矩,例如图 4-4 所示的拧螺栓,人的手直接给螺丝刀杆上作用了一个外力偶。

外力偶矩也可以由作用于连接在杆件的物体上的力对杆轴的矩引起,例如图 4-5 中轮 3 上两条皮带上的拉力大小不相等而使得轮轴受外力偶的作用,拉力产生的力偶矩需要采用力的平移定理,将外力向杆的轴线简化而得到,若轮 3 的直径为 d,并且 $F_1 > F_2$,作用于扭转杆轴 D 处的外力偶矩等于$(F_1 - F_2)d$,但是,对于连接电动机的传动轴,通常知道电动机的功率和转速。如图 4-5 所示连接轮 1 和电动机的轴,若电动机传递给传动轴的功率为 P(常用单位为 kW),轴的转速为 n(常用单位为 r/min)。由理论力学知识可知

$$P = M_e \times \frac{2\pi n}{60}$$

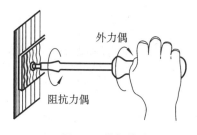

图 4-4 拧螺栓

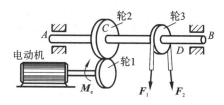

图 4-5 连接轴

则外力偶矩 M_e 为

$$\{M_e\}_{\text{N·M}} = 9550 \frac{\{P\}\text{kW}}{\{n\}\text{r/min}} \tag{4-1}$$

此外,还可以由力系的平衡条件求得外力偶矩。

4.2.2 扭矩和扭矩图

扭矩(torque)是扭转变形杆件某截面的内力矩,用 $\boldsymbol{T}$ 表示。它是杆件横截面上的分布内力向横截面形心简化所得内力的法向分量。求扭矩的方法仍然采用截面法。如图 4-6(a)所示,圆轴受到一对外力偶矩 $\boldsymbol{M}_e$ 作用,为了求得任意截面上的内力,可用假想平面沿 m—m 截面处将杆截开,任取左侧或右侧其中之一为分离体。如取左侧为分离体,则 m—m 截面上的分布内力必然合成一个力偶,力偶的矩即为该截面上的扭矩 $\boldsymbol{T}$,如图 4-6(b)所示。由左段的平衡条件 $\sum M_x = 0$ 得

$$T = M_e$$

若取右段[如图 4-6(c)所示]研究求得截面的扭矩值也为 M_e,但转向与左段截面上扭矩相反,很显然两段轴在 m—m 截面上的扭矩是作用力和反作用力关系。扭矩的正负号约定

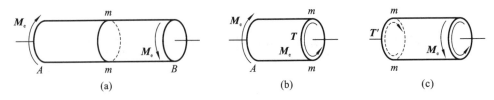

图 4-6　扭矩示例

如下：采用右手螺旋法则（如图 4-7 所示），以右手四指弯曲方向表示扭矩的转向，拇指指向截面外法线方向时，扭矩为正；反之，扭矩为负。可以看出，无论选取左侧或者右侧作为分离体求得的同一截面上的扭矩大小相等，正负号一致。扭矩的单位是 N·m 或 kN·m。

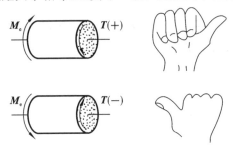

图 4-7　右手螺旋法则

> **小贴士：**
> 　用右手螺旋法则判断扭矩的方向与用"挡一挡"方法判断的轴力方向都是背离截面为正，可以一同记忆。

　　一般情况下，各横截面上的扭矩不尽相同，为了形象地表示各横截面上的扭矩沿轴线的变化情况，可仿照作轴力图的方法，作出扭矩图。作图时，沿轴线方向取横坐标表示各横截面位置，以垂直于轴线的纵坐标表示扭矩 T。

　　【例 4-1】　如图 4-8(a)所示的传动轴，已知转速 $n=300$ r/min，主动轮 A 的输入功率 P_A $=60$ kW，三个从动轮 B、C、D 输出功率分别为 15 kW、30 kW 和 15 kW，试画出传动轴的扭矩图。

　　解：(1) 计算外力偶矩。

$$M_A=9550\ \frac{P_A}{n}=9550\times\frac{60}{300}\ \text{N·n}=1910\ \text{N·m}$$

同理可得

$$M_B=M_D=477.5\ \text{N·m},M_C=955\ \text{N·m}$$

（2）计算扭矩。

将轴分为三段：BC、CA、AD 段，利用截面法逐段计算扭矩。

BC 段：如图 4-8(b)所示

$$\sum M=0,M_B+T_1=0$$

得

$$T_1=-M_B=-477.5\ \text{N·m}$$

CA 段：如图 4-8(c)所示

$$\sum M = 0, M_B + M_C + T_2 = 0$$

得

$$T_2 = -M_B - M_C = (-477.5 - 955) \text{ N} \cdot \text{m} = -1432.5 \text{ N} \cdot \text{m}$$

AD 段：如图 4-8(d)所示，同理可得

$$T_3 = -M_B - M_C + M_A = (-477.5 - 955 + 1910) \text{ N} \cdot \text{m} = 477.5 \text{ N} \cdot \text{m}$$

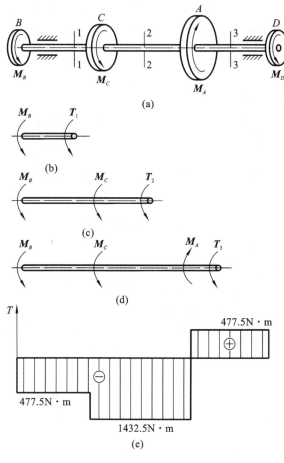

图 4-8 例 4-1 图

（3）画扭矩图。

绘制的扭矩图如图 4-8(e)所示，最大扭矩发生在 CA 段，其值 $|T|_{\max} = 1432.5 \text{ N} \cdot \text{m}$。

◀ **4.3 薄壁圆筒的扭转、切应力互等定理和剪切胡克定律** ▶

由前文讨论可知，扭转变形杆件横截面上的扭矩是截面上分布内力的合力偶矩，本节讨论分布内力的集度，即分析受扭杆件横截面上的扭转应力。扭转应力的分析和计算较为复杂，首先研究薄壁圆筒的扭转应力分析，并介绍切应力互等定理和剪切胡克定律。

4.3.1 薄壁圆筒的扭转切应力

取一薄壁圆筒在其表面等间距地画上纵向线和圆周线,将圆筒表面划分为大小相同的矩形网格,如图 4-9(a)所示。再在圆筒两端垂直于轴线的平面内,施加一对等值、反向的力偶 M_e,使得圆筒产生扭转变形。在小变形条件下可以观察到圆筒的轴线不动,圆筒表面所有的纵向线都倾斜了一个相同的角度,变成了平行的螺旋线,所有圆周线的形状、大小和间距都没有改变,都仅仅绕轴线作了相对转动,如图 4-9(b)所示;圆筒表面的矩形网格变成了平行四边形网格,如图 4-9(c)所示,其中的任一矩形网格 $abcd$,变成了平行四边形网格 $a'b'c'd'$。

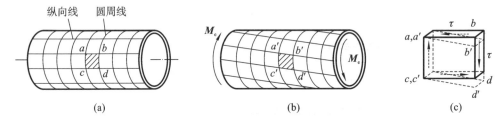

图 4-9　薄壁圆筒的扭转切应力

根据实验现象,可以推断:

(1) 由于圆筒表面垂直于筒轴线的矩形网格发生了相对错动而变成平行四边形,则在横截面上必有切应力存在,切应力的方向垂直于圆筒半径。

(2) 由于是薄壁圆筒,可以近似认为沿壁厚切应力应该是均匀分布的。

(3) 由于任意圆周线之间的间距不变,而仅绕轴线作了相对转动,且圆周线的形状大小没有改变,圆筒表面的矩形网格变形相同,则圆筒内部任意一点都没有径向位移,没有正应力。

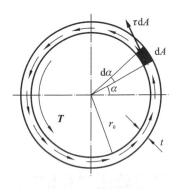

图 4-10　圆筒中任一横截面

为推导薄壁圆筒扭转切应力的计算公式,取圆筒中任一横截面,如图 4-10 所示。设圆筒的平均半径为 r_0,壁厚为 t,取微元面积 $dA = tr_0 d\alpha$,其上切应力的合力为 $\tau \cdot (tr_0 d\alpha)$,由静力平衡条件可得

$$T = \int_0^{2\pi} r_0 \cdot \tau \cdot (tr_0 d\alpha) = 2\pi r_0^2 t\tau$$

由此可求出薄壁圆筒的扭转切应力计算公式为

$$\tau = \frac{T}{2\pi r_0^2 t} \tag{4-2}$$

由于推断切应力沿壁厚均匀分布,式(4-2)是近似的,但当壁厚 $t \leqslant r_0/10$ 时,式(4-2)计算的近似结果与精确结果的误差小于 5%。

4.3.2 切应力互等定理

从受扭薄壁圆筒的任一点取一边长分别为 dx、dy 和 t(t 为壁厚)的微元体,如图 4-11 所示。由前面的分析可知,微元体位于圆筒横截面上的左、右两侧面只有切应力 τ,两截面上切

应力的合力均为 $\tau \cdot t \cdot \mathrm{d}y$，构成一力偶，其矩为 $(\tau t \mathrm{d}y) \cdot \mathrm{d}x$。微元体处于平衡状态，因此微元体的上、下两面上也必定存在大小相等、方向相反的切应力 τ'，τ' 的合力构成的力偶为 $(\tau' t \mathrm{d}x) \cdot \mathrm{d}y$，由微元体的力偶平衡条件可得

$$(\tau t \mathrm{d}y) \cdot \mathrm{d}x = (\tau' t \mathrm{d}x) \mathrm{d}y$$

于是

$$\tau' = \tau \qquad (4\text{-}3)$$

式(4-3)表明：在微元体的两个相互垂直的截面上，垂直于两截面交线的切应力总是成对出现，且大小相等，方向均指向或背离两截面的交线，称为**切应力互等定理**。

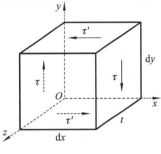

图 4-11 所示为微元体的 4 个侧面上只有切应力而无正应力的情况，称为**纯剪切应力状态**。

图 4-11　微元体

4.3.3　剪切胡克定律

图 4-11 所示微元体在切应力作用下将发生如图 4-12(a)所示的剪切变形，原来的直角改变了一个微小的角度。这种直角的改变量称为剪切应变或切应变，用 γ 表示。对比图 4-11 和图 4-9(b)可知，微元体的切应变实际上就是圆筒纵向线变为螺旋线后转过的角度。切应变的量纲为 1，常用单位为弧度(rad)，其正、负号规定为：直角变小时，γ 取正；直角变大时，γ 取负。

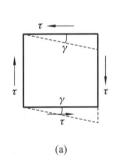
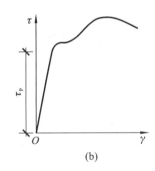

图 4-12 剪切变形

剪切应力和剪切应变之间的关系可由低碳钢薄壁圆筒的扭转实验得到，图 4-12(b)所示为低碳钢试件测得的 τ-γ 图。实验表明，对于线弹性材料，当切应力不超过材料的剪切比例极限 τ_p 时，切应力 τ 与切应变 γ 保持线性关系，即切应力与切应变成正比，可得

$$\tau = G\gamma \qquad (\tau \leqslant \tau_p) \qquad (4\text{-}4)$$

式(4-4)即为**剪切胡克定律**的表达式。式中比例系数 G 称为切变模量或剪切弹性模量，其量纲与应力量纲相同，常用单位为 GPa。

◀ **4.4　实心圆截面杆件扭转时横截面上的切应力** ▶

实心圆截面杆件扭转时横截面上的切应力不能再假设为沿半径方向均匀分布，而需要

利用应力应变间的关系和静力学的平衡条件,即应综合考虑几何、物理、静力学三个方面,分析切应力的大小和分布规律,推导圆截面杆件扭转时横截面上切应力的计算公式。

4.4.1 实心圆截面杆件扭转实验及假设

取一实心等截面圆杆,做与薄壁圆筒相同的实验。同样先在其表面等间距地画上纵向线和圆周线,形成大小相同的矩形网格[见图 4-13(a)]。在两端施加力偶 M_e 后,可观察到与薄壁圆筒相同的现象[见图 4-13(b)]。

根据实验现象,由于各周线仅仅是绕轴线转了一个角度,而大小和间距都没有改变,仅有纵向线转了一个角度,可以推断受扭后的实心圆杆横截面上必有切应力存在,其方向垂直于半径,而无正应力;实验所画出的圆周线可以认为是圆杆横截面与圆杆表面的交线,圆周线转过一个角度后仍保持圆形并仍在原来的平面内,因此,还可以假设实心圆杆变形前为平面的横截面,变形后仍为平面,只是如同刚性平面一样绕杆轴线发生了转动,这称为实心圆杆横截面扭转时的平面假设。

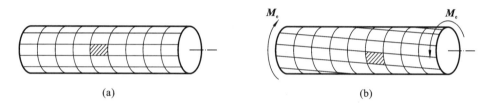

(a)   (b)

图 4-13 实心等截面圆杆扭转

4.4.2 实心圆杆扭转时横截面上的切应力

根据实验得出的结论和平面假设,下面分别从几何、物理和静力学三方面进行分析。

1. 几何方面

在圆杆中截取长度为 $\mathrm{d}x$ 的微段,圆杆扭转时,微段上的两条纵向线 AD 和 BC 都转了一个 γ 角,右端截面相对于左端截面转过一个微转角 $\mathrm{d}\varphi$[见图 4-14(a)]。在该微段上,取出夹角很小的两纵向面 O_1ADO_2 和 O_1BCO_2 间的一个微小楔形块,如图 4-14(b)所示,表层 $ABCD$ 变为 $ABC'D'$,距实心圆杆轴线为 ρ 处的矩形 $abcd$ 变为平行四边形 $abc'd'$。a 点处直角 $\angle bad$ 变为 $\angle bad'$。其改变量 $\angle dad'$ 即是切应变,设为 γ_ρ,$\angle DO_2D'$ 代表楔形体左、右两截面间相对转过的扭转角,用 $\mathrm{d}\varphi$ 表示。

由图 4-14(b)可以看出

$$\gamma_\rho = \frac{dd'}{ad} = \frac{\rho \cdot \mathrm{d}\varphi}{\mathrm{d}x} = \rho \cdot \frac{\mathrm{d}\varphi}{\mathrm{d}x} \tag{4-5}$$

式中,$\dfrac{\mathrm{d}\varphi}{\mathrm{d}x}$ 为扭转角沿圆轴长度的变化率。令 $\dfrac{\mathrm{d}\varphi}{\mathrm{d}x} = \theta$,$\theta$ 称为单位长度扭转角,表示扭转变形的程度。在任意指定的横截面上,$\dfrac{\mathrm{d}\varphi}{\mathrm{d}x}$ 是常数,可见横截面上相同半径 ρ 的各点处的切应变 γ_ρ 均相同,而且与 ρ 成正比。

2. 物理方面

将式(4-5)代入剪切胡克定律表达式,即 $\tau = G\gamma$ 中,可得横截面上半径为 ρ 处的切应力

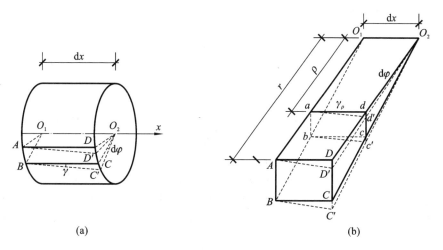

图 4-14 实心圆杆扭转时几何方面的分析

τ_ρ 为

$$\tau_\rho = G\rho \frac{\mathrm{d}\varphi}{\mathrm{d}x}$$ (4-6)

于是横截面上任一点的切应力 τ_ρ 与半径垂直,沿半径呈线性变化。图 4-15 所示为实心圆轴扭转时,横截面上的切应力示意图。

3. 静力学方面

对于实心圆截面杆,横截面上的内力扭矩以切应力 τ 的形式分布在整个截面上,若在任意横截面上距离杆轴线为 ρ 处取一微小面积 $\mathrm{d}A$,作用于微面积上的微小内力为 $\mathrm{d}F = \tau_\rho \cdot \mathrm{d}A$(见图 4-16)。将微小内力对圆杆轴线取力矩,可得微小内力矩,将整个截面上所有微小内力矩加起来,可得到横截面上的扭矩,即横截面上的内力扭矩 T 的静力学条件为

$$T = \int_A \rho \cdot \mathrm{d}F = \int_A \rho \cdot G\rho \frac{\mathrm{d}\varphi}{\mathrm{d}x} \cdot \mathrm{d}A$$ (4-7)

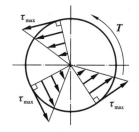

图 4-15 实心圆截面杆横截面上的切应力

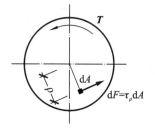

图 4-16 作用于微面积上的微小内力

因为 $G\dfrac{\mathrm{d}\varphi}{\mathrm{d}x}$ 与积分无关,所以上式可变为

$$T = G \frac{\mathrm{d}\varphi}{\mathrm{d}x} \int_A \rho^2 \cdot \mathrm{d}A$$ (4-8)

令

$$I_P = \int_A \rho^2 \cdot \mathrm{d}A$$ (4-9)

I_P 称为横截面的极惯性矩,仅取决于杆件横截面的几何形状和大小,其量纲为[长度]^4。

将式(4-9)代入式(4-8)可得

$$T = G \frac{\mathrm{d}\varphi}{\mathrm{d}x} I_P \tag{4-10}$$

即

$$\frac{\mathrm{d}\varphi}{\mathrm{d}x} = \frac{T}{G I_P} \tag{4-11}$$

将式(4-11)代入式(4-7),即得

$$\tau_\rho = \frac{T}{I_P} \rho \tag{4-12}$$

式(4-12)为实心圆截面杆扭转时横截面上任一点处切应力的计算公式。该式表明,切应力的大小与该截面的扭矩成正比,也与该点到杆轴的距离 ρ 成正比,而与截面的极惯性矩成反比。显然,在横截面的周边各点处,$\rho = \rho_{\max}$,切应力将达到其最大值 $\tau_{\max}$,即

$$\tau_{\max} = \frac{T}{I_P} \rho_{\max} \tag{4-13}$$

令 $I_P / \rho_{\max} = W_t$,有

$$\tau_{\max} = \frac{T}{W_t} \tag{4-14}$$

式中,W_t 称为抗扭截面系数,其量纲为 $[\text{长度}]^3$。

4.4.3 实心圆截面极惯性矩和抗扭截面系数

对于实心圆截面,设直径为 d,$\rho_{\max} = d/2$,则

$$I_P = \int_A \rho^2 \cdot \mathrm{d}A = \int_0^{2\pi} \mathrm{d}\alpha \int_0^{d/2} \rho^3 \mathrm{d}\rho = \frac{\pi d^4}{32} \tag{4-15}$$

$$W_t = \frac{I_P}{\rho_{\max}} = \frac{\dfrac{\pi d^4}{32}}{\dfrac{d}{2}} = \frac{\pi d^3}{16} \tag{4-16}$$

◀ 4.5 空心圆截面杆件扭转时横截面上的切应力 ▶

由图 4-15 所示的实心圆截面杆横截面上切应力的分布情况可知,越是靠近杆轴线处,切应力越小。因此,为节省材料,往往做成空心圆截面杆件,空心圆截面杆的应力分析是建立在与实心圆截面杆的应力分析相同的假设上的,因此,空心圆截面杆横截面上的切应力计算仍然可以采用式(4-12)和式(4-14),只是由于径向距离 ρ 是从 r_1 到 r_2,式中的 I_P 和 W_t 不同。空心圆截面杆横截面上的切应力分布规律如图 4-17 所示。对于空心圆截面,设内、外直径分别为 d 和 D,并令空心圆截面内、外直径之比为 $\alpha = d/D$,则空心圆截面杆的极惯性矩和抗扭截面系数为

$$I_P = \int_0^{2\pi} \mathrm{d}\alpha \int_{d/2}^{D/2} \rho^3 \mathrm{d}\rho = \frac{\pi}{32}(D^4 - d^4) = \frac{\pi D^4}{32}(1 - \alpha^4) \tag{4-17}$$

$$W_t = \frac{\dfrac{\pi}{32}(D^4 - d^4)}{\dfrac{D}{2}} = \frac{\pi D^3}{16}(1 - \alpha^4) \tag{4-18}$$

【例 4-2】 已知实心等直圆截面杆和空心等直圆截面杆两杆的材料和长度都相同,外半径均为 r,空心杆的内半径分别为 $0.4r$ 和 $0.6r$,试求当实心圆杆和空心圆杆传递相同的扭矩时,各杆横截面上最大的切应力之比。

解:设实心圆截面直杆和空心圆截面直杆传递的扭矩皆为 T。则实心圆截面直杆横截面上最大的扭转切应力 $\tau_{\max 1}$ 为

$$\tau_{\max 1}=\frac{T}{W_t}=\frac{16T}{\pi d_1^3}=\frac{16T}{\pi (2r)^3}=\frac{2T}{\pi r^3}$$

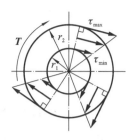

图 4-17 空心圆截面杆横截面上的切应力分布规律

由题目条件可知:$D=2r$;$d_1=0.8r$;$d_2=1.2r$;$\alpha_1=\dfrac{d}{D}=\dfrac{2\times 0.4r}{2r}=0.4$;$\alpha_2=0.6$。空心圆截面直杆横截面上最大的扭转切应力 $\tau_{\max 2}$ 和 $\tau_{\max 3}$ 分别为

$$\tau_{\max 2}=\frac{T}{W_t}=\frac{16T}{\pi D^3(1-\alpha^4)}=\frac{16T}{\pi D^3(1-0.4^4)}=\frac{2T}{\pi r^3(1-0.4^4)}$$

$$\tau_{\max 3}=\frac{T}{W_t}=\frac{16T}{\pi D^3(1-\alpha^4)}=\frac{16T}{\pi D^3(1-0.6^4)}=\frac{2T}{\pi r^3(1-0.6^4)}$$

两杆横截面上最大切应力的比值为

$$\frac{\tau_{\max 2}}{\tau_{\max 1}}=\frac{\dfrac{2T}{\pi r^3(1-0.4^4)}}{\dfrac{2T}{\pi r^3}}=\frac{1}{(1-0.4^4)}=1.03$$

$$\frac{\tau_{\max 3}}{\tau_{\max 1}}=\frac{\dfrac{2T}{\pi r^3(1-0.6^4)}}{\dfrac{2T}{\pi r^3}}=\frac{1}{(1-0.6^4)}=1.15$$

再来比较各杆的质量,因为材料相同、长度相同,所以其质量之比等于横截面面积之比。实心圆截面杆的质量是内径为 $0.4r$ 的空心圆截面杆质量的 1.2 倍,但横截面上最大切应力相差仅为 3%;实心圆截面杆的质量是内径为 $0.6r$ 的空心圆截面杆质量的 1.6 倍,横截面上最大切应力相差为 15%。由此例可见,相比而言,在满足强度要求的情况下,空心圆截面更合理。所以在机械工程中,某些对质量控制要求较高或受力较大的机器主轴,常常在构造允许的情况下设计为空心截面。

> **思考:**
>
> 如图 4-18 所示,为什么大型水轮机的主轴是空心的,这样做有什么好处?

图 4-18 大型水轮机的空心主轴

◀ 4.6 圆截面杆扭转时的强度条件 ▶

4.6.1 扭转破坏实验

进行扭转破坏实验,是为了确定材料在扭转时的极限应力。通过实验得到极限应力后,再考虑一定的安全因素而得到许用应力,即可对扭转杆件进行强度计算。扭转实验常常采用圆形截面试件在扭转实验机上进行,材料一般选择低碳钢和铸铁。

对于低碳钢试件,抗剪强度低于抗拉压强度,扭转时试件的表面出现滑移线发生屈服现象,屈服时横截面上的最大扭转切应力称为扭转屈服极限,用 τ_s 表示。屈服后在试件中产生塑性变形,最后试件沿横截面被剪断[见图4-19(a)]。

铸铁的抗拉强度低于抗压和抗剪强度,试件扭转时没有明显的屈服现象,其变形也较小,破坏是沿与轴线约成45°的螺旋面发生断裂[见图4-19(b)]。可以看到,试件扭转时在与轴线成45°的斜截面上存在最大拉应力,所以铸铁试件扭转破坏时是被拉断的。将试件扭转断裂时横截面上的最大扭转切应力称为扭转强度极限,用 τ_b 表示。

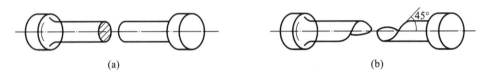

(a)   (b)

图 4-19 扭转破坏实验

4.6.2 强度条件

通过扭转实验测定材料的极限应力 τ^0,再考虑一定的安全储备,可得许用切应力。对于塑性材料,τ^0 取扭转屈服极限 τ_s;对于脆性材料,τ^0 取扭转强度极限 τ_b。因此

$$[\tau] = \frac{\tau^0}{n} \tag{4-19}$$

式中,n 为安全系数,由此可得圆截面杆扭转时的强度条件为

$$\tau_{max} = \frac{T_{max}}{W_t} \leqslant [\tau] \tag{4-20}$$

应用式(4-20)也可解决三个方面的问题,即强度校核、设计截面和确定许用载荷。

在静载条件下,材料的扭转许用切应力 $[\tau]$ 与许用正应力 $[\sigma]$ 之间有如下关系:对于塑性材,$[\tau] = (0.5\sim0.577)[\sigma]$;对于脆性材料,$[\tau] = (0.8\sim1.0)[\sigma]$。

【例4-3】 某实心圆截面杆两段直径不同,受力如图4-20(a)所示,已知材料的许用切应力 $[\tau] = 120$ MPa,试校核该轴的强度。

解: 作该杆的扭矩图[见图4-20(b)],可见左(Ⅰ)、右(Ⅱ)两段的扭矩不同,所以需分别单独校核其强度。由式(4-16)和式(4-20)可得

$$\tau_{max\,I} = \frac{T_I}{W_t} = \frac{T_I}{\frac{\pi}{16}d^3} = \frac{3\times10^3 \text{ N}\cdot\text{m}}{\frac{\pi}{16}\times0.05^3 \text{ m}^3} = 122.3 \text{ MPa} > [\tau] = 120 \text{ MPa}$$

但是

$$\frac{\tau_{\max\text{I}}-[\tau]}{[\tau]}=\frac{122.3-120}{120}=1.9\%<5\%$$

所以该杆第 I 段的强度符合要求。对于该杆的第 II 段

$$\tau_{\max\text{II}}=\frac{T_{\text{II}}}{W_{\text{t}}}=\frac{T_{\text{II}}}{\frac{\pi}{16}d^3}=\frac{8\times10^3\text{ N}\cdot\text{m}}{\frac{\pi}{16}\times0.08^3\text{ m}^3}=79\text{ MPa}<[\tau]=120\text{ MPa}$$

故该杆的强度符合要求。

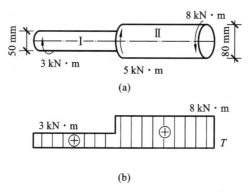

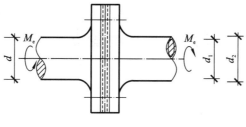

图 4-20 例 4-3 图

【例 4-4】 如图 4-21 所示一空心圆轴与一实心圆轴用法兰连接,已知轮的转速 $n=100$ r/min,传递功率 $P=15$ kW,轴材料的许用应力为 $[\tau]=30$ MPa,试根据强度条件确定直径 d、d_1 和 d_2(设 $d_1/d_2=1/2$)。

图 4-21 例 4-4 图

解:圆轴传递的扭矩为

$$T=M_e=9.55\frac{P}{n}=9.55\times\frac{15\text{ kW}}{100\text{ r/min}}=1.4325\text{ kN}\cdot\text{m}$$

对于实心圆轴,由式(4-16)和式(4-20)可得:

$$[\tau]=\frac{16T}{\pi d^3}$$

故

$$d=\sqrt[3]{\frac{16T}{\pi[\tau]}}=\sqrt[3]{\frac{16\times1.4325\text{ kN}\cdot\text{m}}{\pi\times30\text{ MPa}}}=62\text{ mm}$$

对于空心圆轴,$\alpha=0.5$,由式(4-17)和式(4-20)可得:

$$[\tau]=\frac{16T}{\pi d_2^3(1-\alpha^4)}$$

故
$$d_2 = \sqrt[3]{\frac{16T}{\pi[\tau](1-\alpha^4)}} = \sqrt[3]{\frac{16 \times 1.4325 \text{ kN} \cdot \text{m}}{\pi \times 30 \text{ MPa}(1-\alpha^4)}} = 64 \text{ mm}$$

$$d_1 = \frac{1}{2}d_2 = 32 \text{ mm}。$$

【例 4-5】 如图 4-22 所示的阶梯形圆截面轮轴,轮 2 为主动轮,材料的许用切应力$[\tau]=$ 80 MPa。当轴强度能力被充分发挥时,试求主动轮上作用的外力偶矩。

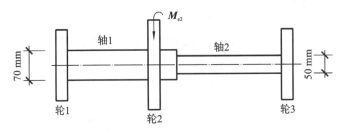

图 4-22　例 4-5 图

解:当轴的强度被充分发挥时,轴 1 和轴 2 任意截面的扭矩为
$$T_1 = [\tau]W_{t1}$$
$$T_2 = [\tau]W_{t2}$$

由平衡条件可知
$$M_{e2} = T_1 + T_2 = [\tau](W_{t1} + W_{t2})$$
$$= 80 \text{ MPa} \times \left[\frac{\pi d_1^3}{16} + \frac{\pi d_3^3}{16}\right]\text{m}^3 = 5\pi[0.07^3 + 0.05^3] \text{ kN} \cdot \text{m} = 7.35 \text{ kN} \cdot \text{m}$$

◀ 4.7　圆截面杆扭转变形　刚度条件 ▶

4.7.1　圆截面杆扭转变形

在前文中提到,圆截面杆扭转时的变形用相对扭转角 φ 来表示,而扭转变形程度用单位长度扭转角 θ 来表示。由式(4-11)得
$$\theta_x = \frac{\mathrm{d}\varphi}{\mathrm{d}x} = \frac{T(x)}{GI_P(x)} \tag{4-21}$$

可得相距为 $\mathrm{d}x$ 的两个截面间的相对扭转角为
$$\mathrm{d}\varphi = \frac{T(x)}{GI_P(x)}\mathrm{d}x \tag{4-22}$$

若圆轴的扭矩或抗扭刚度沿杆长为连续变化时,则
$$\varphi = \int_l \frac{T(x)}{GI_P(x)}\mathrm{d}x \tag{4-23}$$

若相距为 l 的两横截面之间 GI_P 和 T 均为常数,则
$$\varphi = \frac{Tl}{GI_P} \tag{4-24}$$

式中,GI_P 称为圆轴的抗扭刚度。

4.7.2 刚度条件

受扭杆件工作时除了满足强度条件以外,在某些情况下,还需要对扭转变形加以限制,即需要考虑受扭杆件的扭转刚度条件。工程中常以限制杆的单位长度扭转角 θ 不超过某许用值作为刚度条件,可表示为

$$\theta_{max} = \frac{T}{GI_P} \leqslant [\theta] \tag{4-25}$$

式中,$[\theta]$ 为单位长度许用扭转角。

【例 4-6】 圆轴受扭如图 4-23(a)所示,已知轴的直径 $d = 90$ mm,材料的切变模量 $G = 80$ GPa,单位长度许用扭转角 $[\theta] = 0.3°/\text{m}$。(1)试求左、右端截面间的相对扭转角 φ_{AC};(2)校核轴的刚度。

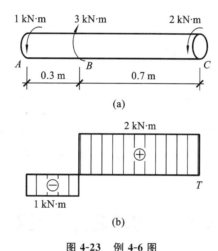

图 4-23 例 4-6 图

解:(1) 作轴的扭矩图如图 4-23(b)所示,则

$$\varphi_{AC} = \varphi_{AB} + \varphi_{BC}$$

即

$$\varphi_{AC} = \frac{T_{AB} \cdot l_{AB}}{GI_P} + \frac{T_{BC} \cdot l_{BC}}{GI_P}$$

$$= \frac{(-1 \times 10^3 \times 0.3 + 2 \times 10^3 \times 0.7) \text{ N} \cdot \text{m}^2}{80 \times 10^9 (\text{Pa}) \times \frac{\pi \times 0.09}{32} (\text{m}^4)} = 2.136 \times 10^{-3} \text{rad}$$

(2) 该轴为等直圆轴,BC 段扭矩大,所以 θ_{max} 发生在 BC 段:

$$\theta_{max} = \frac{T_{AB}}{GI_P} = \frac{2 \times 10^3 (\text{N} \cdot \text{m})}{80 \times 10^9 (\text{Pa}) \times \frac{\pi \times 0.09^4}{32} (\text{m}^4)} \times \frac{180}{\pi} = 0.22°/\text{m} < [\theta] = 0.3°/\text{m}$$

因此,该轴的刚度符合要求。

【例 4-7】 某钢制传动轴为直径 $D = 60$ mm 的实心圆轴,已知材料的切变模量 $G = 80$ GPa,单位长度许用扭转角 $[\theta] = 0.3°/\text{m}$。试求:(1)在满足刚度条件时,该圆轴所能传递的扭矩;(2)为节约材料,拟采用与实心圆轴相同长度、相同外径的空心圆轴传递相同的扭

矩,在满足刚度条件的情况下确定空心轴的内、外直径的比值。

解: (1) 实心圆轴直径 $D=60$ mm,由圆轴扭转的刚度条件即式(4-25)可得

$$\theta_{max}=\frac{32T}{G\pi D^4}\leqslant[\theta]$$

解得

$$T=\frac{G\pi D^4[\theta]}{32}\times\frac{\pi}{180}=\frac{G\pi^2 D^4[\theta]}{32\times180}$$

$$=\frac{80\times10^9(\text{N/m}^2)\times\pi^2\times0.64^2(\text{m}^4)\times0.3°/\text{m}}{32\times180}=0.53\text{ kN}\cdot\text{m}$$

(2) 采用相同外径 D 的空心圆轴,设内径为 d,当传递相同的扭矩并满足刚度条件时,由式(4-25)可得

$$\theta_{max}=\frac{32T}{G\pi D^4(1-\alpha^4)}\leqslant[\theta]$$

即

$$\frac{32T}{G\pi D^4(1-\alpha^4)}\times\frac{\pi}{180}\leqslant0.3$$

解得

$$\alpha=\sqrt[4]{1-\frac{32T\times180}{G\pi^2 D^4[\theta]}}=\sqrt[4]{1-\frac{32\times0.53\times10^3(\text{N}\cdot\text{m})\times180}{80\times10^9(\text{Pa})\times\pi^2\times0.06^4(\text{m}^4)\times0.3°/\text{m}}}=0.26$$

传递相同的扭矩,且同样满足刚度条件时,从抗扭刚度角度来看,采用空心圆轴比实心圆轴更节省材料,其重量更轻。如果允许改变空心圆轴的外径可以更加节省材料,请读者自行分析。

◀ 4.8* 　扭转超静定问题 ▶

在理论力学中我们了解了杆件超静定问题的概念,本节将分析扭转超静定问题。扭转超静定问题是指杆件扭转时其支座反力偶矩或者杆件横截面上的扭矩仅仅用静力平衡方程不能全部求解出来的问题。扭转超静定问题的求解仍然需从静力学方面、几何方面(变形协调条件)、物理方面进行分析。

【例 4-8】 如图 4-24(a)所示为一圆截面等直杆,两端固定,尺寸如图所示。在截面 C 处受一外力偶作用,其矩为 $M_e=6$ kN·m。已知轴的抗扭刚度为 GI_P,试绘制该杆的扭矩图。

解: (1) 静力学方面。

假设左右约束 A、B 处的支座反力偶分别为 M_A、M_B,可以列出静力学平衡方程为

$$\sum M_x=0,M_e-M_A-M_B=0 \tag{a}$$

式(a)中有两个未知量,需要建立一个补充方程才能解出支座反力偶,属于一次超静定问题。

(2) 几何方面。

因为该杆的两端均被固定,所以两端面间没有相对转动,由该杆的变形协调条件可得

$$\varphi_{AB}=0 \tag{b}$$

式(b)也可以写成

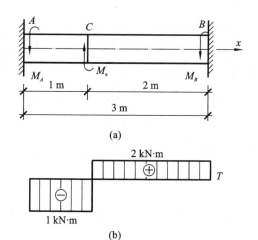

(a)

(b)

图 4-24　例 4-8 图

$$\varphi_{AB}=\varphi_{AC}+\varphi_{BC}=0 \qquad\qquad (c)$$

（3）物理方面。

由式（4-23）可知，式（c）可变为

$$\begin{cases}\varphi_{AC}=\dfrac{T_{AC}\cdot l_{AC}}{GI_{P}}=\dfrac{-M_{A}\times 1}{GI_{P}}=-\dfrac{M_{A}}{GI_{P}}\\[3mm]\varphi_{BC}=\dfrac{T_{BC}\cdot l_{BC}}{GI_{P}}=\dfrac{M_{B}\times 2}{GI_{P}}=\dfrac{2\,M_{B}}{GI_{P}}\end{cases} \qquad (d)$$

（4）补充方程。

将式（d）代入式（c），得到补充方程

$$\frac{M_{A}}{GI_{P}}-\frac{2B}{GI_{P}}=0 \qquad\qquad (e)$$

（5）求解。

联立式（a）和式（e），即可求解出 M_{A}、M_{B} 为

$$M_{A}=\frac{3}{2}M_{e}=4\ \text{kN}\cdot\text{m}$$

$$M_{B}=\frac{1}{3}M_{e}=2\ \text{kN}\cdot\text{m}$$

于是两段的扭矩分别为

$$T_{AC}=-M_{A}=-4\ \text{kN}\cdot\text{m}$$

$$T_{BC}=M_{B}=2\ \text{kN}\cdot\text{m}$$

最后绘制该轴的扭矩图，如图 4-24（b）所示。

【例 4-9】　如图 4-25 所示的阶梯形圆轴，其单位长度许用扭转角 $[\theta]=0.35°/\text{m}$，材料的切变模量 $G=80$ GPa，试求许用的外力偶矩 $[M_{e}]$。

解：首先设外力偶 M_{e} 和 A、B 处的约束反力偶的作用如图 4-25 所示。考虑静力学方面、几何方面和物理方面求出支座反力偶矩与外力偶矩的关系。

（1）静力学方面。

假设左右约束 A、B 处的支座反力偶分别为 M_{A}、M_{B}，可以列出静力学平衡方程为

$$\sum M_{x}=0,\ M_{e}-M_{A}-M_{B}=0 \qquad\qquad (a)$$

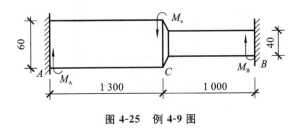

图 4-25　例 4-9 图

式(a)中有两个未知量,需要建立一个补充方程才能解出支座反力偶,属于一次超静定问题。

(2) 几何方面。

因为该杆的两端均被固定,所以两端面间没有相对转动,由该杆的变形协调条件可得

$$\varphi_{AB} = 0 \tag{b}$$

式(b)也可以写成

$$\varphi_{AB} = \varphi_{AC} + \varphi_{BC} = 0 \tag{c}$$

(3) 物理方面。

由式(4-23)可知,式(c)可变为

$$\begin{cases} \varphi_{AC} = \dfrac{T_{AC} \cdot l_{AC}}{GI_P} = \dfrac{M_A \times 1300}{G \times \dfrac{\pi \times 60^4}{32}} = \dfrac{M_A \times 1300 \times 32}{G \times \pi \times 60^4} \\[4mm] \varphi_{BC} = \dfrac{T_{BC} \cdot l_{BC}}{GI_P} = \dfrac{-M_B \times 1000}{G \times \dfrac{\pi \times 40^4}{32}} = \dfrac{-M_B \times 1000 \times 32}{G \times \pi \times 40^4} \end{cases} \tag{d}$$

(4) 补充方程。

将式(d)代入式(c),得到补充方程

$$\frac{M_A \times 1300 \times 32}{G \times \pi \times 60^4} - \frac{-M_B \times 1000 \times 32}{G \times \pi \times 40^4} = 0$$

$$M_A - \frac{405}{104} M_B = 0 \tag{e}$$

(5) 求解。

联立式(a)和式(e),即可求解出 M_A、M_B 为

$$M_A = \frac{405}{509} M_e, \quad M_B = \frac{104}{509} M_e$$

于是两段的扭矩分别为

$$T_{AC} = M_A = \frac{405}{509} M_e$$

$$T_{BC} = M_B = \frac{104}{509} M_e$$

由刚度条件

$$\theta_{max} = \frac{32T}{G\pi D^4} \times \frac{180}{\pi} \leqslant [\theta]$$

当 AC 段杆满足刚度要求时,有

$$\frac{32 \times \dfrac{405}{509} M_{e1}}{80 \times 10^9 \times \pi \times 0.06^4} \times \frac{180}{\pi} = 0.35$$

即

$$M_{e1} = \frac{0.35°/\text{m} \times 80 \times 10^9 (\text{Pa}) \times \pi^2 \times 0.06^4 (\text{m}^4) \times 509}{32 \times 180 \times 405} = 0.78 \text{ kN} \cdot \text{m}$$

当 BC 段杆满足刚度要求时,有

$$\frac{32 \times \dfrac{104}{509} M_{e2}}{80 \times 10^9 \times \pi \times 0.04^4} \times \frac{180}{\pi} = 0.35$$

即

$$M_{e2} = \frac{0.35°/\text{m} \times 80 \times 10^9 (\text{Pa}) \times \pi^2 \times 0.04^4 (\text{m}^4) \times 509}{32 \times 180 \times 104} = 0.6 \text{ kN} \cdot \text{m}$$

因此,许用外力偶矩为

$$[M_e] = M_{e2} = 0.6 \text{ kN} \cdot \text{m}$$

◀ 4.9* 矩形截面杆在自由扭转时的应力和应变 ▶

前面讨论了圆截面杆的扭转问题,但是工程中的受扭杆件的横截面还有矩形和其他形状的开口薄壁截面等。例如,机械上的方形截面传动轴和矩形截面曲柄等;建筑物中常见的雨篷梁;L 形、T 形、圆形和槽型开口薄壁截面杆等。由圆形截面杆的实验可知,圆形截面杆在受扭后横截面仍然保持为平面,因此可以采用平截面假设。但是非圆截面杆在扭转时横截面不再保持为平面,相同横截面上各点将沿轴线方向产生不同的位移,出现横截面翘曲的现象,平截面假设不再适用。本节讨论矩形截面杆在扭转时的应力和变形计算。

1. 自由扭转和约束扭转

非圆截面杆的扭转又可分为自由扭转和约束扭转。矩形截面等直杆在两端截面处转向相反的两个外力偶的作用下,四个外表面的交线扭曲为空间曲线,横截面不再保持为平面而产生翘曲,如果杆件中各相邻横截面的翘曲程度完全相同,则横截面上将只有切应力而无正应力,这种扭转称为自由扭转。如图 4-26(a)所示,两端受的外力偶为一对平衡力偶的无约束矩形截面等直杆,如果在其表面画出纵、横线构成的小方格,变形后纵、横线都变成了曲线,说明杆的横截面产生了翘曲。但从图 4-26(b)可以观察到,各个小方格的边长没有改变,说明各个横截面的翘曲程度都相同,横截面上没有正应力;但是除了靠近杆的四条棱边的小方格以外,其余小方格都发生了角度的改变,说明产生了剪切变形,横截面上存在切应力。因此,图 4-26(b)所示杆件的扭转为自由扭转。

如果杆件的端部受到约束,如图 4-27(a)所示的矩形截面等直悬臂杆,在其自由端截面上的外力偶的作用下,任何固定端的截面都不能自由翘曲,而杆件中的其他截面不仅横截面发生翘曲,而且不同横截面的翘曲程度不同。固定端附近横截面的翘曲程度很小,而自由端附近横截面的翘曲程度较大,如图 4-27(b)所示,横线 $a'b'$ 与 $c'd'$ 相比,变形就不相同,横截面上将产生正应力,这种扭转变形称为约束扭转。下面将简单介绍非圆截面杆在自由扭转时的应力和变形计算的结论。

2. 矩形截面杆在自由扭转时的应力和变形

矩形截面等直杆在扭转时横截面不再保持平面而发生翘曲,变为了曲面,由于不能对曲

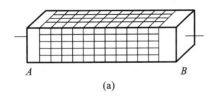

(a)

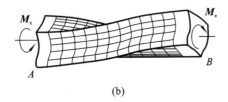

(b)

图 4-26　杆件的自由扭转

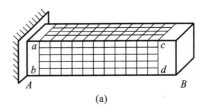

(a)

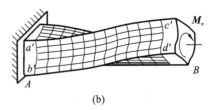

(b)

图 4-27　杆件的约束扭转

面作简单的力学假设,材料力学的方法也就不能用于这类杆件扭转应力和变形的分析了,需要采用弹性力学的分析方法。

自由扭转的矩形截面等直杆横截面上没有正应力只有切应力,而由于杆的表面上没有切应力,由切应力互等定理可以判断在横截面边缘各点处的切应力必定平行于横截面周边方向,4 个角点处的切应力为零。根据弹性力学的分析可以得出:横截面长边中点处的切应力最大,短边上的最大切应力发生在中点处,如图 4-28所示。

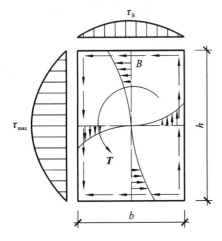

图 4-28　矩形截面杆在自由扭转时的
应力和变形

设矩形截面的长边尺寸为 h,短边尺寸为 b,则由弹性力学分析可知,中点 B 处的切应力以及单位长度扭转角 θ 分别为

$$\tau_{\max} = \frac{T}{W_P} = \frac{T}{\alpha h\, b^2} \tag{4-26}$$

$$\theta = \frac{T}{G\, I_t} = \frac{T}{G\beta h\, b^3} \tag{4-27}$$

$$\tau_B = \mu\, \tau_{\max} \tag{4-28}$$

式中,W_P 和 I_t 分别称为相当抗扭截面系数和相当极惯性矩,与圆截面的抗扭截面系数和极惯性矩具有相同的量纲,但几何意义不相同,α、β 和 μ 为弹性力学计算结果得到的系数,与横截面的高宽比(h/b)有关,可从表 4-1 查得。

表 4-1　矩形截面等直杆自由扭转时的系数 α、β 和 μ

h/b	1	1.2	1.5	2	2.5	3	4	6	8	10	∞
α	0.208	0.219	0.231	0.246	0.258	0.257	0.282	0.299	0.307	0.313	0.333
β	0.141	0.166	0.196	0.229	0.249	0.263	0.281	0.299	0.307	0.313	0.333
μ	1.000	0.930	0.858	0.796	0.767	0.753	0.745	0.743	0.743	0.743	0.743

高宽比大于 10（即 $\frac{h}{b} > 10$）的矩形截面称为狭长矩形截面，将狭长矩形截面的短边长度 b 改为 δ 时，这时 $\alpha = \beta \approx \frac{1}{3}$，式（4-26）和式（4-27）可变为

$$\tau_{\max} = \frac{T}{\frac{1}{3} h \delta^2} \tag{4-29}$$

$$\theta = \frac{T}{G \cdot \frac{1}{3} h \delta^3} \tag{4-30}$$

狭长矩形截面等直杆横截面上扭转切应力的分布规律如图 4-29 所示，切应力沿长边方向只在角部有变化。

【例 4-10】 有一矩形截面等直轴，横截面尺寸为 $b \times h = 60~\text{mm} \times 100~\text{mm}$，长度 $l = 1.8~\text{m}$，轴在两端受一对力偶 M_e 作用而扭转，已知材料的切变模量 $G = 80~\text{GPa}$，许用切应力 $[\tau] = 60~\text{MPa}$，单位长度许用扭转角 $[\theta] = 1.0°/\text{m}$。（1）试确定许用的外力偶矩 $[M_e]$；（2）求当采用相同横截面面积的圆形截面等直杆，承担达到许用外力偶矩 $[M_e]$ 的力偶矩作用时，圆截面上的最大切应力。

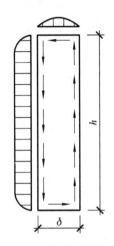

图 4-29 狭长矩形截面等直杆横截面上扭转切应力的分布规律

解：（1）根据表 4-1 可知，当 $\frac{h}{b} = \frac{100~\text{mm}}{60~\text{mm}} = 1.67$ 时，$\alpha = 0.237$，$\beta = 0.222$，由于只在杆端受外力偶的作用，杆内任意截面上的扭矩为

$$T = M_e$$

由式（4-26）可得

$$\tau_{\max} = \frac{T}{W_p} = \frac{T}{\alpha h b^2} = \frac{M_e}{0.237 \times 100~(\text{mm}) \times 60^2~(\text{mm}^2)} \leqslant [\tau] = 60~\text{MPa}$$

$$M_e = 60 \times 10^9~(\text{Pa}) \times 0.237 \times 0.1~(\text{m}) \times 0.06^2~(\text{m}^2) = 5.12~\text{kN} \cdot \text{m}$$

当 $[M_e] = 5.12~\text{kN} \cdot \text{m}$ 时，校核杆件的刚度，由式（4-27）可得

$$\theta = \frac{T}{G I_t} = \frac{5.12 \times 10^3~(\text{N} \cdot \text{m})}{80 \times 10^9~(\text{Pa}) \times 0.222 \times 0.1 \times 0.6^3} \times \frac{180}{\pi} = 0.8°/\text{m} \leqslant [\theta] = 1.0°/\text{m}$$

满足刚度要求，因此许用的外力偶矩 $[M_e] = 5.12~\text{kN} \cdot \text{m}$。

（2）如果将该杆换成横截面面积相同的圆形杆，设其直径为 d，有

$$\frac{\pi d^2}{4} = bh$$

可得 $d = 87.4~\text{mm}$。

由圆轴扭转的最大切应力计算公式，即由式（4-14）得

$$\tau'_{\max} = \frac{T}{W_t} = \frac{M_e}{\frac{\pi d^3}{16}} = \frac{5.12 \times 10^3~(\text{N} \cdot \text{m}) \times 16}{\pi \times 0.873^3~(\text{mm}^3)} = 39.6~\text{MPa}$$

可见，在受力和横截面面积相同的条件下，圆形截面杆的最大扭转切应力小于矩形截面

杆的最大扭转切应力,圆形截面杆的抗扭强度更高。

知 识 拓 展

塔科马海峡吊桥(Tacoma Narrows Bridge),位于美国华盛顿州塔科马的两条悬索桥。第一座塔科马海峡大桥,于 1940 年 7 月 1 日通车,四个月后戏剧性地被微风摧毁。大桥的倒塌发生在一个此前从未见过的扭曲形式发生后,当时的风速大约为每小时 40 英里。这就是力学上的扭转变形,中心不动,两边因有扭矩而扭曲,并不断振动。这种振动是由于空气弹性颤振引起的。颤振的出现使风对桥的影响越来越大,最终桥梁结构像麻花一样彻底扭曲了。在塔科马海峡大桥坍塌事件中,风能最终战胜了钢的挠曲变形,使钢梁发生断裂。拉起大桥的钢缆断裂后使桥面受到的支持力减小并加重了桥面的重量。随着越来越多的钢缆断裂,最终桥面承受不住重量而彻底倒塌了。人们发现大桥在微风的吹拂下会出现晃动甚至扭曲变形的情况。

习　　题

4-1　试作图 4-30 所示各轴的扭矩图。

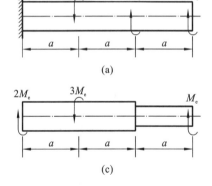

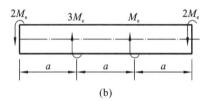

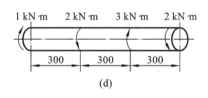

图 4-30　习题 4-1 图

4-2　直径 $D=50$ mm 的圆轴,受到扭矩 $T=2.15$ kN·m 的作用。试求在距离轴心 10 mm 处的切应力,并求轴横截面上的最大切应力。

4-3　圆轴直径 $d=50$ mm,转速为 120 r/min。若该轴横截面上的最大切应力为 60 MPa,试问该轴所传递的最大功率为多大?

4-4　如图 4-31 所示的传动轴,转速 $n=250$ r/min,主动轮 A 输入功率 $P_A=7$ kW,从动轮 B、C、D 输出功率分别为 $P_B=3$ kW、$P_C=2.5$ kW、$P_D=1.5$ kW。试画出该轴的扭矩图,并分析若将轮 A、B 互换位置是否合理。

4-5　某小型水电站的水轮机容量为 50 kW,转速为 300 r/min,钢轴直径为 75 mm。若在正常运转下且只考虑扭矩作用,其许用切应力 $[\tau]=20$ MPa。试校核轴的强度。

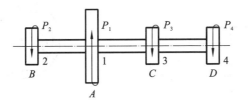

图 4-31 习题 4-4 图

4-6　如图 4-32 所示的切蔗机主轴由电动机经三角皮带轮带动,已知电动机功率 $P=$ 3.5 kW,主轴转速 $n=200$ r/min,主轴直径 $d=30$ mm,轴的许用切应力 $[\tau]=40$ MPa,试校核该主轴强度(不考虑传动损耗)。

4-7　一带有框式搅拌桨叶的主轴,其受力图如图 4-33 所示,搅拌轴由电动机经过减速箱及圆锥齿轮带动,已知电动机功率 $P=2.8$ kW,机械传动效率 $\eta=85\%$,搅拌轴的转速 $n=$ 30 r/min,轴的直径 $d=75$ mm,轴的材料的许用切应力 $[\tau]=60$ MPa,试校核该轴强度。

4-8　化工反应釜如图 4-34 所示,其搅拌轴由功率 $P=6$ kW 的电机带动,搅拌轴的转速 $n=30$ r/min,轴由外径 $D=75$ mm、壁厚 $\delta=10$ mm 的钢管制成,材料的许用切应力 $[\tau]=$ 50 MPa,试校核该轴的强度。

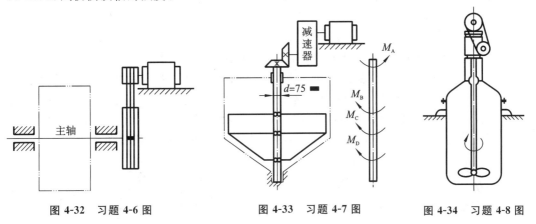

图 4-32　习题 4-6 图　　　　图 4-33　习题 4-7 图　　　　图 4-34　习题 4-8 图

4-9　空心轴受扭矩 $T=5$ kN·m 作用,内外径之比 $\alpha=0.7$,许用切应力 $[\tau]=60$ MPa,试求其直径大小,并将其自重与同一强度的实心圆轴对比。

4-10　如图 4-35 所示的实心轴与空心轴通过牙嵌式离合器相连接。已知:轴的转速 n $=100$ r/min,传递功率 $P=10$ kW,许用切应力 $[\tau]=80$ MPa,试确定实心轴的直径 d,若空心轴的内外径 $d_1/d_2=0.6$,求 d_1 与 d_2。

4-11　如图 4-36 所示,长度相等的两根受扭圆轴,一为空心圆轴,一为实心圆轴,两者材料相同,受力情况也一样。实心圆轴的直径为 d,空心圆轴外径为 D,内径为 d_0,且 $d_0/D=$ 0.8。试求当空心圆轴与实心圆轴的最大切应力均达到材料的许用切应力 $[\tau]$ 时,扭矩 T 相等时的重量比和刚度比。

4-12　如图 4-37 所示,圆轴的抗扭刚度为 GI_P,每段长 1 m。试画出其扭矩图并计算圆轴两端的相对扭转角。

4-13　一圆轴以 $n=250$ r/min 的转速传递 $P=60$ kW 的功率。如材料的许用切应力 $[\tau]=40$ MPa,单位长度许用扭转角 $[\theta]=0.8°/m$。材料的切变模量 $G=80$ GPa,试设计该轴的直径。

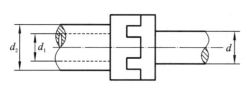

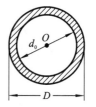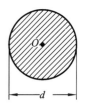

图 4-35　习题 4-10 图　　　　　　图 4-36　习题 4-11 图

4-14　如图 4-38 所示,若外力偶矩 $M=1$ kN·m,许用切应力 $[\tau]=80$ MPa,单位长度许用扭转角 $[\theta]=0.5°/m$,切变模量 $G=80$ GPa,试确定轴径 d_1 与 d_2。

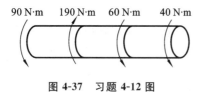

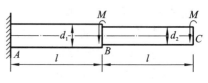

图 4-37　习题 4-12 图　　　　　　图 4-38　习题 4-14 图

4-15　如图 4-39 所示,传动轴长 $l=50$ mm,直径 $D=50$ mm。现将此轴的一段钻成内径 $d_1=25$ mm 的内腔,而余下的一段钻成 $d_2=38$ mm 的内腔。材料的许用切应力 $[\tau]=70$ MPa。

试求:(1) 此轴能承受的最大扭矩 T_{max};

(2) 若要求两段轴的扭转角相对,则两段的长度分别应为多少?

4-16　如图 4-40 所示,阶梯形圆轴上装有三个带轮。已知各段轴的直径分别为 $d_1=38$ mm、$d_2=75$ mm。主动轮 B 的输入功率 $P_B=32$ kW,从动轮 A、C 的输出功率分别为 $P_A=14$ kW、$P_C=18$ kW,轴的额定转速 $n=240$ r/min,材料的许用切应力 $[\tau]=60$ MPa,单位长度许用扭转角 $[\theta]=1.8°/m$,切变模量 $G=80$ GPa。试校核该轴的强度和刚度。

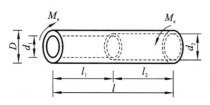

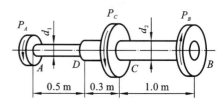

图 4-39　习题 4-15 图　　　　　　图 4-40　习题 4-16 图

4-17　如图 4-41 所示阶梯轴型圆杆,AE 段为空心,外径 $D=140$ mm,内径 $d=100$ mm,BC 段为实心,直径 $d=100$ mm。外力偶矩 $M_A=18$ kN·m、$M_B=23$ kN·m、$M_C=14$ kN·m。已知:$[\tau]=80$ MPa,$[\theta]=1.2°/m$,$G=80$ GPa。试校核该轴的强度和刚度。

4-18　如图 4-42 所示 90 mm×60 mm 的矩形截面轴,承受外力偶矩 M_1 和 M_2 作用,且 $M_1=1.6M_2$,已知许用切应力 $[\tau]=60$ MPa,切变模量 $G=80$ GPa,试求 M_2 的许用值及截面 A 的转角。

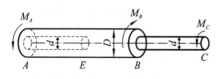

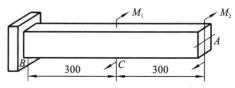

图 4-41　习题 4-17 图　　　　　　图 4-42　习题 4-18 图

第 5 章
弯曲内力

知识目标：

　　1.掌握杆件弯曲变形的受力特征与变形特征；

　　2.掌握弯曲变形与平面弯曲等基本概念；

　　3.掌握杆件弯曲时的剪力方程和弯矩方程并绘制剪力图和弯矩图；

　　4.掌握载荷集度与弯曲内力的微分关系，会绘制杆件弯曲时的剪力图和弯矩图。

能力素质目标：

　　1.具有计算任意横截面上的弯曲内力方程，具有应用载荷集度与内力关系快速绘制出剪力图和弯矩图的能力；

　　2.培养学生掌握一定的力学分析能力以及不断学习的能力。

◀ 5.1 概　述 ▶

5.1.1 弯曲变形的概念和实例

杆件的弯曲变形是工程中最常见的一种基本变形形式。例如,桥式起重机的大梁要承受吊车及重物的质量(见图 5-1),房屋建筑中的楼板梁要承受楼板传来的载荷(见图 5-2),火车轮轴要承受车厢载荷(见图 5-3),水槽壁要承受水压力(见图 5-4)。这些载荷的方向都与构件的轴线相垂直,故称为横向载荷。在这样的载荷作用下,**杆的两相邻横截面将绕垂直于杆轴线的轴发生相对转动,其轴线由原来的直线变成曲线**,这种变形形式称为**弯曲**。凡是以弯曲变形为主要变形的杆件称为**梁**。

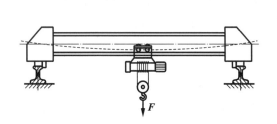

图 5-1　弯曲变形实例 1

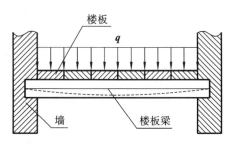

图 5-2　弯曲变形实例 2

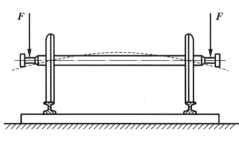

图 5-3　弯曲变形实例 3

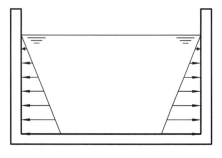

图 5-4　弯曲变形实例 4

工程中常用的梁其横截面多采用对称形状,如矩形、工字形、T 形等。这类梁至少具有一个包含轴线的纵向对称面,而载荷一般是作用在梁的同一个纵向对称面内[见图 5-5(a)],在这种情况下,梁发生弯曲变形的特点是:梁变形后轴线仍位于同一平面内,即梁变形后轴线为一条平面曲线[见图 5-5(b)],这类弯曲称为对称弯曲。

5.1.2 梁的计算简图及分类

为了方便强度、刚度分析和计算,常把梁的几何形状、载荷、支撑等做合理的简化,得到的力学模型称为计算简图。发生平面弯曲的等截面直梁,由于其外力为作用在梁纵向对称面内的平面力系,因此在计算简图中梁可用其轴线来表示;载荷可以简化为集中力、集中力偶、分布力、分布力偶等;梁的支座按其对梁在载荷作用平面的约束情况,一般简化为固定铰

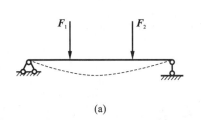
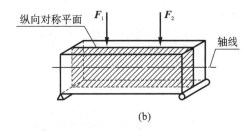

(a)   (b)

图 5-5 对称弯曲

支座、可动铰支座、固定端等形式。需要注意的是,支座的简化往往与工程中对计算的精度要求或与支座对梁的约束情况有关。例如,图 5-6(a)中两端搁置在砖墙上的梁,虽然两端支座外形像固定端,但由于不能完全限制梁在墙内部分的微小转动,因此应该简化为铰支座。如图 5-6(b)所示。

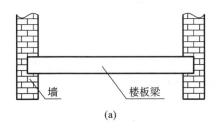

(a)   (b)

图 5-6 两端搁置在砖墙上的梁及其简化形式

工程上根据支座条件的不同,将简单支撑梁分为以下 3 种:

(1) 简支梁:一端为固定铰支座,另一端为可动铰支座,如图 5-7(a)所示。

(2) 外伸梁:简支梁的一端或两端伸出支座以外,如图 5-7(b)、(c)所示。

(3) 悬臂梁:一端为固定端,一端为自由端,如图 5-7(d)所示。

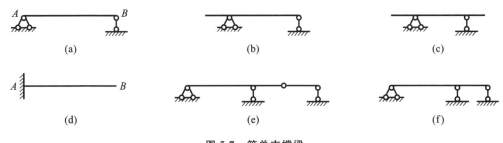

(a)   (b)   (c)

(d)   (e)   (f)

图 5-7 简单支撑梁

这 3 种梁的支座反力均可由静力平衡方程确定,是**静定梁**。

梁在两支座间的部分称为跨,其长度称为跨度或跨长。静定梁可分为单跨静定梁和多跨静定梁。简支梁、外伸梁、悬臂梁都是**单跨静定梁**,如图 5-7(e)所示的梁为**多跨静定梁**。工程上为了提高梁的强度和刚度,常采用增加支座的办法来减小跨度。一根梁设置了较多的支座后,约束反力的个数将大于独立平衡方程的个数,仅靠静力平衡方程求不出所有的约束反力和内力,这种梁称为**超静定梁**,如图 5-7(f)所示。

思考：

如图 5-8 所示，为什么单跨桥梁多设计成简支结构，这样做有什么好处？

图 5-8　单跨桥梁

◀ 5.2　梁的内力剪力和弯矩 ▶

为了分析和计算梁的强度与刚度，必须首先研究梁的内力及其沿横截面位置的变化规律。下面讨论梁在外力作用下，横截面上将产生哪些内力以及这些内力如何计算。

研究梁的内力仍采用截面法。简支梁受力后处于平衡状态，如图 5-9(a)所示，已求得支座反力为 F_A、F_B，现讨论距支座 A 为 a 处的 m—m 截面上的内力。用一假想的垂直于梁轴线的平面将梁截为两段，取左段为分离体，如图 5-9(b)所示。在分离体上除作用有反力 F_A 外，在截开的横截面上还有右段梁对左段梁的作用，此作用就是梁在该横截面上的内力。梁原来是平衡的，截开后的每段梁也应该是平衡的。根据 $\sum F_y = 0$ 可知，在 m—m 截面上必有一作用线与 F_A 平行而指向相反的内力分量，该内力分量就是横截面上的剪力 F_S，由平衡方程

$$\sum F_y = 0, \quad F_A - F_S = 0$$

可得

$$F_A = F_S \tag{5-1}$$

由于外力 F_A 与剪力 F_S 形成一力偶，因此，根据左段梁的平衡，m—m 截面上必有一与其相平衡的内力偶，该内力偶的矩就是该横截面上的弯矩 M。对 m—m 截面的形心 C 点列力矩方程，得

$$\sum M_C(F) = 0, \quad M - F_A a = 0$$

可得

$$M = F_A a \tag{5-2}$$

可见，梁弯曲变形时，横截面上一般存在两种内力剪力 F_S 和弯矩 M。m—m 截面上的内力也可取右段梁为分离体求得，如图 5-9(c)所示。

在取分离体计算内力时，同一截面上的剪力和弯矩在梁的左段或右段上的实际方向是

相反的。为了使由不同分离体求出同一截面上的内力,不但数值相等,正负号也相同,就有必要对截面上内力的正负号作如下规定:

(1) 剪力的正负号约定:当截面上的剪力使截开的微段绕其内部任意点有顺时针方向转动趋势时为正[见图 5-10(a)],反之为负[见图 5-10(b)]。

(2) 弯矩的正负号约定:当截面上的弯矩使截开微段向下凸时(即下边受拉,上边受压),此弯矩为正[见图 5-11(a)],反之为负[见图 5-11(b)]。计算某截面剪力 F_S、弯矩 M 时,通常按正方向假设。

> **小贴士:**
>
>   剪力的方向判断可简单记为"左上右下"为正,弯矩的方向判断可简单记为"上凹下凸"为正。

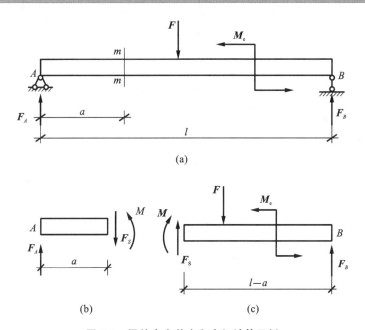

图 5-9 梁的内力剪力和弯矩计算示例

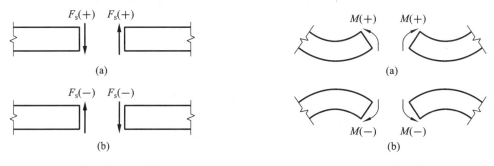

图 5-10 剪力的正负号约定　　　　图 5-11 弯矩的正负号约定

下面举例说明梁中指定截面上剪力和弯矩的计算方法和步骤。

【例 5-1】 如图 5-12(a)所示简支梁受一个集中力偶 M_e 和集度为 q 的均布载荷作用,已知 $l=4$ m。求跨中 C 截面的剪力 F_{SC} 和弯矩 M_C。

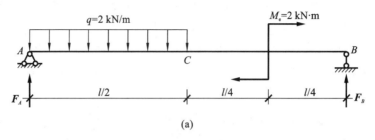

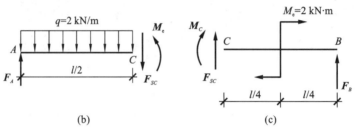

图 5-12　例 5-1 图

解:(1) 求支座反力。

考虑梁的整体平衡

$$\sum M_A(F)=0$$

$$F_B \cdot l - q \cdot \frac{l}{2} \cdot \frac{l}{4} - M_e = 0$$

$$F_B = \frac{ql}{8} + \frac{M_e}{l} = 1.5 \text{ kN}$$

$$\sum F_y = 0$$

$$F_A + F_B - \frac{ql}{2} = 0$$

$$F_A = \frac{ql}{2} - F_B = 2.5 \text{ kN}$$

(2) 求截面 C 的剪力 F_{SC} 和弯矩 M_C。取截面 C 左侧梁段为分离体,如图 5-12(b)所示。由平衡方程,得

$$\sum F_y = 0, F_A - \frac{ql}{2} - F_{SC} = 0$$

$$F_{SC} = F_A - \frac{ql}{2} = -1.5 \text{ kN}$$

(负号说明与假设方向相反)

$$\sum M_C(F) = 0$$

$$M_C + q \cdot \frac{l}{2} \cdot \frac{l}{4} - F_A \cdot \frac{l}{2} = 0$$

$$M_C = F_A \cdot \frac{l}{2} - \frac{ql^2}{8} = 1 \text{ kN} \cdot \text{m}$$

或者,取截面 C 右侧梁段为分离体,如图 5-12(c)所示。由平衡方程,得

$$\sum F_y = 0, F_{SC} + F_B = 0$$

$$F_{SC} = -F_B = -1.5 \text{ kN}$$

$$\sum M_C(F) = 0$$

$$-M_C - M_e + F_B \cdot \frac{l}{2} = 0$$

$$M_C = F_B \cdot \frac{l}{2} - M_e = 1 \text{ kN} \cdot \text{m}$$

通过上例分析,求梁指定截面上的内力的方法可归纳为两条结论:

(1)剪力:梁任一横截面上的剪力在数值上等于该截面一侧梁段上所有外力在平行于截面方向投影的代数和。其中外力正负号的选取,则根据剪力正负号的约定,可知:横截面左侧梁段上向上的外力取正,横截面右侧梁段上向下的外力取正;反之取负。简记为左上右下,剪力取正。

(2)弯矩:梁任一横截面上的弯矩在数值上等于该截面一侧梁段上所有外力对该截面形心的力矩的代数和。其中外力对横截面形心之矩正负号的选取,则根据弯矩正负号的约定,可知:截面左侧梁段上外力对截面形心之矩为顺时针转向的取正,或截面右侧梁段上外力对截面形心之矩为逆时针转向的取正;反之取负。简记为左顺右逆,弯矩取正。

利用上述结论,可以不画分离体的受力图、不列平衡方程,直接得出横截面的剪力和弯矩。这种方法称为直接法。直接法将在以后求指定截面内力中被广泛使用。

【例 5-2】 如图 5-13(a)所示悬臂梁,受最大集度为 q 的三角形均布载荷作用。试确定 C 截面(紧靠自由端)、D 截面(跨中截面)及 E 截面(紧靠固定端截面)的剪力和弯矩。

解:任意选一 x 截面,取截面左侧梁段为分离体,设任意 x 截面的载荷集度大小为 q_x,如图 5-13(b)所示,由平衡方程,得

$$\sum F_y = 0, F_{Sx} + \frac{1}{2} q_x \cdot x = 0$$

$$F_{Sx} = -\frac{1}{2} q_x \cdot x \qquad (a)$$

$$\sum M_x(F) = 0, M_x + \frac{q_x \cdot x}{2} \cdot \frac{x}{3} = 0$$

$$M_x = -\frac{q_x \cdot x}{2} \cdot \frac{x}{3} \qquad (b)$$

(1)求 C 截面的剪力 F_{SC} 和弯矩 M_C。

由于 C 截面与 A 截面无限接近,故所截梁段的长度 $x \approx 0$,分布载荷集度大小 $q_x \approx 0$。代入式(a)和式(b),得

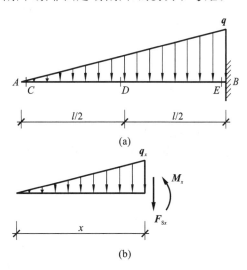

图 5-13 例 5-2 图

$$F_{SC} = 0, M_C = 0$$

（2）求 D 截面的剪力 F_{SD} 和弯矩 M_D。

对于 D 截面，$x=\dfrac{l}{2}$，$q_x=\dfrac{q}{2}$，代入式（a）和式（b），得

$$F_{SD}=-\frac{1}{2}q_x \cdot x=-\frac{ql}{8}$$

$$M_D=-\frac{q_x \cdot x}{2} \cdot \frac{x}{3}=-\frac{ql^2}{48}$$

（3）求 E 截面的剪力 F_{SE} 和弯矩 M_E。

对于 E 截面，$x=l$，$q_x=q$，代入式（a）和式（b），得

$$F_{SE}=-\frac{1}{2}q_x \cdot x=-\frac{ql}{2}$$

$$M_E=-\frac{q_x \cdot x}{2} \cdot \frac{x}{3}=-\frac{ql^2}{6}$$

◀▶ 5.3 梁的剪力方程和弯矩方程及剪力图和弯矩图 ▶

在一般情况下，梁的不同横截面的内力是不同的，即剪力和弯矩是随横截面位置的改变而发生变化的。描述梁的剪力和弯矩随横截面位置变化的代数方程，分别称为剪力方程和弯矩方程。

当梁上有多个载荷作用时，不同梁段上剪力、弯矩的变化规律往往是不相同的，需要分段来建立剪力方程和弯矩方程。首先确定剪力方程和弯矩方程的分段数，其分段原则是：确保每段方程的函数图像连续、光滑。具体而言，分段位置为梁上集中力、集中力偶的作用截面、分布载荷起点和终点截面以及支座截面处，这些截面也称为控制截面。其次，在梁轴上选定各段的 x 坐标原点及正向。最后，用截面法写出各段任意横截面上的剪力 $F_s(x)$、弯矩 $M(x)$ 表达式，并标注 x 的区间。为了形象地表示内力随横截面位置的变化规律，通常将剪力、弯矩沿轴线的变化情况用图形来表示。这种表示剪力和弯矩变化规律的图形分别称为剪力图和弯矩图。

剪力图、弯矩图都是函数图形，其横坐标表示梁的横截面位置，纵坐标表示相应横截面的剪力值、弯矩值。值得注意的是：土建类行业，将弯矩图绘在梁受拉的一侧。考虑到剪力、弯矩的正负符号规定，默认剪力图、弯矩图的坐标系如图 5-14 所示。

图 5-14 默认剪力图、弯矩图的坐标系

下面通过几个例题来说明剪力方程、弯矩方程的建立，以及利用剪力方程和弯矩方程来绘制剪力图、弯矩图的方法。

【例 5-3】 如图 5-15（a）所示悬臂梁，在自由端作用载荷 F，试画此梁的剪力图和弯矩图。

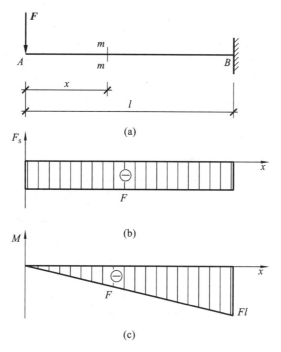

图 5-15 例 5-3 图

解:(1)建立剪力方程、弯矩方程。

此梁不需分段。按照求指定截面内力的方法,取距左端为 x 的任一横截面 $m—m$,此截面的剪力和弯矩表达式分别为

$$F_s(x) = -F \quad (0 < x < l)$$
$$M(x) = -Fx \quad (0 \leqslant x \leqslant l)$$

(2)绘剪力图和弯矩图。

由剪力方程可知,当 $0 < x < l$ 时,剪力为常数,因此剪力图为一条水平的直线;由弯矩方程可知,AB 梁段上沿着轴线方向弯矩呈线性变化,因此弯矩图为一条斜直线,只需求出两个端截面上的弯矩值即可绘出弯矩图。

①作平行于梁轴线的基线。

②计算控制截面的剪力值和弯矩值。

当 $x = 0$ 时: $F_s(0) = -F$, $M(0) = 0$

当 $x = l$ 时: $F_s(l) = -F$, $M(l) = -Fl$

③根据剪力方程、弯矩方程及控制截面上的内力值,绘制剪力图和弯矩图,如图 5-15(b)和图 5-15(c)所示。

【例 5-4】 承受均布载荷的简支梁如图 5-16(a)所示,试画此梁的剪力图和弯矩图。

解:(1)求支座反力。

$$F_A = F_B = \frac{1}{2}ql$$

(2)建立剪力方程和弯矩方程。

梁只用分一段,即 AB 段。距左端为 x 的任一横截面的剪力和弯矩的表达式分别为

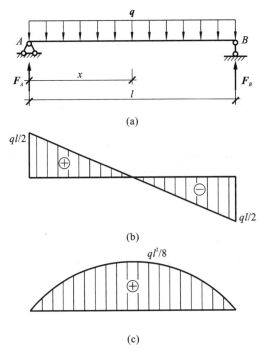

图 5-16 例 5-4 图

$$F_S(x) = F_A - qx = q\left(\frac{l}{2} - x\right) \quad (0 < x < l)$$

$$M(x) = F_A x - qx \cdot \frac{x}{2} = \frac{qx}{2}(l-x) \quad (0 \leqslant x \leqslant l)$$

（3）绘剪力图和弯矩图。

剪力表达式是 x 的一次函数，只要确定直线上的两个点，便可画出此直线。

当 $x=0$ 时：$\qquad\qquad F_S(0) = ql/2$

当 $x=l$ 时：$\qquad\qquad F_S(l) = -ql/2$

画出的剪力图如图 5-16(b) 所示。

弯矩方程是 x 的二次函数，即弯矩图是一条二次抛物线，至少需要 3 个点才能画出弯矩图的大致图形。

当 $x=0$ 时：$\qquad\qquad M(0) = 0$

当 $x=l/2$ 时：$\qquad\qquad M(l/2) = ql^2/8$

当 $x=l$ 时：$\qquad\qquad M(l) = 0$

根据这 3 点画出弯矩图，如图 5-16(c) 所示。从剪力图、弯矩图中可以看出，梁两端的剪力值最大（绝对值），其值为 $ql/2$，跨中央弯矩最大，其值为 $ql^2/8$。

【例 5-5】 如图 5-17(a) 所示简支梁 AB，在截面 C 处作用一集中力 F，试画此梁的剪力图和弯矩图。

解：（1）求支座反力。

$$\sum M_B(F) = 0, \quad -F_A \cdot l + F \cdot b = 0,$$

$$F_A = \frac{b}{l} \cdot F$$

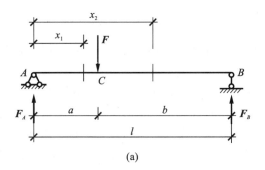

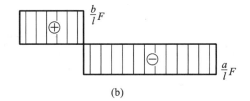

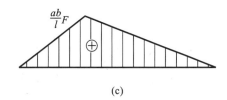

图 5-17　例 5-5 图

$$\sum M_A(F) = 0, \quad -F \cdot a + F_B \cdot l = 0,$$

$$F_B = \frac{a}{l} \cdot F$$

（2）建立剪力方程和弯矩方程。

由于在截面 C 处有集中力 F 作用，因此必须以 C 点为界，分为 AC、CB 两段分别来列内力表达式，分段画内力图。

AC 段：
$$F_S(x_1) = F_A = \frac{b}{l} \cdot F \quad (0 < x_1 < a)$$

$$M(x_1) = F_A \cdot x_1 = \frac{b}{l} \cdot F \cdot x_1 \quad (0 \leqslant x_1 \leqslant a)$$

CB 段：
$$F_S(x_2) = -F_B = -\frac{a}{l} \cdot F \quad (a < x_2 < l)$$

$$M(x_2) = F_B \cdot (l - x_2) = \frac{a}{l} \cdot F(l - x_2) \quad (a \leqslant x_2 \leqslant l)$$

（3）绘剪力图和弯矩图。

先计算控制截面的内力值：

当 $x_1 = 0$ 时：
$$F_S(0) = \frac{b}{l} \cdot F, \quad M(0) = 0$$

当 $x_1 \to a$（C 左侧）时：
$$F_S(a) = \frac{b}{l} \cdot F, \quad M(a) = \frac{ab}{l} \cdot F$$

当 $x_2 \to a$（C 右侧）时：
$$F_S(a) = -\frac{a}{l} \cdot F, \quad M(a) = \frac{ab}{l} \cdot F$$

当 $x_2 = l$ 时：
$$F_S(l) = -\frac{a}{l} \cdot F, M(l) = 0$$

根据这些特殊截面的剪力值、弯矩值画出剪力图和弯矩图，如图 5-17(b)、图 5-17(c) 所示。

结论：在集中力作用截面处剪力图发生突变，突变值等于该集中力的大小；弯矩图虽然连续，但不光滑，有一个尖角存在，且尖角的朝向与集中力的指向一致。实际上，所谓的集中力不可能"集中"作用于一点，而是作用在一个微段 Δx 上分布力的结果，如图 5-18(a) 所示。若将分布力视为在 Δx 范围内均匀分布，则该微段的剪力图将按直线规律连续变化，如图 5-18(b) 所示。

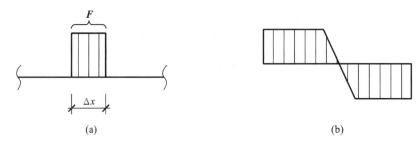

(a)　　　　　　　　　　　　　(b)

图 5-18　微段上的分布力及剪力图

【例 5-6】　如图 5-19(a) 所示，简支梁承受集中力偶 M_e 作用，试画此梁的剪力图和弯矩图。

解：(1) 求支座反力：
$$F_A = F_B = \frac{M_e}{l}$$

(2) 建立剪力方程和弯矩方程。

AC 段：
$$F_S(x_1) = -F_A = -\frac{M_e}{l} \quad (0 < x_1 \leq a)$$
$$M(x_1) = -F_A \cdot x_1 = -\frac{M_e}{l}x_1 \quad (0 \leq x_1 < a)$$

CB 段：
$$F_S(x_2) = -F_B = -\frac{M_e}{l} \quad (a \leq x_2 < l)$$
$$M(x_2) = F_B \cdot x_2 = \frac{M_e}{l}x_2 \quad (a < x_2 \leq l)$$

(3) 绘剪力图和弯矩图。

先计算控制截面的内力值：

当 $x_1 = 0$ 时：
$$F_S(0) = -\frac{M_e}{l}, M(0) = 0$$

当 $x_1 \to a$(左侧)时：
$$F_S(a) = -\frac{M_e}{l}, M(a) = -\frac{a}{l}M_e$$

当 $x_2 \to a$(右侧)时：
$$F_S(a) = -\frac{M_e}{l}, M(a) = \frac{b}{l}M_e$$

当 $x_2 = l$ 时：
$$F_S(l) = -\frac{M_e}{l}, M(l) = 0$$

根据这些控制截面的内力值，画出剪力图和弯矩图，如图 5-19(b) 和图 5-19(c) 所示。

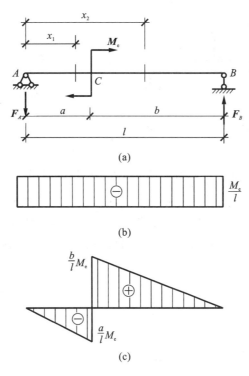

图 5-19 例 5-6 图

结论:在集中力偶作用截面处,剪力不变,弯矩图发生突变,突变值等于该力偶的力偶矩。

由以上各例可归纳出作剪力图、弯矩图的步骤如下:

(1) 求支座反力;

(2) 正确分段,分别列出各段的剪力方程、弯矩方程;

(3) 根据各段剪力方程和弯矩方程,计算控制截面的剪力值和弯矩值,按照剪力方程和弯矩方程绘出剪力图和弯矩图。

5.4 弯矩、剪力与载荷集度之间的微分关系和积分关系

5.2 节中通过列剪力方程、弯矩方程来绘制剪力图、弯矩图的方法是绘制剪力图、弯矩图的一种最基本的方法。但是,对受力较复杂的梁,用这种方法来绘制内力图计算过程较为烦琐,本节将通过对弯矩剪力与载荷集度之间微分关系和积分关系的分析,介绍一种较为简便的方法。

5.4.1 弯矩、剪力与载荷集度之间的微分关系

考察仅在 xOy 平面内有外力的情况,设梁上有任意分布载荷,如图 5-20(a)所示,其集度 $q(x)$ 为 x 的连续函数,假设载荷集度 $q(x)$ 向上为正。

用坐标为 x 和 $x+dx$ 的两个相邻横截面从受力的梁上截取长度为 dx 的微段,如图 5-20(b)所示。设 x 处横截面上的剪力和弯矩分别为 $F_S(x)$ 和 $M(x)$,当坐标 x 有一增长 dx

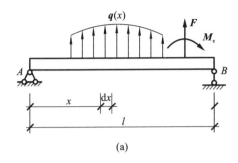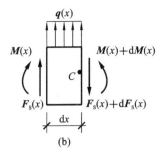

图 5-20 梁上任意分布的载荷及截取的微段

时,弯矩和剪力的相应增量为 $\mathrm{d}F_\mathrm{S}(x)$ 和 $\mathrm{d}M(x)$,因此,$x+\mathrm{d}x$ 处横截面上的剪力和弯矩分别为 $F_\mathrm{S}(x)+\mathrm{d}F_\mathrm{S}(x)$ 和 $M(x)+\mathrm{d}M(x)$。设微段上的这些内力都取正值,且微段内无集中力和集中力偶。又由于 $\mathrm{d}x$ 为无穷小距离,因此,微段梁上的分布载荷可以看成均匀分布。考察微段的平衡,由平衡方程:

$$\sum F_y = 0, F_\mathrm{S}(x) + q(x)\mathrm{d}x - [F_\mathrm{S}(x) + \mathrm{d}F_\mathrm{S}(x)] = 0$$

$$\sum M_C(F) = 0, -M(x) - F_\mathrm{S}(x)\mathrm{d}x - q(x)\mathrm{d}x\left(\frac{\mathrm{d}x}{2}\right) + [M(x) + \mathrm{d}M(x)] = 0$$

略去二次微量,整理得

$$\frac{\mathrm{d}F_\mathrm{S}(x)}{\mathrm{d}x} = q(x) \tag{5-3}$$

$$\frac{\mathrm{d}M(x)}{\mathrm{d}x} = F_\mathrm{S}(x) \tag{5-4}$$

由式(5-3)和式(5-4)两式又可得

$$\frac{\mathrm{d}^2 M(x)}{\mathrm{d}x^2} = q(x) \tag{5-5}$$

即弯矩方程对 x 的一阶导数在某截面的取值等于该截面上的剪力。剪力方程对 x 的一阶导数在某截面的取值等于该截面处分布载荷的集度。

以上 3 个方程即为梁内弯矩、剪力与载荷集度之间的微分关系。

因为一阶导数的几何意义是代表曲线的切线斜率,故 $\dfrac{\mathrm{d}F_\mathrm{S}(x)}{\mathrm{d}x}$ 与 $\dfrac{\mathrm{d}M(x)}{\mathrm{d}x}$ 分别代表剪力图与弯矩图的切线斜率。$\dfrac{\mathrm{d}F_\mathrm{S}(x)}{\mathrm{d}x} = q(x)$ 表明:剪力图中曲线上各点的切线斜率等于梁上各相应位置分布载荷的集度。$\dfrac{\mathrm{d}M(x)}{\mathrm{d}x} = F_\mathrm{S}(x)$ 表明:弯矩图中曲线上各点的切线斜率等于各相应截面上的剪力。此外,二阶导数的正、负可以用来判定曲线的凹凸。根据上述微分关系及其几何意义,将剪力图、弯矩图的一些规律列于表 5-1 中。

表 5-1　几种常见载荷作用下梁段的剪力图与弯矩图的特征表

梁段上外力情况	剪力图特征	弯矩图特征
无外力段	水平线 $$\frac{\mathrm{d}F_\mathrm{S}(x)}{\mathrm{d}x} = q(x) = 0$$	斜直线 $$\frac{\mathrm{d}M(x)}{\mathrm{d}x} = F_\mathrm{S}(x) = 常数$$ ($F_\mathrm{S}(x) = 0$ 时,为水平线)

续表

梁段上外力情况	剪力图特征	弯矩图特征
$q(x)=$ 常数 向下的均布载荷	斜向下的直线 $\dfrac{\mathrm{d}F_s(x)}{\mathrm{d}x}=q(x)<0$	向下凸的二次曲线 $\dfrac{\mathrm{d}^2M(x)}{\mathrm{d}x^2}=q(x)<0$ $F_S(x)=0$ 处取极值
$q(x)=$ 常数 向上的均布载荷	斜向上的直线 $\dfrac{\mathrm{d}F_S(x)}{\mathrm{d}x}=q(x)>0$	向上凸的二次曲线 $\dfrac{\mathrm{d}^2M(x)}{\mathrm{d}x^2}=q(x)<0$ $F_S(x)=0$ 处取极值
集中力	F 作用处发生突变， 突变值等于 F 值	F 作用处连续但不光滑，有尖角， 且尖角的朝向与 F 的指向一致
集中力偶	M_e 作用处无变化	M_e 作用处发生突变，突变值等于 M_e
举例		

> ⊙ **小贴士：**
>
> 　　快速绘制剪力图、弯矩图关键在于记住梁受不同外力情况下剪力与弯矩的特征，特别是突变点处的变化特点。

　　利用弯矩、剪力和载荷集度之间的微分关系可以不必写出剪力方程和弯矩方程，用一种较为简便的方法来绘制剪力图、弯矩图。首先根据梁上的外力情况，判断各段剪力图和弯矩图的几何形状，然后再利用直接法确定梁的控制截面的剪力值和弯矩值，就可以画出梁的剪力图和弯矩图。

　　【例 5-7】　一简支梁，尺寸及梁上载荷如图 5-21(a)所示。试画此梁的剪力图和弯矩图。

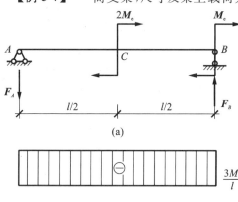

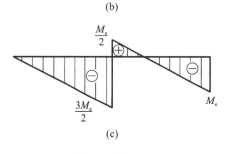

图 5-21　例 5-7 图

解： 该梁分为 AC、CB 两段，由平衡条件求得支座反力为

$$F_A = F_B = \frac{3M_e}{l}$$

（1）画剪力图。

AC、CB 两段均为无外力区段，且 AB 段内无集中力，故 AC、CB 两段的剪力图为同一条水平直线，且有

$$F_S = -F_A = -\frac{3M_e}{l}$$

画出的剪力图如图 5-21(b)所示。

（2）画弯矩图。

AC 段、CB 段均为无外力区段，弯矩图为斜直线。

$$M_A = 0, \quad M_{C左} = -F_A \times \frac{l}{2} = -\frac{3M_e}{2}$$

$$M_{C右} = -F_A \times \frac{l}{2} + 2M_e = \frac{M_e}{2}$$

$$M_{B右} = -M_e$$

画出的弯矩图如图 5-21(c)所示。

　　【例 5-8】　一简支梁，尺寸及梁上载荷如图 5-22(a)所示，试画此梁的剪力图和弯矩图。

解： 由平衡条件求得支座反力为

$$F_C = 14 \text{ kN} \qquad F_B = 4 \text{ kN}$$

该梁分为 AC、CB 两段。

（1）画剪力图。

AC 段为无外力区段，剪力图为水平直线，且

$$F_S = F = -6 \text{ kN}$$

CB 段为均布载荷段，剪力图为斜直线，且

$$F_{SC右} = 814 \text{ kN} \qquad F_{SB左} = 4 \text{ kN}$$

画出的剪力图如图 5-22(b)所示。

（2）画弯矩图。

AC 段为无外力区段，弯矩图为斜直线。且

$$M_A=0, M_{C左}=-F\times 2=-12 \text{ kN}\cdot\text{m}$$

CB 段为均布载荷区段，弯矩图为向下凸的二次抛物线，且

$$M_{C右}=-12 \text{ kN}\cdot\text{m}, M_B=0$$

根据剪力图可知，剪力为零的截面（即弯矩的极值截面）在 CB 段内，设该截面距右端 B 的距离为 a，即

$$F_S=-F_B+qa=0 \qquad a=\frac{F_B}{q}=2 \text{ m}$$

$$M_{\max}=F_B a-\frac{1}{2}qa^2=4 \text{ kN}\cdot\text{m}$$

由 3 个控制截面的弯矩值画出弯矩图，如图 5-22(c)所示。

【例 5-9】 一悬臂梁，梁上载荷图如图 5-23(a)所示。试画此梁的剪力图和弯矩图。

解： 该梁分为 AB、BC 两段。

（1）画剪力图。

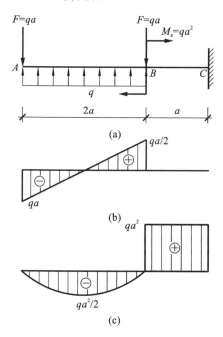

图 5-23 例 5-9 图

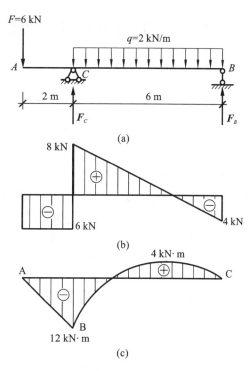

图 5-22 例 5-8 图

AB 段为均布载荷段，剪力图为斜直线，且

$$F_{SA右}=-qa, \qquad F_{SB左}=-qa+q\times 2a=qa$$

由对称性可知，$x=a$ 的截面剪力为零。

BC 段为无外力区段，剪力图为水平直线，且

$$F_S=-qa+q\times 2a-qa=0$$

画出的剪力图如图 5-23(b)所示。注意：A、B 截面上都有集中力作用，剪力图上有突变。

（2）画弯矩图。

AB 段为均布载荷区段，弯矩图为向上凸的二次抛物线，且

$$M_A=0, M_{B左}=-F\times 2a+q\times 2a\times a=0$$

当 $x=a$ 时： $M(a)=-Fa+qa\times\dfrac{a}{2}=-\dfrac{1}{2}qa^2$

BC 段为无外力区段，且剪力为零，因此弯矩图为水平直线，且

$$M=-F\times 2a+q\times 2a\times a+qa^2=qa^2$$

画出的弯矩图如图 5-23(c)所示。注意：B 截面上有集中力偶作用，弯矩图上有突变。

5.4.2 弯矩剪力与载荷集度之间的积分关系

对式(5-3)和式(5-4)进行积分,得

$$F_S(x_1) - F_S(x_2) = \int_{x_1}^{x_2} q(x) \, dx \quad (x_2 > x_1) \tag{5-6}$$

$$M(x_1) - M(x_2) = \int_{x_1}^{x_2} F_S(x) \, dx \quad (x_2 > x_1) \tag{5-7}$$

由积分的几何意义可知:$x = x_2$ 和 $x = x_1$ 两截面上的剪力之差,等于该两截面间载荷图形的面积;两截面上的弯矩之差,等于该两截面间剪力图形的面积。例如,在图 5-22 中,C、A 两截面间载荷图形的面积为零,故 C、A 两截面上的剪力之差为零。同时,C、A 两截面间剪力图形的面积为 2×6 kN·m,这也正是 C、A 两截面上的弯矩之差。因此,利用某些控制截面上的已知内力,通过计算面积就能得出其他控制截面的内力值,使得内力图的绘制更加简便。需要注意的是,上述面积前应冠以适当正负号,向上的分布载荷图形的面积取正,反之取负;基线上方的剪力图图形面积取正,反之取负。

【例 5-10】 一外伸梁,梁上载荷如图 5-24(a)所示。试画此梁的剪力图和弯矩图。

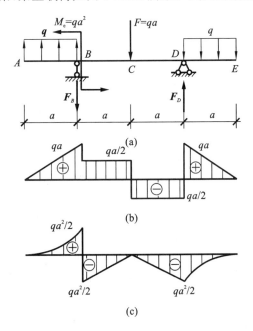

图 5-24 例 5-10 图

解:求得支座反力为

$$F_B = \frac{1}{2} qa, \quad F_D = \frac{3}{2} qa$$

该梁分为 AB、BC、CD、DE 共 4 段。

(1)画剪力图。

从基线的最左端剪力零点开始画。

A 截面:无集中力,剪力图无突变。AB 段:剪力图为斜直线,且

$$F_{SB左} = 0 + qa = qa$$

B 截面:有集中力 $F_B = \frac{1}{2}qa$,因此顺着剪力图 F_B 的方向向下突变 $\frac{1}{2}qa$,得

$$F_{SB右} = \frac{1}{2}qa$$

BC 段:剪力图为水平直线,且

$$F_{SC左} = \frac{1}{2}qa$$

C 截面:有集中力 $F = qa$,因此剪力图向下突变 qa,得

$$F_{SC右} = -\frac{1}{2}qa$$

CD 段:剪力图为水平直线,且

$$F_{SD左} = -\frac{1}{2}qa$$

D 截面:有集中力,$F_D = \frac{3}{2}qa$,因此剪力图向上突变 $\frac{3}{2}qa$,得

$$F_{SD右} = qa$$

DE 段:剪力图为斜直线,且

$$F_{SE} = qa + (-qa) = 0$$

回到零点,说明上述作图过程是正确的。

由此得到的剪力图如图 5-24(b)所示。

(2)画弯矩图。

从基线的最左端弯矩零点开始画。

A 截面:无集中力偶,弯矩图无突变。

AB 段:弯矩图为向上凸的二次抛物线,且

$$M_{B左} = \frac{1}{2} \times qa \times a = \frac{1}{2}qa^2$$

B 截面:有逆时针方向集中力偶 $M_e = qa^2$,弯矩图向上突变 qa^2,得

$$M_{B右} = -\frac{1}{2}qa^2$$

BC 段:弯矩图为斜直线,且

$$M_C = -\frac{1}{2}qa^2 + \frac{1}{2}qa \times a = 0$$

C 截面:无集中力偶,弯矩图无突变。

CD 段:弯矩图为斜直线,且

$$M_D = 0 + (-\frac{1}{2}qa \times a) = -\frac{1}{2}qa^2$$

D 截面:无集中力偶,弯矩图无突变。

DE 段:弯矩图为向下凸的二次抛物线,且

$$M_E = -\frac{1}{2}qa^2 + \frac{1}{2}qa \times a = 0$$

回到零点,说明上述作图过程是正确的。

由此得到的弯矩图如图 5-24(c)所示。

从上述例题可以归纳出用微分、积分关系画梁的剪力图、弯矩图的步骤如下：

（1）求支座反力；

（2）根据梁上的外力情况将梁分段；

（3）根据各梁段上的外力情况，由微分关系确定各梁段剪力图、弯矩图的几何形状；

（4）由积分关系计算各梁段起、终点及极值点等截面的剪力、弯矩值，逐段画出内力图。

需要注意的是：在集中力作用截面处剪力图发生突变，突变值等于该集中力的大小，弯矩图虽然连续，但不光滑，有一个尖角存在，且尖角的朝向与集中力的指向一致；在集中力偶作用截面处，剪力不变，弯矩图发生突变，突变值等于该力偶的力偶矩。

知识拓展

安平桥（Anping Bridge），是世界上中古时代最长的梁式石桥，也是中国现存最长的海港大石桥，是古代桥梁建筑的杰作，享有"天下无桥长此桥"之誉，桥梁全长 2255 米。安平桥桥墩用花岗岩条石横直交错叠砌而成，有长方形、单边船形、双边船形 3 种不同形式，单边船形一端成尖状，另一端为方形，设于较缓的港道地方；双边船形墩，两端成尖状，便于排水，设在水流较急而较宽的主要港道。安平桥的桥板，都是二三支的石料每条都是重数千斤以上的，这样沉重的石板，怎样架设，也是大难点。当时的工匠使用巧妙的方法，就是从水路运输利用海运载到桥墩的位置，当潮水高涨的时候，船也随潮高而将石板轻易地托起，与桥墩对齐固定，到了潮退的时候船随潮水下降了，这样石板就安放桥墩上；如果潮水上涨未能达到需要的高度时，即把杉排垫进船下，使船只浮升至适当的水位时，把石板移动安置在桥墩上待潮水下退时，把船和杉排解开分离；而在水浅的区域或海坪上，架设时把石料卸在桥墩边利用绞绳的旋转器（安设在桥墩上），用绳把石料缚住，沿着架设的斜辑吊装到桥墩上；这两种方法就是清初周亮工《闽小记》所谓"激浪以涨舟，悬机以牵引"的施工方法。

习　题

5-1　试求图 5-25 所示各梁指定截面的剪力和弯矩。

5-2　试列出图 5-26 所示各梁的剪力、弯矩方程，并作剪力图与弯矩图。

5-3　根据弯矩、剪力与载荷集度之间的微分关系画出图 5-27 所示各梁的剪力图和弯矩图。

5-4　如图 5-28 所示的简支梁，载荷可按四种方式作用于梁上，试分别画出弯矩图，并从内力方面考虑何种加载方式最好。

5-5　作图 5-29 所示梁的剪力图和弯矩图。梁 CD 段的变形称为纯弯曲，试问 CD 段的内力有何特点。

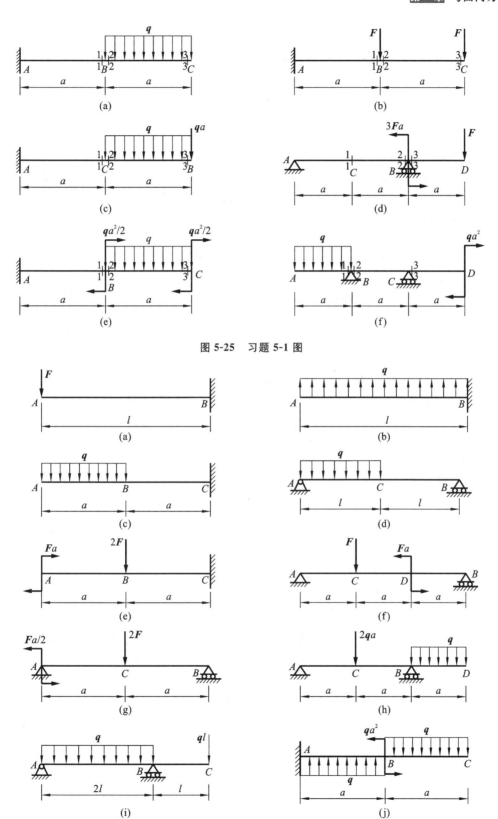

图 5-25　习题 5-1 图

图 5-26　习题 5-2 图

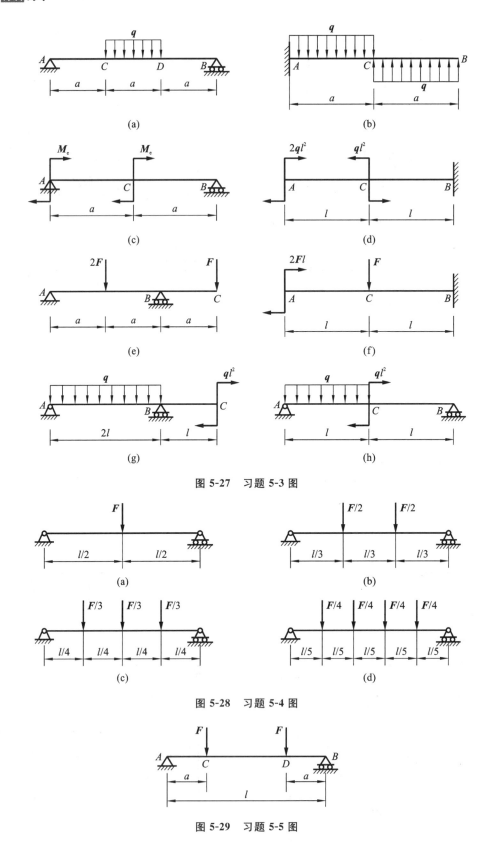

图 5-27 习题 5-3 图

图 5-28 习题 5-4 图

图 5-29 习题 5-5 图

5-6　有一高塔,受到集度为 $q=0.384$ kN/m 的水平方向风载荷作用,塔高 $h=10$ m,假定风载荷沿塔高呈均匀分布,如图 5-30 所示。试求塔的最大剪力和最大弯矩。

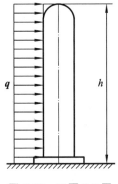

图 5-30　习题 5-6 图

5-7　用起重机起吊一根等截面钢管,其简图如图 5-31 所示,已知钢管长度为 l,钢管单位长度重力为 q,从弯曲内力角度考虑,问吊装点位置 x 为多少时合适。

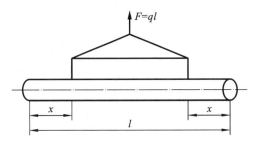

图 5-31　习题 5-7 图

5-8　如图 5-32 所示,桥式起重机大梁上的小车的每个轮子对大梁的压力均为 F,试问小车在什么位置时梁内的弯矩最大? 其最大弯矩等于多少? 最大弯矩的作用截面在何处? 设小车的轮距为 d,大梁的跨度为 l。

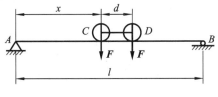

图 5-32　习题 5-8 图

第 6 章
弯曲应力

知识目标：

1.掌握梁纯弯曲时横截面上正应力计算公式的推导过程；

2.掌握中性层、中性轴和翘曲等基本概念和含义；

3.掌握各种形状截面梁(矩形、圆形、圆环形、工字形)横截面上弯曲正应力的强度问题；

4.掌握各种形状截面梁弯曲切应力的分布和计算；

5.掌握提高弯曲强度的若干措施。

能力素质目标：

1.具有利用弯曲正应力强度条件解决梁的弯曲问题的能力；

2.培养学生从力学现象和工程实际中发现问题的能力,在建立基本概念的基础上使学生能够根据定律和公理,建立力学和数学模型,得到有关的基本公式和定理的能力；

3.培养学生从力学现象和工程实际中发现问题的能力；

4.具有实事求是的科学态度、勇于探索和创新的科学精神。

◀ 6.1　截面的几何性质　静矩　形心　惯性矩 ▶

杆件的横截面是一个平面图形,计算杆在外力作用下的应力和变形时,将用到杆横截面的几何性质。截面的几何性质包括截面的面积 A、极惯性矩,以及静矩、惯性矩和惯性积等。

6.1.1　静矩与形心

设任意形状的截面如图 6-1 所示,其截面面积为 A。从截面中坐标为 (x,y) 处取一微面积 dA,$x dA$ 和 $y dA$ 分别称为微面积 dA 对 z 轴和 y 轴的静矩或一次矩,以下两积分

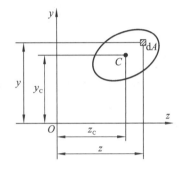

图 6-1　任意形状的截面

$$\left.\begin{array}{l} S_z = \int_A y\, dA \\ S_y = \int_A z\, dA \end{array}\right\} \tag{6-1}$$

分别定义为该截面对于 z 轴和 y 轴的静矩。

由上述定义可以看出:静矩可能为正值或负值,也可能等于零。静矩的量纲为长度的三次方,其常用单位为 m^3 或 mm^3。

静矩可用来确定截面的形心位置。由静力学中平面图形的形心坐标计算公式可知

$$\left.\begin{array}{l} y_C = \dfrac{\int_A y\, dA}{A} \\[3mm] z_C = \dfrac{\int_A z\, dA}{A} \end{array}\right\} \tag{6-2}$$

利用式(6-1),上式可写成

$$\left.\begin{array}{l} y_C = \dfrac{\int_A y\, dA}{A} = \dfrac{S_z}{A} \\[3mm] z_C = \dfrac{\int_A z\, dA}{A} = \dfrac{S_y}{A} \end{array}\right\} \tag{6-3}$$

或

$$\left.\begin{array}{l} S_z = A y_C \\ S_y = A z_C \end{array}\right\} \tag{6-4}$$

> ❯ **小贴士:**
> 在知道截面对 z 轴和 y 轴的静矩后,即可求得截面形心的坐标。在已知截面的面积及形心坐标时,就可求得截面对 z 轴和 y 轴的静矩。

由式(6-4)可得如下推论:当坐标 y_C 或 z_C 为零,即当坐标轴 y 或 z 通过截面形心时,截面

对该轴的静矩为零;反之,若该截面对某一轴的静矩等于零,则该轴必通过截面形心。

有些杆件的横截面形状虽然比较复杂,如图 6-2 所示,但常常可以看成是由若干简单截面或标准型材截面所组成。

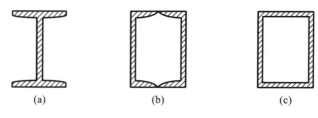

图 6-2 复杂的横截面

则由静矩的定义可知,截面图形对某一坐标轴的静矩应该等于各简单图形对同一坐标轴的静矩的代数和。即:

$$\left.\begin{array}{l} S_z = \sum_{i=1}^{n} A_i y_{ci} \\ S_y = \sum_{i=1}^{n} A_i z_{ci} \end{array}\right\} \tag{6-5}$$

式中,A_i、y_{ci} 和 z_{ci} 分别表示某一组成部分的面积和其形心坐标,n 为简单图形的个数。

将式(6-5)代入式(6-3),得到组合图形形心坐标的计算公式为

$$\left.\begin{array}{l} y_C = \dfrac{\sum\limits_{i=1}^{n} A_i y_{ci}}{\sum\limits_{i=1}^{n} A_i} \\[3mm] z_C = \dfrac{\sum\limits_{i=1}^{n} A_i z_{ci}}{\sum\limits_{i=1}^{n} A_i} \end{array}\right\} \tag{6-6}$$

【例 6-1】 图 6-3 所示为对称 T 形截面,求该截面的形心位置。

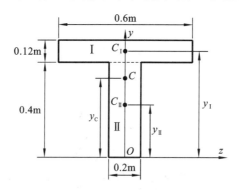

图 6-3 例 6-1 图

解:建立直角坐标系 zOy,其中 y 为截面的对称轴。因图形相对于 y 轴对称,其形心一定在该对称轴上,因此 $z_C = 0$,只需计算 y_C 值。将截面分成 Ⅰ、Ⅱ 两个矩形,则

$$A_{\mathrm{I}} = 0.072 \text{ m}^2, A_{\mathrm{II}} = 0.08 \text{ m}^2$$

$$y_{\text{I}} = 0.46 \text{ m}, y_{\text{II}} = 0.2 \text{ m}$$

$$y_C = \frac{\sum\limits_{i=1}^{n} A_i y_{ci}}{\sum\limits_{i=1}^{n} A_i} = \frac{A_{\text{I}} y_{\text{I}} + A_{\text{II}} y_{\text{II}}}{A_{\text{I}} + A_{\text{II}}} = \frac{0.072 \times 0.46 + 0.08 \times 0.2}{0.072 + 0.08} \text{ m} = 0.323 \text{ m}$$

6.1.2 惯性矩、惯性半径和惯性积

如图 6-4 所示平面图形代表一任意截面,在图形平面内建立直角坐标系 zOy。现在图形内取微面积 $\mathrm{d}A$,则 $y^2\mathrm{d}A$ 和 $z^2\mathrm{d}A$ 分别称为微面积 $\mathrm{d}A$ 对 z 轴和 y 轴的惯性矩或二次轴矩,$\rho^2\mathrm{d}A$ 为微面积 $\mathrm{d}A$ 对坐标原点的极惯性矩,而以下三个积分

$$
\left.
\begin{aligned}
I_z &= \int_A y^2 \mathrm{d}A \\
I_y &= \int_A z^2 \mathrm{d}A \\
I_P &= \int_A \rho^2 \mathrm{d}A
\end{aligned}
\right\} \tag{6-7}
$$

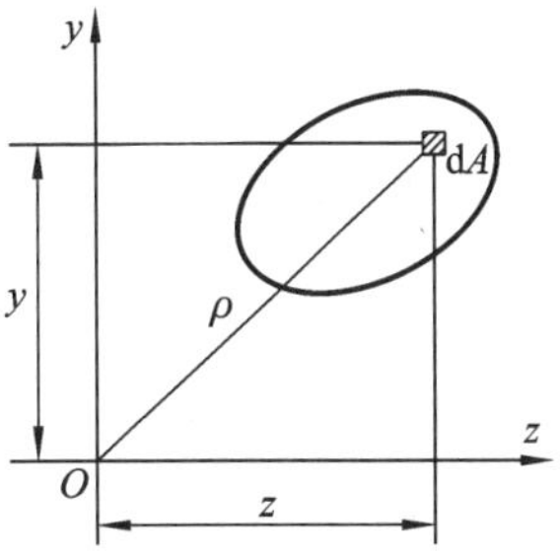

分别定义为该截面对于 z 轴和 y 轴的**惯性矩**以及对坐标原点的**极惯性矩**。

由图 6-4 可见,$\rho^2 = y^2 + z^2$,所以有

$$I_P = \int_A \rho^2 \mathrm{d}A = \int_A (y^2 + z^2)\mathrm{d}A = I_z + I_y \tag{6-8}$$

图 6-4 任意截面

即截面图形对任一点的极惯性矩,等于截面对以该点为原点的两任意正交坐标轴的惯性矩之和。

另外,微面积 $\mathrm{d}A$ 与它到两轴距离的乘积 $zy\mathrm{d}A$ 称为微面积 $\mathrm{d}A$ 对 y、z 轴的惯性积,而积分

$$I_{yz} = \int_A zy\mathrm{d}A \tag{6-9}$$

定义为该截面对 y、z 轴的**惯性积**。

从上述定义可见,同一截面对不同坐标轴的惯性矩和惯性积一般是不同的。惯性矩的数值恒为正值,而惯性积则可能为正,可能为负,也可能等于零。惯性矩和惯性积的常用单位是 m^4 或 mm^4。若 y、z 两坐标轴中有一个为截面的对称轴,则其惯性积恒等于零。

在某些应用中,将惯性矩表示为截面面积 A 与某一长度平方的乘积,即

$$I_z = i_z^2 A \qquad I_y = i_y^2 A \tag{6-10}$$

式中,i_z 和 i_y 分别称为截面对 z 轴和 y 轴的惯性半径,其单位为 m 或 mm。当已知截面面积和惯性矩时,惯性半径即可从下式求得

$$i_z = \sqrt{\frac{I_z}{A}} \qquad i_y = \sqrt{\frac{I_y}{A}} \tag{6-11}$$

【例 6-2】 计算图 6-5 所示矩形截面对其形心轴的惯性矩。

解:先求截面对 y 轴的惯性矩。取长边平行于 y 轴的

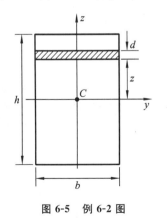

图 6-5 例 6-2 图

微面积 dA，则

$$dA = b\mathrm{d}z$$

$$I_y = \int_A z^2\,\mathrm{d}A = \int_{-\frac{h}{2}}^{\frac{h}{2}} bz^2\,\mathrm{d}z = \frac{bh^3}{12}$$

用完全类似的方法可求得

$$I_z = \frac{hb^3}{12}$$

【例 6-3】 计算图 6-6 所示矩形截面对其形心轴的惯性矩。

解：以图 6-6 中画阴影线的微面积作为 dA，则

$$dA = 2y\mathrm{d}z = 2\sqrt{R^2 - z^2}\,\mathrm{d}z$$

$$I_y = \int_A z^2\,\mathrm{d}A = 2\int_{-R}^{R} z^2\sqrt{R^2 - z^2}\,\mathrm{d}z = \frac{\pi D^4}{64}$$

由于 y 轴和 z 轴都与圆形直径重合，因对称性，必然有

$$I_y = I_z = \frac{\pi D^4}{64}$$

由式（6-8），显然有

$$I_P = I_y + I_z = \frac{\pi D^4}{32}$$

同理，将图 6-7 中的空心圆截面看作由直径为 D 的圆形减去直径为 d 的同心圆所得的图形，即可求得

$$I_y = I_z = \frac{\pi D^4}{64}(1 - \alpha^4)$$

$$I_P = I_y + I_z = \frac{\pi D^4}{32}(1 - \alpha^4)$$

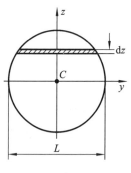

图 6-6 例 6-3 图

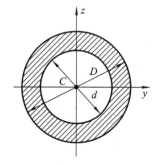

图 6-7 空心圆截面

6.2 截面的几何性质 平行移轴定理和转轴定理

6.2.1 平行移轴定理

图 6-8 所示为一任意截面，z_C、y_C 为通过截面形心的一对正交轴，称为形心坐标轴。图

形对形心轴 z_C、y_C 的惯性矩分别为

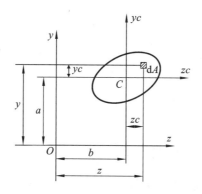

图 6-8　平行移轴定理示例

$$I_{z_C} = \int_A y^2 \mathrm{d}A \qquad I_{y_C} = \int_A z^2 \mathrm{d}A \tag{a}$$

若任意 z 轴平行于 z_C 轴，且两轴间的距离为 a；任意 y 轴平行于 y_C 轴，且两轴间的距离为 b。截面图形对 z 轴、y 轴的惯性矩和惯性积分别为

$$I_z = \int_A y^2 \mathrm{d}A \qquad I_y = \int_A z^2 \mathrm{d}A \qquad I_{yz} = \int_A yz \mathrm{d}A \tag{b}$$

将 $y = y_C + a$、$z = z_C + b$ 代入式(b)，得

$$I_z = \int_A y^2 \mathrm{d}A = \int_A (y_C + a)^2 \mathrm{d}A = \int_A y_C^2 \mathrm{d}A + 2a \int_A y_C \mathrm{d}A + a^2 \int_A \mathrm{d}A = I_{z_C} + 2aS_{z_C} + a^2 A$$

$$I_y = \int_A z^2 \mathrm{d}A = \int_A (z_C + b)^2 \mathrm{d}A = \int_A z_C^2 \mathrm{d}A + 2b \int_A z_C \mathrm{d}A + b^2 \int_A \mathrm{d}A = I_{y_C} + 2bS_{y_C} + b^2 A$$

$$I_{yz} = \int_A yz \mathrm{d}A = \int_A (z_C + b)(y_C + a) \mathrm{d}A = \int_A y_C z_C \mathrm{d}A + a \int_A z_C \mathrm{d}A + b \int_A y_C \mathrm{d}A + ab \int_A \mathrm{d}A$$

$$= \int_A y_C z_C \mathrm{d}A + aS_{y_C} + bS_{z_C} + abA$$

由于 z_C 轴、y_C 轴是截面的形心轴，故有 $S_{z_C} = 0$，$S_{y_C} = 0$，$S_{y_C} = 0$，从而得

$$\left.\begin{array}{l} I_z = I_{z_C} + a^2 A \\[4pt] I_y = I_{y_C} + b^2 A \\[4pt] I_{yz} = I_{y_C z_C} + abA \end{array}\right\} \tag{6-12}$$

式(6-12)称为平行移轴定理。使用时应该注意到其是图形在坐标系中的坐标，所以它们是有正负的。由式(6-12)中前两式可见：在一组平行轴中，图形对于通过形心的坐标轴的惯性矩是最小的。

【例 6-4】　计算图 6-9 所示 T 形截面对其形心轴 z_C 的惯性矩 I_{z_C}。

解：该截面图形可以视为由矩形Ⅰ、Ⅱ组合而成。利用惯性矩平行移轴定理，先分别计算矩形Ⅰ、Ⅱ对轴的惯性矩：

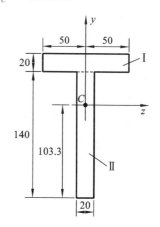

图 6-9　例 6-4 图

$$I_{z_1}^{\mathrm{I}} = \frac{1}{12} \times 100 \times 20^3 \times 10^{-12} \ \mathrm{m}^4 = 6.67 \times 10^{-8} \ \mathrm{m}^4$$

$$I_z^{\mathrm{I}} = I_{z_1}^{\mathrm{I}} + a_1^2 A_1 = 6.67 \times 10^{-8} \ \mathrm{m}^4 + (150 - 103.3)^2 \times 100 \times 20 \times 10^{-12} \ \mathrm{m}^4 = 4.423 \times 10^{-6} \ \mathrm{m}^4$$

$$I_{z_2}^{\mathrm{II}} = \frac{1}{12} \times 20 \times 140^3 \times 10^{-12} \ \mathrm{m}^4 = 4.57 \times 10^{-6} \ \mathrm{m}^4$$

$$I_z^{\mathrm{II}} = I_{z_2}^{\mathrm{II}} + a_2^2 A_2 = [4.57 \times 10^{-6} + (103.3 - 70)^2 \times 140 \times 20 \times 10^{-12}] \ \mathrm{m}^4 = 6.586 \times 10^{-6} \ \mathrm{m}^4$$

整个图形对轴的惯性矩为

$$I_z = I_z^{\mathrm{I}} + I_z^{\mathrm{II}} = (4.423 \times 10^{-6} + 6.586 \times 10^{-6}) \ \mathrm{m}^4 = 11.01 \times 10^{-6} \ \mathrm{m}^4$$

6.2.2　转轴定理与主惯性矩

图 6-10 所示为一任意截面，z、y 为过任一点 O 的一对正交轴，截面对 z、y 轴的惯性矩 I_z、I_y 和惯性积 I_{yz} 已知。现将 z、y 轴绕 O 点旋转 α 角，可得到另一对正交轴 z_1、y_1。以逆时针方向为正，则可证明，该截面图形对直角坐标轴 z_1、y_1 的惯性矩与惯性积分别为

$$I_{z_1} = \frac{I_z + I_y}{2} + \frac{I_z - I_y}{2} \cos 2\alpha - I_{yz} \sin 2\alpha \tag{6-13}$$

$$I_{y_1} = \frac{I_z + I_y}{2} - \frac{I_z - I_y}{2} \cos 2\alpha + I_{yz} \sin 2\alpha \tag{6-14}$$

$$I_{y_1 z_1} = \frac{I_z - I_y}{2} \sin 2\alpha + I_{yz} \cos 2\alpha \tag{6-15}$$

式(6-13)、式(6-14)、式(6-15)称为惯性矩与惯性积的转轴定理。

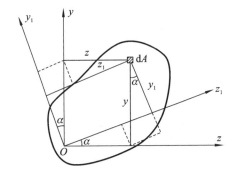

图 6-10　转轴定理示例

由式(6-15)可以发现，当 $\alpha = 0°$ 时，$I_{y_1 z_1} = I_{yz}$；当 $\alpha = 90°$ 时，$I_{y_1 z_1} = -I_{yz}$，因此必定有这样的一对坐标轴，使截面对它的惯性积为零。通常把这样的一对坐标轴称为截面的主惯性轴，简称主轴，截面对主轴的惯性矩叫作主惯性矩。当一对主惯性轴的交点与截面的形心重合时，对应的主惯性轴与主惯性矩分别称为形心主惯性轴(简称形心主轴)与形心主惯性矩。

为确定主惯性轴的位置，假设将 z、y 轴绕 O 点旋转 α_0 角得到主轴 z_0、y_0，则由主轴的定义

$$I_{y_0 z_0} = \frac{I_z - I_y}{2} \sin 2\alpha_0 + I_{yz} \cos 2\alpha_0 = 0$$

从而得

$$\tan 2\alpha_0 = \frac{-2 I_{yz}}{I_z - I_y} \tag{6-16}$$

由上式解得的 α_0 值,就是主轴的位置。将 α_0 值代入式(6-13)、式(6-14)便可得到截面对主轴 z_0、y_0 的主惯性矩

$$
\left.
\begin{aligned}
I_{z_0} &= \frac{I_z + I_y}{2} + \frac{1}{2}\sqrt{(I_z - I_y)^2 + 4I_{yz}^2} \\
I_{y_0} &= \frac{I_z + I_y}{2} - \frac{1}{2}\sqrt{(I_z - I_y)^2 + 4I_{yz}^2}
\end{aligned}
\right\}
\tag{6-17}
$$

还可以证明,在对以 O 点为坐标原点的所有坐标轴的惯性矩中,对主轴 z_0、y_0 的两个主惯性矩 I_{y_0}、I_{z_0},一个是最大值,另一个则是最小值。

◀ 6.3　纯弯曲梁的正应力 ▶

6.3.1　纯弯曲与平面假设

一般情况下,梁内横截面上既有剪力又有弯矩,这种情况称为**横力弯曲**。由截面上分布力系的合成关系可知,横截面上只有法向微内力 $\sigma\mathrm{d}A$ 才可能合成为弯矩;只有切向微内力 $\tau\mathrm{d}A$ 才可能合成为剪力,所以在梁的横截面上一般是既有正应力,又有切应力。但在某些情况下,例如简支梁上作用对称于中点的一对力 F 时(见图 6-11),则在它的 CD 段内,横截面上却只有不变的弯矩,并无剪力,这段梁的弯曲称为**纯弯曲**。本节将推导梁纯弯曲时横截面上正应力的计算公式。

首先通过实验观察梁的变形。加力之前,在梁的表面画上纵线与横线,如图 6-12(a)所示,从实验中观察到如图 6-12(b)所示的变化。

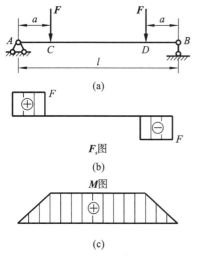

图 6-11　纯弯曲示例

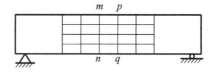

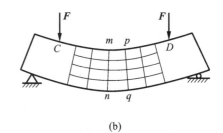

图 6-12　梁的变形

(1) 变形前,梁侧面上与纵向直线垂直的横向线在变形后仍为直线,并且仍然与变形后的梁轴线(简称挠曲线)保持垂直,但相对转过一个角度。

(2) 变形前互相平行的纵向直线,变形后均变为圆弧线,并且上部的纵线缩短,下部的纵线伸长。在梁中一定有一层上的纤维既不伸长也不缩短(如图 6-13 所示),此层称为中性

层。中性层与梁横截面的交线称为中性轴。

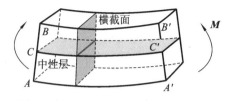

图 6-13　中性层

根据这些实验现象,我们对纯弯曲情况下做如下假设。

(1) 平面假设:梁的横截面在梁弯曲后仍然保持为平面,并且仍然与变形后的梁轴线保持垂直。

(2) 单向受力假设:梁的纵向纤维处于单向受力状态,且纵向纤维之间的相互作用可忽略不计。

6.3.2　正应力公式的推导

现在,根据上述分析,进一步通过几何条件、物理条件与静力平衡条件三个方面进行分析。

1. 几何条件方面

取长为 dx 的一微段梁,如图 6-14(a)所示。其横截面如图 6-14(b)所示。取 y 轴为横截面的纵向对称轴,z 轴为中性轴,中性轴的位置暂时还不知道。微段梁变形后如图 6-14(c)所示。现研究距中性层为 y 处的纵向层中任一纵线 bb' 的变形。根据平面假设,设图 6-14(c)中的 $d\theta$ 为截面的相对转角,ρ 为中性层的曲率半径。相应的纵向线应变为

$$\varepsilon = \frac{\overset{\frown}{b'b'} - \overline{bb}}{\overline{bb}} = \frac{(\rho+y)d\theta - \rho d\theta}{\rho d\theta} = \frac{y}{\rho} \qquad (6\text{-}18)$$

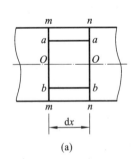

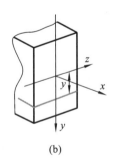

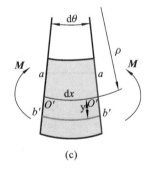

(a)　　　　　　　　　(b)　　　　　　　　　(c)

图 6-14　几何条件方面分析

式(6-18)表明:梁横截面上任意点处的纵向线应变与到中性层的距离成正比,离中性层越远,纤维的线应变越大。

2. 物理条件方面

在弹性范围内正应力与线应变的关系为

$$\sigma = E\varepsilon \qquad (a)$$

将式(6-18)代入式(a),得

$$\sigma = E\frac{y}{\rho} \tag{b}$$

上式表面:梁横截面上任意点的正应力与该点的纵坐标 y 成正比,即弯曲正应力沿截面高度方向呈线性分布,如图 6-15(a)所示。

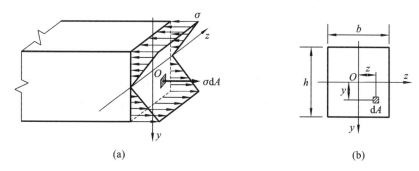

(a)　　　　　　　　　　　　　　(b)

图 6-15　物理条件方面分析

3. 静力平衡条件方面

由图 6-15(b)可以看出,梁横截面上各微面积上的微内力 $\mathrm{d}F_\mathrm{N} = \sigma \mathrm{d}A$ 构成了空间平行力系,它们向截面形心简化的结果应为以下三个内力分量

$$F_\mathrm{N} = \int_A \sigma \mathrm{d}A, \quad M_y = \int_A z\sigma \mathrm{d}A, \quad M_z = \int_A y\sigma \mathrm{d}A$$

由截面法可求得该截面上只有弯矩 M,即上式中 F_N,M_y 均等于零,所以有

$$F_\mathrm{N} = \int_A \sigma \mathrm{d}A = 0 \tag{c}$$

$$M_y = \int_A z\sigma \mathrm{d}A = 0 \tag{d}$$

$$M_z = \int_A y\sigma \mathrm{d}A = M \tag{e}$$

将式(b)代入(c)得

$$F_\mathrm{N} = \int_A \sigma \mathrm{d}A = \int_A \frac{Ey\mathrm{d}A}{\rho} = 0$$

因 E、ρ 为常量,所以有

$$\int_A y\mathrm{d}A = S_z = 0 \tag{f}$$

即梁横截面对中性轴(z 轴)的静矩等于零。由此可知,中性轴通过横截面的形心,于是就确定了中性轴的位置。

由式(d)可得

$$M_y = \int_A z\sigma \mathrm{d}A = \int_A \frac{Ezy}{\rho}\mathrm{d}A = \frac{E}{\rho}\int_A zy\mathrm{d}A = 0$$

因此

$$\int_A zy\mathrm{d}A = I_{yz} = 0 \tag{g}$$

即梁横截面对 y、z 轴的惯性积等于零,说明 y、z 轴应为横截面的主轴,又 y、z 轴过横截面的形心,所以其应为横截面的形心主轴。

最后由式(e)可得

$$M_z = \int_A y\sigma \mathrm{d}A = M$$

即

$$M = \int_A y\sigma \mathrm{d}A = \int_A \frac{Ey^2}{\rho}\mathrm{d}A = \frac{E}{\rho}\int_A y^2 \mathrm{d}A = \frac{EI_z}{\rho}$$

将上式整理可得

$$\frac{1}{\rho} = \frac{M}{EI_z} \tag{6-19}$$

由式(6-19)可知:曲率与弯矩 M 成正比,与 EI_z 成反比。在相同弯矩下,EI_z 值越大,梁的弯曲变形就越小。EI_z 表明梁抵抗弯曲变形的能力,称为梁的弯曲刚度。

将式(6-19)代入式(b),可得

$$\sigma = \frac{My}{I_z} \tag{6-20}$$

这就是梁在纯弯曲时横截面上任一点的正应力的计算公式,式中 M 为横截面上的弯矩;I_z 为横截面对中性轴的惯性矩;y 为所求应力点的纵坐标。

> **小贴士：**
> 可以根据梁的弯曲直接判断应力正负。梁弯曲后,以中性轴为界,梁凸出的一侧受拉,应力为正,凹入的一侧受压,应力为负。

由式(6-20)可见,梁弯曲时,以中性轴为界,一个区域受拉,其上各点产生拉应力;另一个区域受压,其上各点产生压应力,中性轴上各点处的正应力为零。某点的应力是拉是压,可以通过弯矩 M 和纵坐标 y 的正负号就可以确定。

在以上讨论中,为了方便,把梁横截面画成了矩形,但在推导过程中并未使用过矩形的几何特征,所以,公式适用于梁有纵向对称面,且载荷作用与梁纵向对称面内的所有情况,也即适用于对称弯曲的所有情况。

【例 6-5】 如图 6-16 所示长为 l 的矩形截面梁,在自由端作用一集中力 F,已知 $h = 0.18$ m,$b = 0.12$ m,$y = 0.06$ m,$a = 2$ m,$F = 1.5$ kN,求 C 截面上 K 点的正应力。

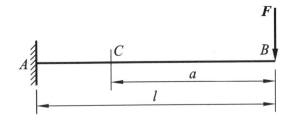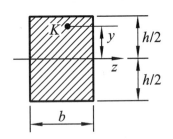

图 6-16 例 6-5 图

解：先求出 C 截面上弯矩

$$M_C = -Fa = -1.5 \times 10^3 \times 2 \ \text{N} \cdot \text{m} = -3 \times 10^3 \ \text{N} \cdot \text{m}$$

截面对中性轴的惯性矩

$$I_z = \frac{bh^3}{12} = \frac{0.12 \times 0.18^3}{12} \ \mathrm{m}^4 = 0.583 \times 10^{-4} \ \mathrm{m}^4$$

将 M_C、I_z、y 代入正应力计算公式,则有

$$\sigma_K = \frac{M_C}{I_z} y = \frac{-3 \times 10^3}{0.583 \times 10^{-4}} \times (-0.06) \ \mathrm{Pa} = 3.09 \times 10^6 \ \mathrm{Pa} = 3.09 \ \mathrm{MPa}$$

K 点的正应力为正值,表明其应为拉应力。

◀ 6.4 弯曲正应力强度条件及其应用 ▶

工程问题中的梁一般都是横力弯曲,应该指出,尽管式(6-20)是在纯弯曲的前提下建立的,但进一步的理论研究表面:对于一般的横力弯曲,只要梁是长度与横截面高度之比 $l/h > 5$ 的细长梁,将纯弯曲正应力公式应用于横力弯曲,引起的误差是非常微小的,能够达到工程问题所需要的精度。

由式(6-20)可知,最大正应力发生在距中性轴最远的位置,此时

$$\sigma_{\max} = \frac{M}{I_z} y_{\max} \tag{6-21}$$

而对整个等截面梁来讲,最大正应力应发生在弯矩最大的横截面上,距中性轴最远的位置,即

$$\sigma_{\max} = \frac{M_{\max}}{I_z} y_{\max} \tag{6-22}$$

设 $W_z = \dfrac{I_z}{y_{\max}}$,则上式可改写成

$$\sigma_{\max} = \frac{M_{\max}}{W_z} \tag{6-23}$$

式中的 W_z 叫作抗弯截面系数,它与梁的截面形状和尺寸有关。在国际单位制中,抗弯截面系数 W_z 的单位为 m^3。

对矩形截面

$$W_z = \frac{bh^3/12}{h/2} = \frac{bh^2}{6}$$

对圆形截面

$$W_z = \frac{\pi d^4/64}{d/2} = \frac{\pi d^3}{32}$$

正应力强度条件为

$$\sigma_{\max} = \frac{M_{\max}}{W_z} \leqslant [\sigma] \tag{6-24}$$

上式适用于许用拉应力和许用压应力相等的塑性材料(如碳钢)。

对于抗拉和抗压强度不等的材料(如铸铁)则拉和压的最大应力都不应该超过各自的许用应力。

$$\left. \begin{aligned} \sigma_{t\max} &\leqslant [\sigma_t] \\ \sigma_{c\max} &\leqslant [\sigma_c] \end{aligned} \right\} \tag{6-25}$$

> **思考:**
> 北宋李诚于 1100 年著《营造法式》一书中指出:矩形木梁的合理高宽比:$h/b=$1.5。英国托马斯杨(T. Young)于 1807 年著《自然哲学与机械技术讲义 》一书中指出:矩形木梁的合理高宽比为$\frac{h}{b}=\sqrt{2}$时强度最大,$\frac{h}{b}=\sqrt{3}$ 时,刚度最大(见图 6-17)。你能分析其中的原因吗?

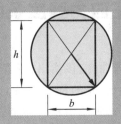

图 6-17　矩形木梁的合理高宽比

【例 6-6】　图 6-18 所示矩形截面钢梁,承受集中载荷 F 与集度为 q 的均布载荷作用,已知载荷 $F=10$ kN,$q=5$ N/mm,尺寸 $b=35$ mm,许用应力$[\sigma]=160$ MPa。试根据弯曲正应力条件校核该梁的强度。

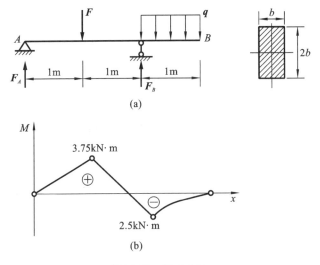

图 6-18　例 6-6 图

解:(1)确定最大弯矩。

先画梁的弯矩图,如图 6-18(b)所示。由梁的弯矩图可以看出,梁中最大弯矩其值为

$$M_{\max}=3.75 \text{ kN} \cdot \text{m}$$

(2)强度计算。

根据梁的弯曲正应力强度条件

$$\sigma_{\max}=\frac{M_{\max}}{W_z}=\frac{M_{\max}}{\frac{bh^2}{6}}=\frac{M_{\max}}{\frac{4b^3}{6}}=\frac{3.75\times10^3 \text{ Pa}}{\frac{4\times(35\times10^{-3})^3}{6}}=131 \text{ MPa}\leqslant[\sigma]$$

所以,该梁的强度条件符合要求。

【例 6-7】 T 形截面铸铁梁的载荷和截面尺寸如图 6-19 所示。已知截面的惯性矩 $I_z=26.1\times10^6$ mm^4,$y_1=48$ mm,$y_2=142$ mm。材料的许用应力 $[\sigma_t]=40$ MPa,$[\sigma_c]=110$ MPa。试校核梁的强度。

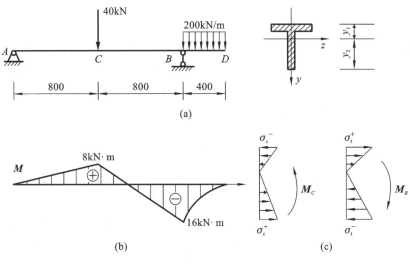

图 6-19 例 6-7 图

解:(1)确定最大弯矩。

画出梁的弯矩图,如图 6-19(b)所示,由弯矩图可见,B 截面有最大负弯矩,其大小 $M_B=-16$ kN·m,C 截面有最大正弯矩,其大小 $M_C=8$ kN·m。

(2)危险点分析。

由于梁的截面关于中性轴不对称,且材料的拉、压许用应力不等,故应力分布如图 6-19(c)所示。B 点弯矩绝对值最大,应校核拉、压应力;C 点上侧受压,离中性轴较近,压应力比 B 截面上侧压应力小,可以不校核,而 C 点下侧受拉,且离中性轴较远,其最大拉应力有可能比截面 B 的上侧还要大,所以也可能是危险点,需要校核拉应力。

> **小贴士:**
> 在对拉压强度不等,截面关于中性轴又不对称的梁进行强度校核时,一般需同时考虑最大正弯矩和最大负弯矩所在的两个截面,只有当这两个截面上危险点的应力都满足强度条件时,整根梁才是安全的。

(3)强度校核。

$$\sigma_B^+ = \frac{M_B y_1}{I} = \frac{16\times10^6\times48}{26.1\times10^6}\ \text{MPa} = 29.4\ \text{MPa} < [\sigma^+]$$

$$\sigma_B^- = \frac{M_B y_2}{I_z} = \frac{16\times10^6\times142}{26.1\times10^6}\ \text{MPa} = 87.0\ \text{MPa} < [\sigma^-]$$

$$\sigma_C^+ = \frac{M_C y_2}{I} = \frac{8\times10^6\times142}{26.1\times10^6}\ \text{MPa} = 43.5\ \text{MPa} > [\sigma^+]$$

比较上述计算结果,可知梁的最大拉应力发生在 C 截面下边缘各点处,最大压应力发生

在 B 截面下边缘处,可见梁内最大拉应力超过许用拉应力,梁不安全。从本例可以看出,对于脆性材料梁,真正的危险点有时并不一定在弯矩最大截面上。

◀ 6.5 弯曲切应力 切应力强度条件及其应用 ▶

横力弯曲时,横截面上不仅存在正应力,而且存在切应力。弯曲切应力的分布要比弯曲正应力复杂。横截面形状不同,弯曲切应力分布情况也随之不同。矩形截面梁是一种常见梁,为了减轻结构重量,工程中还常采用工字形与箱型等薄壁截面梁。本节首先研究矩形截面梁的弯曲切应力,然后研究工字形与圆形截面梁的弯曲切应力。

6.5.1 矩形截面梁的弯曲切应力

矩形截面梁的切应力公式的推导,采用了下面的两条假设:

(1) 横截面上各点切应力均与该截面上的剪力 $\boldsymbol{F}_s$ 方向一致;

(2) 切应力沿截面宽度均匀分布,即距中性轴等距离各点的切应力相等。

根据上述假设,可得矩形截面梁横截面上纵坐标为 y 的任意一点的弯曲切应力计算公式

$$\tau(y) = \frac{F_s S_z^*}{I_z b} \tag{6-26}$$

式中:F_s 为横截面上的剪力;S_z^* 为面积 A^* 对中性轴的静矩;I_z 为横截面对中性轴的惯性矩;b 为横截面的宽度。

对于矩形截面梁,由图 6-20(a)可知

$$S_z^* = b\left(\frac{h}{2}-y\right)\left[y+\frac{1}{2}\left(\frac{h}{2}-y\right)\right] = \frac{b}{2}\left(\frac{h^2}{4}-y^2\right)$$

将其代入式(6-26),可得

$$\tau = \frac{F_s}{2I_z}\left(\frac{h^2}{4}-y^2\right) \tag{6-27}$$

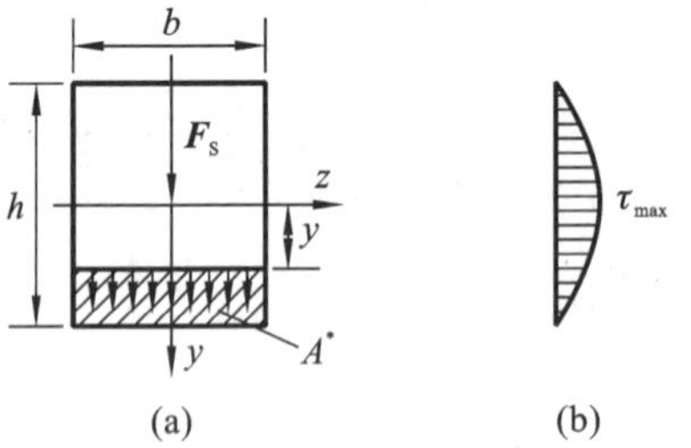

图 6-20 矩形截面梁

此式表明矩形截面梁横截面上切应力沿梁高按二次抛物线形规律分布。在截面上、下边缘 $\left(y=\pm\frac{h}{2}\right)$ 处,$\tau=0$,而在中性轴上 $(y=0)$ 的切应力有最大值,如图 6-20(b)所示。即

$$\tau_{max} = \frac{F_s h^2}{8I_z} = \frac{3F_s}{2bh} = \frac{3F_s}{2A} \tag{6-28}$$

式中,A 为横截面的面积。可见,矩形截面梁的最大弯曲切应力为横截面上平均切应力的 1.5 倍。

6.5.2 工字形截面梁的弯曲切应力

1. 腹板上的切应力

工字形截面[见图 6-21(a)]由上下翼缘和中间腹板组成。腹板是一个狭长的矩形,关于矩形截面梁弯曲切应力分布规律的假设对腹板同样适用,所以腹板上处的弯曲切应力为

$$\tau = \frac{F_S S_z^*}{I_z b_1} \tag{6-29}$$

式中:F_S 为横截面上的剪力;S_z^* 为图 6-21(a)所示阴影区域面积对中性轴的静矩;I_z 为横截面对中性轴的惯性矩;b_1 为腹板的厚度。

切应力沿腹板高度的分布规律如图 6-21(a)所示,仍是按抛物线规律分布,最大切应力 τ_{max} 仍发生在截面的中性轴上。当腹板厚度远小于翼缘宽度时,最大切应力与最小切应力的差值很小,因此,腹板上的切应力可以近似看成是均匀分布的。

2. 翼缘上的切应力

翼缘上的水平切应力分布情况如图 6-21(b)所示,因其值远小于腹板上的弯曲切应力,故一般忽略不计。

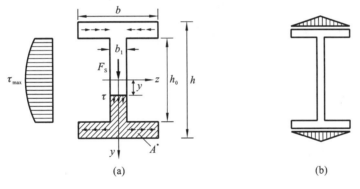

图 6-21 工字形截面

6.5.3 圆形及环形截面梁的弯曲切应力

圆形及薄壁环形截面其最大竖向切应力也都发生在中性轴上(见图 6-22),并可近似地认为各点处的切应力均平行于剪力,沿中性轴均匀分布。计算公式分别为

圆形截面:

$$\tau_{max} = \frac{4}{3} \cdot \frac{F_S}{A} \tag{6-30}$$

式中,F_S 为横截面上的剪力,A 为圆形截面的面积。

薄壁环型截面:

$$\tau_{max} = 2 \cdot \frac{F_S}{A} \tag{6-31}$$

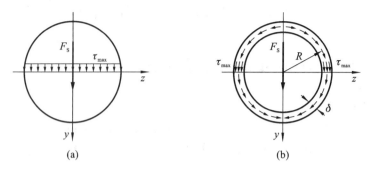

图 6-22 圆形及薄壁环形截面

式中，F_s 为横截面上的剪力，A 为薄壁环形截面的面积。

【例 6-8】 如图 6-23 所示为矩形截面的简支梁。已知：$l=3$ m，$h=160$ mm，$b=100$ mm，$y=40$ mm，$F=3$ kN，求 $m-m$ 截面上 K 点的切应力。

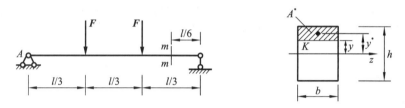

图 6-23 例 6-8 图

解：(1) 确定 $m-m$ 截面上的剪力。

$$F_s = 3 \text{ kN}$$

(2) 计算切应力。

截面对中性轴的惯性矩为

$$I_z = \frac{bh^3}{12} = \frac{0.1 \times 0.16^3}{12} \text{ m}^4 = 0.341 \times 10^{-4} \text{ m}^4$$

面积 A^* 对中性轴的静矩为

$$S_z^* = A^* y^* = 0.1 \times 0.04 \times 0.06 \text{ m}^3 = 0.24 \times 10^{-3} \text{ m}^3$$

> **小贴士：**
>
> 静矩的简便计算，可以用图形面积乘以该图形形心坐标值。

则 K 点的切应力为

$$\tau = \frac{F_s S_z^*}{I_z b} = \frac{3 \times 10^3 \times 0.24 \times 10^{-3}}{0.341 \times 10^{-4} \times 0.1} \text{ Pa} = 0.21 \times 10^6 \text{ Pa} = 0.21 \text{ MPa}$$

6.5.4 梁弯曲的切应力强度条件

由上述讨论可知，梁的弯曲切应力的最大值均发生在截面的中性轴上。由于中性轴上各点的弯曲切应力为零，因此中性轴上的各点受到纯剪切，弯曲切应力的强度条件为

$$\tau_{\max} = \frac{F_{s,\max} S_{z,\max}^*}{I_z b} \leqslant [\tau] \tag{6-32}$$

此式即为切应力的强度条件。

细长梁的强度控制因素通常是弯曲正应力。满足弯曲正应力强度条件的梁,一般都能满足切应力强度条件。只对下列梁要进行切应力的强度校核:

(1) 弯矩较小而剪力却很大的梁;

(2) 薄壁截面梁;

(3) 梁由几部分经焊接、铆接或胶合而成,要对焊缝、铆接或胶合面等校核强度。

【例 6-9】 一外伸工字钢梁如图 6-24(a)所示。工字钢的型号为 22a,已知:$l=6$ m,$F=30$ kN,$q=6$ kN/m,材料的许用应力$[\sigma]=170$ MPa,$[\tau]=100$ MPa,试校核梁的强度。

> **小贴士:**
>
> 由于该工字梁腹板较薄,因此梁既要满足正应力强度条件,也要满足切应力强度条件。

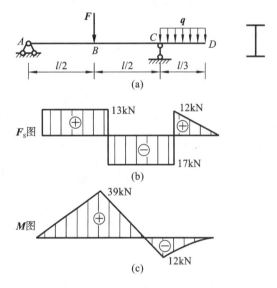

图 6-24 例 6-9 图

解:(1) 确定最大弯矩和最大剪力。

弯矩图如图 6-24(c)所示。$F_{Smax}=17$ kN $M_{max}=39$ kN·m

(2) 校核最大弯曲正应力。

最大正应力应发生在最大弯矩的截面上。查型钢表可知

$$W_z=309 \text{ cm}^3=0.309\times10^{-3} \text{ m}^3$$

则最大正应力

$$\sigma_{max}=\frac{M_{max}}{W_z}=\frac{39\times10^3}{0.309\times10^{-3}} \text{ Pa}=126\times10^6 \text{ Pa}=126 \text{ MPa}<[\sigma]$$

(3) 校核最大切应力。

剪力图如图 6-24(b)所示,最大切应力应发生在最大剪力的截面上。查型钢表可知

$$\frac{I_z}{S_{z,max}^*}=18.9 \text{ cm}=0.189 \text{ m}$$

$$b_1 = d = 7.5 \text{ mm} = 0.0075 \text{ m}$$

则最大切应力

$$\tau_{max} = \frac{F_{S,max} S_{z,max}}{I_z b_1} = \frac{17 \times 10^3}{0.189 \times 0.0075} \text{ Pa} = 12 \times 10^6 \text{ Pa} = 12 \text{ MPa} < [\tau]$$

所以此梁的强度符合要求。

◀ 6.6 梁的合理强度设计 ▶

根据强度要求设计梁时,主要是依据梁的正应力强度条件

$$\sigma_{max} = \frac{M_{max}}{W_z} \leqslant [\sigma]$$

由上式可知,梁的弯曲强度与其所用材料、横截面的形状与尺寸,以及由外力所引起的弯矩有关。因此,为了合理地设计梁,主要从以下几个方面考虑。

6.6.1 梁的合理截面形状

1. 合理选择截面形状,增大 W_z/A

当弯矩确定时,最大弯曲正应力与弯曲截面系数 W_z 成反比。为了节约材料,减轻结构自重,梁的合理截面形式就是截面面积相同的条件下具有较大的弯曲截面系数。

梁的几种常见截面见图 6-25,其对应的 W_z/A 值列于表 6-1 中。

   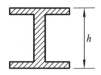

图 6-25 梁的几种常见截面

表 6-1 几种常见截面的 W_z/A

截面形状	圆形	矩形	圆环形	工字钢
W_z/A	$0.125h$	$0.167h$	$0.205h$	$(0.27 \sim 0.31)h$

从表 6-1 中所列数据可以看出,W_z 值与截面的高度及截面的面积分布有关,矩形截面比圆截面合理,而圆环形或工字型比矩形优越。从正应力的分布规律也可以解释以上理论,因为沿截面高度弯曲正应力按线性分布,离中性轴越远,正应力越大。为充分利用材料,应尽可能把材料放置到离中性轴较远处,所以空心圆截面就比实心圆截面合理。对矩形截面,如把中性轴附近的材料移至上下边缘处,就称为工字形截面。工程中的钢梁,大多采用工字形、槽形或者箱形截面(如图 6-26 所示)。

2. 根据材料性质,合理确定截面形状

在讨论梁截面的合理形状时,还应考虑材料的性能。对抗拉和抗压强度相等的材料(如碳钢),宜采用对中性轴上下对称的截面,如圆形、矩形、工字形等,这可以使截面上下边缘处的最大拉、压应力值相等,并同步达到材料的许用应力。而对抗拉和抗压强度不相等的材料

图 6-26 工程中的钢梁

（如铸铁），宜采用中性轴偏于受拉一侧的截面，从而使得截面上最大拉应力和最大压应力同时接近材料各自的许用应力，如图 6-27 所示。

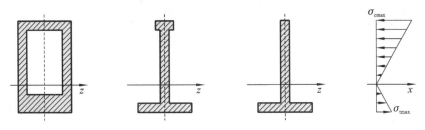

图 6-27 合理确定截面形状

> 思考：
> 如图 6-28 所示，高架桥的横截面为什么做成箱式结构呢？

图 6-28 高架桥的横截面

6.6.2 采用变截面梁

为了节省材料，减轻结构自重，在工程实际中，可以根据梁的受力情况，采用变截面梁。横截面沿着梁轴线变化的梁，称为变截面梁。最理想的变截面梁，是使梁的各个截面上的最大正应力同时达到材料的许用应力。即

$$\sigma_{max} = \frac{M(x)}{W_z(x)} = [\sigma]$$

得

$$W_z(x) = \frac{M(x)}{[\sigma]} \qquad (6-33)$$

式中，$M(x)$ 为任一横截面上的弯矩，$W_z(x)$ 为该截面的弯曲截面系数。截面按式(6-33)而变化的梁称为等强度梁。等强度梁是一种理想状态的变截面梁，如图 6-29 所示。考虑到加工制造或构造上的需要等，实际构件往往设计成近似等强度梁。

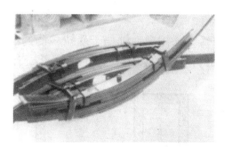
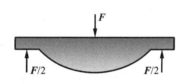

图 6-29 等强度梁

6.6.3 梁的合理受力

合理安排梁的支座与加载方式，可以显著降低弯矩的最大值，提高梁的承载能力，以达到提高梁的强度的目的。

1. 合理安排梁的支座

图 6-30(a)所示为承受均布载荷 q 的简支梁，如果将梁的铰支座向内移动 $0.2l$[见图 6-30(b)]，则后者的最大弯矩仅为前者的 1/5。工程上常见的门式起重机和压力容器筒体等，其支承点都不放置在两侧，其作用就在此[见图 6-30(c)、(d)]。

另外，对静定梁增加支座，使其成为超静定梁，对缓和受力、减小最大弯矩也相当有效。

2. 改变载荷的作用方式

图 6-31(a)所示长为 l 的简支梁，在跨中受一集中载荷的作用，其最大弯矩为 $Fl/4$。将集中载荷变为两个 $F/2$，则主梁内的最大弯矩将减少至 $Fl/6$[见图 6-31(b)]。若将集中载荷变为分布载荷 $q = F/l$ 作用，梁内的最大弯矩变为 $Fl/8$，为原来的一半[见图 6-31(c)]。图 6-32所示的房梁就是采用副梁将载荷进行分解，达到降低最大弯矩，提高梁的承载能力的目的。

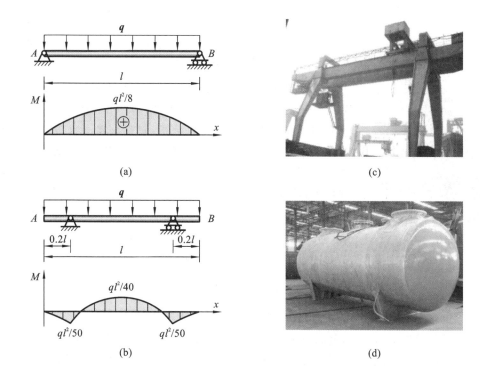

图 6-30 合理安排梁的支座

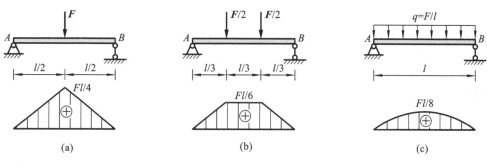

图 6-31 改变载荷的作用方式

图 6-32 房梁

最早的结构试验是意大利科学家伽利略在 17 世纪完成的悬臂梁试验。他在著作《关于两门新科学的对话》中,系统地介绍了他对梁强度问题的研究,但伽利略并没有正确地解决他提出来的问题,在讨论悬臂梁的强度时,书中隐含了两个错误:一是将根部 AB 截面上的拉应力看作是均布的;二是把梁的中性层取在梁的下侧(见图6-33)。在伽利略的基础上,马略特、胡克、伯努利、铁木辛柯等对梁的理论进行了逐步完善,最终形成了可应用于工程的材料力学体系。

图 6-33　讨论悬臂梁强度的示例

习　　题

6-1　试求图 6-34 所示截面的形心位置。

6-2　试计算图 6-35 所示截面对水平形心轴 z 的惯性矩。

6-3　如图 6-36 所示,直径为 d、弹性模量为 E 的金属丝,环绕在直径为 D 的轮缘上,试求金属丝内的最大弯曲正应变、最大弯曲正应力与弯矩。

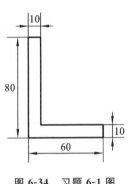

图 6-34　习题 6-1 图

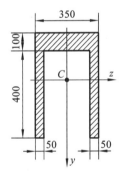

图 6-35　习题 6-2 图

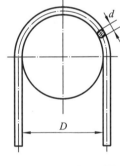

图 6-36　习题 6-3 图

6-4　图 6-37 所示悬臂梁,横截面为矩形,承受载荷 F_1 与 F_2 作用,且 $F_1 = 2F_2 = 5\ \text{kN}$,试计算梁内的最大弯曲正应力,以及该应力所在截面上 K 点处的弯曲正应力。

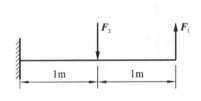

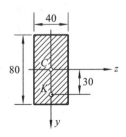

图 6-37　习题 6-4 图

6-5　如图 6-38 所示的梁,由 No.22 槽钢制成,弯矩 $M = 80\ \text{N·m}$,并位于纵向对称面

（即 $x\text{-}y$ 平面）内。试求梁内的最大弯曲拉应力与最大弯曲压应力。

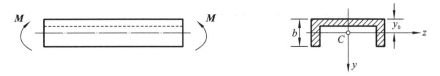

图 6-38 习题 6-5 图

6-6 如图 6-39 所示简支梁，由 No.18 工字钢制成，弹性模量 $E = 200\ \text{GPa}$，$a = 1\ \text{m}$。在均布载荷 q 作用下，测得截面 C 底边的纵向正应变 $\varepsilon = 3.0 \times 10^{-4}$，试计算梁内的最大弯曲正应力。

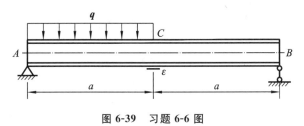

图 6-39 习题 6-6 图

6-7 如图 6-40 所示直径为 d 的圆木，现需从中切取一矩形截面梁。试问：

（1）如欲使所切矩形梁的弯曲强度最高，h 和 b 应分别为何值；

（2）如欲使所切矩形梁的弯曲刚度最高，h 和 b 又应分别为何值。

6-8 图 6-41 所示矩形截面简支梁，承受均布载荷 q 作用。若已知 $q = 2\ \text{kN/m}$，$l = 3\ \text{m}$，$h = 2b = 240\ \text{mm}$。试求：截面竖放［见图 6-41(c)］和横放［见图 6-41(b)］时梁内的最大正应力，并加以比较。

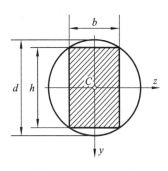

图 6-40 习题 6-7 图

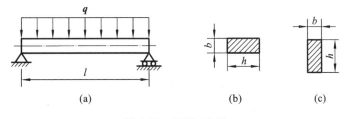

图 6-41 习题 6-8 图

6-9 图 6-42 所示外伸梁，承受载荷 F 作用。已知载荷 $F = 20\ \text{kN}$，许用应力 $[\sigma] = 160\ \text{MPa}$，试选择工字钢型号。

6-10 如图 6-43 所示，当载荷 F 直接作用在简支梁 AB 的跨度中点时，梁内最大弯曲正应力超过许用应力 30%。为了消除此种过载，配置一辅助梁 CD，试求辅助梁的最小长度 a。

6-11 如图 6-44 所示铸铁梁，载荷 F 可沿梁 AC 水平移动，其活动范围为 $0 < h < 3l/2$。已知许用拉应力 $[s_t] = 35\ \text{MPa}$，许用压应力 $[s_c] = 140\ \text{MPa}$，$l = 1\ \text{m}$，试确定载荷 F 的许用值。

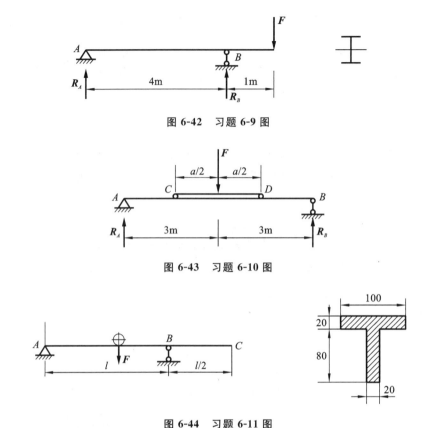

图 6-42　习题 6-9 图

图 6-43　习题 6-10 图

图 6-44　习题 6-11 图

6-12　图 6-45 所示槽形截面悬臂梁，$F=10$ kN，$M=70$ kN·m，许用拉应力$[\sigma_t]=$35 MPa，许用压应力$[\sigma_c]=120$ MPa，试校核梁的强度。

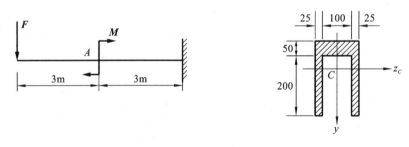

图 6-45　习题 6-12 图

6-13　如图 6-46 所示四轮吊车起重机的导轨为两根工字形截面梁，设吊车自重 $W=$50 kN，最大起重量 $F=10$ kN，许用应用$[\sigma]=160$ MPa，许用切应力$[\tau]=80$ MPa。试选择工字钢型号。由于梁较长，需考虑梁自重的影响。

6-14　如图 6-47 所示截面铸铁梁，已知许用压应力为许用拉应力的 4 倍，即$[\sigma_c]=4[\sigma_t]$。试从强度方面考虑，确定宽度 b 的最佳值。

6-15　如图 6-48 所示简支梁，由四块尺寸相同的木板胶接而成。已知载荷 $F=4$ kN，梁跨度 $l=400$ mm，截面宽度 $b=50$ mm，高度 $h=80$ mm，木板的许用应力$[\sigma]=7$ MPa，胶缝的许用切应力$[\tau]=5$ MPa，试校核梁的强度。

6-16　利用弯曲内力的知识，说明为何将标准双杠的尺寸设计成 $a=l/4$（见图 6-49）。

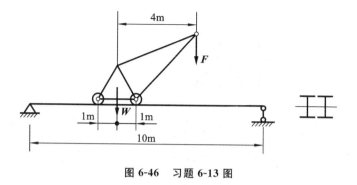

图 6-46 习题 6-13 图

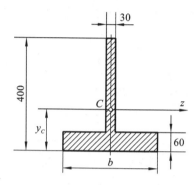

图 6-47 习题 6-14 图

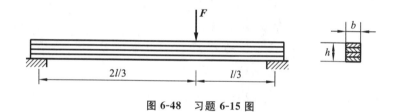

图 6-48 习题 6-15 图

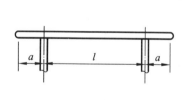

图 6-49 习题 6-16 图

第7章
弯曲变形

知识目标:

1.掌握求梁变形的两种方法:积分法和叠加法;

2.掌握计算弯曲变形需要的边界条件和连续性条件;

3.掌握用变形比较法求解超静定梁。

能力素质目标:

1.具有采用弯矩方程计算梁的弯曲变形,采用叠加原理计算梁的弯曲变形的能力;

2.培养学生终身学习的能力,以及具有不断学习和适应发展的能力;

3.培养学生掌握力学一定的分析能力和实验能力;

4.培养学生从力学现象和工程实际中发现问题的能力;

5.具有实事求是的科学态度、勇于探索和创新的科学精神。

◀ 7.1 弯曲变形的概念及实例 ▶

工程设计中,对某些受弯构件除了强度要求之外,往往还有刚度要求,即要求构件的变形不能超过限定值,否则,变形过大,会使结构或构件丧失正常功能,产生刚度失效。例如车床的主轴,若变形过大,将影响齿轮的啮合和轴承的配合,造成磨损不均,引起噪声,降低寿命,还会影响加工精度。图 7-1 所示吊车大梁,若变形过大,则会使梁上吊车行走困难,出现爬坡现象,并引起横梁的振动。

但有时却要求构件具有较大的弹性变形以满足特定的工作需要。例如图 7-2 所示的车辆上的叠板弹簧,采用叠板弹簧,吸收车辆受到振动和冲击时的动能,较大的弹性变形有利于减振,起到缓冲振动的作用。

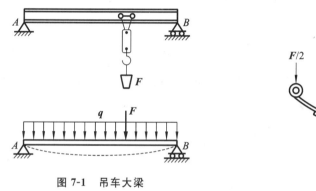

图 7-1 吊车大梁

图 7-2 叠板弹簧

◀ 7.2 梁的挠曲线的近似微分方程 ▶

为研究等直梁在对称弯曲时的位移,取梁在变形前的轴线为 x 轴,梁横截面的铅垂对称轴为 y 轴,而 xy 平面即为梁的纵向对称平面。梁发生对称弯曲变形后,其轴线将变成在 xy 平面内的一条光滑而又连续的曲线,这条曲线称为**挠曲线**。挠曲线上横坐标为 x 的任意点的纵坐标用 w 来表示,它代表横坐标为 x 的任意横截面的形心沿 y 方向的位移,称为**挠度**。不同截面的挠度是不同的,挠度的方程可以写成

$$w = w(x) \tag{7-1}$$

式(7-1)称为**挠曲线方程**。

横截面形心沿水平方向也存在位移,但在小变形情况下,水平位移远小于横向位移(挠度),故可忽略不计。同时,在弯曲变形中横截面对其原来位置转过的角度 θ,称为**转角**。同样不同截面的转角也是不同的,因此有

$$\theta = \theta(x) \tag{7-2}$$

式(7-2)称为**转角方程**。

研究表明,对于细长梁,剪力对其变形的影响可忽略不计。因此,当梁发生弯曲变形时,各横截面仍保持为平面,变形后仍垂直于挠曲线。所以,任意横截面转角 θ 就等于 x 轴与挠

曲线在该截面处的切线的夹角,故有

$$\tan\theta = \frac{\mathrm{d}w}{\mathrm{d}x}, \theta = \arctan\left(\frac{\mathrm{d}w}{\mathrm{d}x}\right)$$

挠度和转角是度量弯曲变形的两个基本量,在图 7-3 所示的坐标系中向上的挠度和逆时针的转角为正。

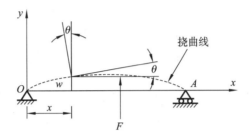

图 7-3　挠度和转角

在实际工程中,梁的转角 θ 通常都很小,于是得

$$\theta \approx \tan\theta = \frac{\mathrm{d}w}{\mathrm{d}x} = w'(x) \tag{7-3}$$

式(7-3)表明,任一横截面的转角等于挠曲线上该点处切线的斜率。

纯弯曲情况下,弯矩与曲率间的关系为

$$\frac{1}{\rho} = \frac{M}{EI} \tag{a}$$

忽略剪力对梁变形的影响,上式可推广到横力弯曲的情况。

在数学中,平面曲线的曲率与曲线方程导数间的关系有

$$\frac{1}{\rho} = \pm \frac{w''}{(1+w'^2)^{3/2}} \tag{b}$$

对照式(a)和式(b),应有

$$\frac{w''}{(1+w'^2)^{3/2}} = \pm \frac{M}{EI} \tag{c}$$

这是梁的挠曲线微分方程,它是二阶非线性微分方程。

在小变形条件下,$\theta \approx \tan\theta = w'(x) \ll 1$,式(c)可简化为

$$w'' = \frac{M}{EI} \tag{7-4}$$

式(7-4)是梁的挠曲线近似微分方程,式中的 EI 称为抗弯刚度。

◀ 7.3　用积分法求弯曲变形 ▶

对于等截面梁,其 EI 为常量,将梁的挠曲线近似微分方程式(7-4)积分一次,得转角方程

$$EI\theta = EIw'(x) = \int M\mathrm{d}x + C$$

再积分一次,得挠曲线方程

$$EIw(x) = \iint (M dx) dx + Cx + D$$

式中的 C、D 为积分常数，可通过挠曲线上某些点的已知挠度和转角来确定。

挠曲线上某些点的挠度和转角是已知的。例如，在固定端，挠度和转角都等于零；在铰支座上，挠度等于零，这类条件称为**边界条件**。在弯曲变形的对称点上，转角应为零，这类条件也可称为**对称条件**。此外，挠曲线应该是一条连续且光滑的曲线，即在挠曲线的任意点上，有唯一的挠度和转角，这称为**连续性条件**。根据以上几种条件，可确定积分常数。

这种应用累次积分并通过边界条件、对称条件和连续性条件确定积分常数求出梁的变形的方法称为积分法。

求出了梁的转角方程和挠曲线方程后，便可求得最大挠度 w_{max} 及最大转角 θ_{max}。

【例 7-1】 图 7-4 所示一弯曲刚度为 EI 的悬臂梁，在自由端受一集中力 F 作用。试求梁的挠曲线方程和转角方程，并确定其最大挠度 w_{max} 和最大转角 θ_{max}。

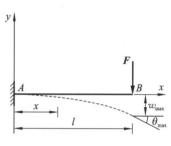

图 7-4 例 7-1 图

解：(1) 写出 AB 梁的挠曲线方程。

取距固定端 A 为 x 的任一截面，则弯矩方程为

$$M(x) = -F(l-x) \qquad \text{(d)}$$

由式(7-4)梁的挠曲线近似微分方程，得

$$EIw'' = M(x) = -F(l-x) \qquad \text{(e)}$$

积分得

$$EIw' = \frac{F}{2}x^2 - Flx + C \qquad \text{(f)}$$

$$EIw = \frac{F}{6}x^3 - \frac{Fl}{2}x^2 + Cx + D \qquad \text{(g)}$$

由边界条件可知，在固定端 A，转角和挠度均为零，即

在 $x=0$ 处： $\qquad\qquad \theta = w' = 0$

代入式(g)，可求得

$$C = 0$$

在 $x=0$ 处： $\qquad\qquad w = 0$

代入式(f)，可求得

$$D = 0$$

将所求积分常数代入式(f)和式(g)，得梁的转角方程和挠曲线方程

$$\theta = \frac{Fx}{2EI}(x-2l) \qquad \text{(h)}$$

$$w = \frac{Fx^2}{6EI}(x-3l) \qquad \text{(i)}$$

(2) 求梁的最大挠度和最大转角。

从图 7-4 中梁的挠曲线形状可知，最大转角和最大挠度均发生在梁的自由端 B，其值为

$$\theta_{max} = \theta_B \big|_{x=l} = -\frac{Fl^2}{2EI}, \qquad w_{max} = w_B \big|_{x=l} = -\frac{Fl^3}{3EI}$$

所得结果，转角为负，表明截面 B 沿顺时针转动；挠度为负，表明截面 B 挠度向下。

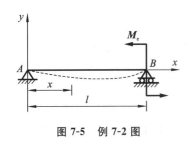

图 7-5　例 7-2 图

【例 7-2】 图 7-5 所示刚度为 EI 的简支梁,承受集中力偶 M_e 的作用,试求梁的挠曲线方程和转角方程,并确定其最大挠度 $w_{\max}$ 和最大转角 $\theta_{\max}$。

解:(1) 写出梁的挠曲线方程和转角方程。

计算梁的约束力

$$F_A=\frac{M_e}{l} \quad F_B=-\frac{M_e}{l}$$

取距固定端 A 为 x 的任一截面,则弯矩方程为

$$M(x)=F_A x=\frac{M_e}{l}x$$

由式(7-4)梁的挠曲线近似微分方程,得

$$EIw''=M(x)=\frac{M_e}{l}x$$

积分得

$$EIw'=\frac{M_e}{2l}x^2+C \tag{j}$$

$$EIw=\frac{M_e}{6l}x^3+Cx+D \tag{k}$$

由边界条件可知,在铰支座 A 和 B,挠度均为零,即

在 $x=0$ 处: $\qquad\qquad w=0$

求得

$$D=0$$

在 $x=l$ 处: $\qquad\qquad w=0$

求得

$$C=-\frac{M_e l}{6}$$

将积分常数代入式(j)和式(k),得梁的转角方程和挠曲线方程

$$\theta=\frac{M_e}{6EIl}(3x^2-l^2) \tag{l}$$

$$w=\frac{M_e x}{6EIl}(x^2-l^2) \tag{m}$$

(2) 求梁的最大挠度和最大转角。

从图 7-5 中梁的挠曲线形状可知,最大转角发生在梁的 B 端,其值为

$$\theta_{\max}=\theta_B\mid_{x=l}=\frac{M_e l}{3EI}$$

最大转角发生在转角为零处,代入式(l)得

$$\theta=\frac{M_e}{6EIl}(3x^2-l^2)=0$$

求得最大挠度所在截面为

$$x=\frac{l}{\sqrt{3}}$$

再代入式(m),求得最大挠度为

$$w_{\max} = -\frac{M_e l^2}{9\sqrt{3}EI}$$

也可求得梁中点的挠度为

$$w\big|_{x=\frac{l}{2}} = -\frac{M_e l^2}{16EI}$$

【例 7-3】 图 7-6 所示刚度为 EI 的简支梁,在跨中承受集中力 F 的作用,试求梁的挠曲线方程和转角方程,并确定其最大挠度 $w_{\max}$ 和最大转角 $\theta_{\max}$。

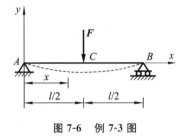

图 7-6 例 7-3 图

解:(1) 写出梁的挠曲线方程和转角方程。

计算梁的约束力

$$F_A = F_B = \frac{F}{2}$$

由于梁的对称性,只考虑 AC 半跨梁,取距固定端 A 为 x 的任一截面,则弯矩方程为

$$M(x) = \frac{F}{2}x$$

由式(7-4)梁的挠曲线近似微分方程,得

$$EIw'' = M(x) = \frac{F}{2}x$$

积分得

$$EIw' = \frac{F}{4}x^2 + C$$

$$EIw = \frac{F}{12}x^3 + Cx + D$$

由边界条件可知,在铰支座 A,挠度为零,即

在 $x = 0$ 处: $\qquad\qquad w = 0$

求得

$$D = 0$$

再由对称条件,在跨中 C 截面,转角为零,即

在 $x = \frac{l}{2}$ 处: $\qquad\qquad \theta = 0$

求得

$$C = -\frac{Fl^2}{16}$$

将积分常数代入,得梁的转角方程和挠曲线方程

$$\theta = \frac{F}{16EI}(4x^2 - l^2)$$

$$w = \frac{Fx}{48EI}(4x^2 - 3l^2)$$

(2) 求梁的最大挠度和最大转角。

从图 7-6 中梁的挠曲线形状可知,最大转角发生在梁的 A 端,其值为

$$\theta_{\max} = \theta_A\big|_{x=0} = -\frac{Fl^2}{16EI}$$

最大挠度发生在梁的跨中 C 截面,其值为

$$w_{\max} = -\frac{Fl^3}{48EI}$$

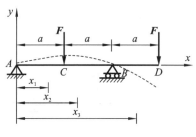

图 7-7 例 7-4 图

【例 7-4】 如图 7-7 所示刚度为 EI 的外伸梁,试求梁的挠曲线方程和转角方程,并确定截面 A 和 B 的转角 θ_A 和 θ_B,以及其截面 C 和 D 的挠度 w_C 和 w_D。

解:(1) 写出梁的挠曲线方程和转角方程。

计算梁的约束力

$$F_A = 0 \qquad F_B = 2F$$

分三段建立挠曲线近似微分方程

$$M(x) = \begin{cases} 0 & x_1 \in [0, a] \\ -F(x_2 - a) & x_2 \in [a, 2a] \\ -F(x_3 - a) + 2F(x_3 - 2a) & x_3 \in [2a, 3a] \end{cases}$$

代入梁的挠曲线近似微分方程,并积分得

$$EIw' = \begin{cases} C_1 & x_1 \in [0, a] \\ -\dfrac{F}{2}(x_2 - a)^2 + C_2 & x_2 \in [a, 2a] \\ -\dfrac{F}{2}(x_3 - a)^2 + F(x_3 - 2a)^2 + C_3 & x_3 \in [2a, 3a] \end{cases} \qquad (a)$$

$$EIw = \begin{cases} C_1 x_1 + D_1 & x_1 \in [0, a] \\ -\dfrac{F}{6}(x_2 - a)^3 + C_2 x_2 + D_2 & x_2 \in [a, 2a] \\ -\dfrac{F}{6}(x_3 - a)^3 + \dfrac{F}{3}(x_3 - 2a)^3 + C_3 x_3 + D_3 & x_3 \in [2a, 3a] \end{cases} \qquad (b)$$

由于挠曲线是一条连续且光滑的曲线,有连续条件

$x_1 = x_2 = a$ 时: $\qquad\qquad \theta_1 = \theta_2, w_1 = w_2$

$x_2 = x_3 = 2a$ 时: $\qquad\qquad \theta_2 = \theta_3, w_2 = w_3$

分别代入式(a)和式(b),得

$$C_1 = C_2 = C_3, \quad D_1 = D_2 = D_3$$

由边界条件可知

$x_1 = 0$ 时: $\qquad\qquad w_1 = 0$

$x_2 = 2a$ 时: $\qquad\qquad w_2 = 0$

分别代入式(a)和式(b),得

$$D_1 = D_2 = D_3 = 0, \quad C_1 = C_2 = C_3 = \frac{Fa^2}{12}$$

将积分常数代入式(a)和式(b),得梁的转角方程和挠曲线方程

$$EIw' = \begin{cases} \dfrac{Fa^2}{12} & x_1 \in [0, a] \\[2mm] -\dfrac{F}{2}(x_2 - a)^2 + \dfrac{Fa^2}{12} & x_2 \in [a, 2a] \\[2mm] -\dfrac{F}{2}(x_3 - a)^2 + F(x_3 - 2a)^2 + \dfrac{Fa^2}{12} & x_3 \in [2a, 3a] \end{cases} \qquad (c)$$

$$EIw = \begin{cases} \dfrac{Fa^2}{12}x_1 & x_1 \in [0, a] \\[2mm] -\dfrac{F}{6}(x_2 - a)^3 + \dfrac{Fa^2}{12}x_2 & x_2 \in [a, 2a] \\[2mm] -\dfrac{F}{6}(x_3 - a)^3 + \dfrac{F}{3}(x_3 - 2a)^3 + \dfrac{Fa^2}{12}x_3 & x_3 \in [2a, 3a] \end{cases} \qquad (d)$$

（2）求梁在指定截面的转角和挠度。

由式（c）和式（d），得梁在指定截面的转角和挠度

$$\theta_A = \theta_1 \big|_{x_1 = 0} = \frac{Fa^2}{12EI}, \quad \theta_B = \theta_2 \big|_{x_2 = 2a} = -\frac{5Fa^2}{12EI}$$

$$w_C = w_1 \big|_{x_1 = a} = \frac{Fa^3}{12EI}, \quad w_D = w_3 \big|_{x_3 = 3a} = -\frac{3Fa^3}{4EI}$$

从上例可以看出，梁上载荷较复杂，弯矩方程在控制点要分段写出，积分常数也很烦琐。从例 7-4 中建立弯矩方程要注意以下两点。

（1）要采用统一的坐标系。

（2）后段弯矩方程中包含前段弯矩方程，比如弯矩方程 $M_2(x_2)$ 中含有 $M_1(x_1)$ 的全部项，只是多了含有 $(x_2 - a)$ 等项，在对 $(x_2 - a)$ 的项进行积分时要把 $(x_2 - a)$ 看成一个整体，不要随意拆开。同样弯矩方程 $M_3(x_3)$ 中含有 $M_2(x_2)$ 的全部项，只是多了含有 $(x_2 - 2a)$ 等项，处理方式类似。以此类推。再根据连续条件，可以很简单地得到 $C_1 = C_2 = \cdots = C_n$，$D_1 = D_2 = \cdots = D_n$。这样可以使问题简单化。

要完成这个目标，在遇到梁的分布载荷问题时可以按图 7-8 所示方式进行处理。

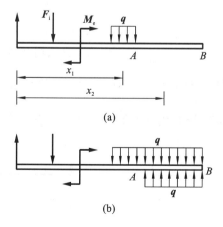

图 7-8 梁的分布载荷处理方式

◀ 7.4 用叠加法求弯曲变形 ▶

上节介绍的积分法,其优点是可以求得转角和挠曲线的普遍方程,可以求得梁上任意截面的转角和挠度。但如果梁上载荷较为复杂,或只需要确定某些特定截面的转角和挠度时,积分法就显得过于累赘,为此,采用叠加法,可以简化计算,能比较方便地解决一些弯曲变形问题。

在线弹性范围的小变形条件下,梁的挠曲线近似微分方程式为

$$\frac{\mathrm{d}^2 w}{\mathrm{d}x^2} = \frac{M}{EI}$$

这是一个线性微分方程,由于梁内任意截面的弯矩与载荷也是线性关系,这样当梁上同时作用多个载荷时,挠曲线近似微分方程的解必等于各载荷单独作用时挠曲线近似微分方程的解的线性组合。例如 F、q 两种载荷各自单独作用时的弯矩分别为 M_F、M_q,叠加 M_F、M_q 就是两种载荷共同作用时的弯矩 M。即

$$M = M_F + M_q$$

设 F、q 两种载荷各自单独作用时的挠度分别为 w_F 和 w_q,根据梁的挠曲线近似微分方程式,有

$$\frac{\mathrm{d}^2 w_F}{\mathrm{d}x^2} = \frac{M_F}{EI}, \quad \frac{\mathrm{d}^2 w_q}{\mathrm{d}x^2} = \frac{M_q}{EI}$$

设 F 和 q 两种载荷共同作用时的挠度为 w,则

$$\frac{\mathrm{d}^2 w}{\mathrm{d}x^2} = \frac{M}{EI} = \frac{M_F + M_q}{EI} = \frac{\mathrm{d}^2 w_F}{\mathrm{d}x^2} + \frac{\mathrm{d}^2 w_q}{\mathrm{d}x^2} = \frac{\mathrm{d}^2 (w_F + w_q)}{\mathrm{d}x^2}$$

F 和 q 两种载荷共同作用时的挠度 w,也等于两种载荷各自单独作用时的挠度 w_F 和 w_q 的代数和,这一结论可以推广到多个载荷的情况。因此,当梁上同时作用多个载荷时,可分别求出每一载荷单独引起的变形,把所得变形叠加即为这些载荷共同作用的变形,这就是叠加法。

用叠加法求等截面梁的变形时,每个载荷作用下的变形可查表 7-1 计算得出。查表时应注意载荷的方向、跨长及字符要一一对应。当单跨梁结构和载荷与表格中的正好相反时,可用 $l-x$ 代替 x 就可得到相应的结果。例如:图 7-9(a)所示梁的挠曲线方程为 $w = -\dfrac{Fx^2}{6EI}(3l-x)$,而图 7-9(b)所示梁的挠曲线方程则为 $w = -\dfrac{F(l-x)^2}{6EI}[3l-(l-x)]$。

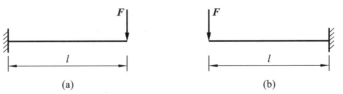

(a)   (b)

图 7-9 叠加法示例

表 7-1　梁在简单载荷作用下的变形

序号	梁的简图	挠曲线方程	转角	挠度
1		$w = -\dfrac{Fx^2}{6EI}(3l-x)$	$\theta_B = -\dfrac{Fl^2}{2EI}$	$w_B = -\dfrac{Fl^3}{3EI}$
2		$w = -\dfrac{M_e x^2}{2EI}$	$\theta_B = -\dfrac{M_e l}{EI}$	$w_B = -\dfrac{M_e l^2}{2EI}$
3		$w = -\dfrac{qx^2}{24EI}(x^2-4lx+6l^2)$	$\theta_B = -\dfrac{ql^3}{6EI}$	$w_B = -\dfrac{ql^4}{8EI}$
4		$w = -\dfrac{Fx}{48EI}(3l^2-4x^2)$ $\left(0 \leqslant x \leqslant \dfrac{l}{2}\right)$	$\theta_A = -\dfrac{Fl^2}{16EI}$ $\theta_B = -\dfrac{Fl^2}{16EI}$	$w_C = -\dfrac{Fl^3}{48EI}$
5		$w = -\dfrac{M_e x}{6EIl}(l-x)(2l-x)$	$\theta_A = -\dfrac{M_e l}{3EI}$ $\theta_B = \dfrac{M_e l}{6EI}$	$w_C = -\dfrac{M_e l^2}{16EI}$ $x = \left(1-\dfrac{1}{\sqrt{3}}\right)l$ $w_{\max} = -\dfrac{M_e l^2}{9\sqrt{3}EI}$
6		$w = -\dfrac{qx}{24EI}(x^3-2lx^2+l^3)$	$\theta_A = -\dfrac{ql^3}{24EI}$ $\theta_B = \dfrac{ql^3}{24EI}$	$w_C = -\dfrac{5ql^4}{384EI}$

【例 7-5】　图 7-10 所示桥式起重机大梁为 36a 工字钢，$E=200$ GPa，$l=8$ m，自重为均布载荷，作用在梁上的最大吊重规定 $F=40$ kN。规定 $[w]=l/500$。试校核大梁的刚度。

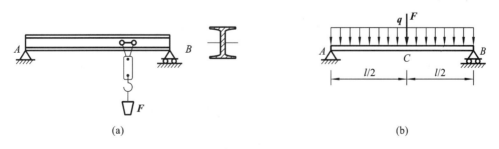

图 7-10　例 7-5 图

解：当吊车移动到梁跨中时[见图 7-10(b)]，梁的挠度最大。

查表 7-1 得，简支梁在均布载荷 q 和集中力 F 单独作用下，梁跨中的挠度分别为

$$(w_C)_q = -\frac{5ql^4}{384EI}, \quad (w_C)_F = -\frac{Fl^3}{48EI}$$

在均布载荷 q 和集中力 F 共同作用下，叠加以上结果，求得简支梁跨中的挠度为

$$w_C = (w_C)_q + (w_C)_F = -\frac{5ql^4}{384EI} - \frac{Fl^3}{48EI}$$

查型钢表有： $I = 15800 \text{ cm}^4, q = 60.037 \times 9.8 \text{ N/m}$

代入上式，得

$$|w_C| = 0.0145 \text{ m} = 14.5 \text{ mm} < [w] = 16 \text{ mm}$$

大梁的刚度满足要求。

【例 7-6】 试用叠加法，求图 7-11(a)所示的简支梁跨中截面的挠度 w_C 和两端截面的转角 θ_A、θ_B。抗弯刚度 EI 为常数。

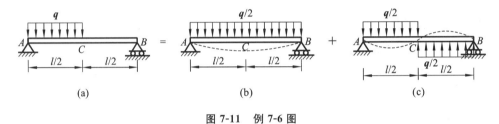

图 7-11 例 7-6 图

解：将图 7-11(a)所示的载荷分解为正对称载荷[见图 7-11(b)]和反对称载荷[见图 7-11(c)]。

在正对称载荷作用下，可查表获得相应的位移。在反对称载荷作用下，梁的挠曲线对于跨中截面 C 构成反对称形状，因此跨中截面 C 的挠度为零，且该截面上的弯矩也是零，故可将 AC 段和 CB 段分别视为受均布载荷作用且长度为 $\frac{l}{2}$ 的简支梁，再通过查表可求。

在正对称载荷作用下，梁跨中截面 C 的挠度及两端截面 A、B 的转角分别为

$$w_{C1} = -\frac{5(q/2)l^4}{384EI} = -\frac{5ql^4}{768EI}$$

$$\theta_{A1} = -\theta_{B1} = -\frac{(q/2)l^3}{24EI} = -\frac{ql^3}{48EI}$$

在反对称载荷作用下，梁跨中截面 C 的挠度为两端截面 A、B 的转角分别为

$$w_{C2} = 0$$

$$\theta_{A2} = \theta_{B2} = -\frac{(q/2)(l/2)^3}{24EI} = -\frac{ql^3}{384EI}$$

叠加正、反对称载荷所对应的位移，即求得相应的结果

$$w_C = w_{C1} + w_{C2} = -\frac{5ql^4}{768EI} \quad (\downarrow)$$

$$\theta_A = \theta_{A1} + \theta_{A2} = -\frac{ql^3}{48EI} - \frac{ql^3}{384EI} = -\frac{ql^3}{128EI} \quad (\curvearrowright)$$

$$\theta_B = \theta_{B1} + \theta_{B2} = \frac{ql^3}{48EI} - \frac{ql^3}{384EI} = \frac{7ql^3}{384EI} \quad (\curvearrowleft)$$

【例 7-7】 试用叠加法，求图 7-12（a）所示的外伸梁自由端截面 C 的转角 θ_C、挠度 w_C 和截面 A 的转角 θ_A。抗弯刚度 EI 为常数。

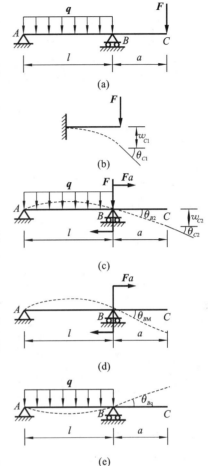

图 7-12　例 7-7 图

解：对梁进行分段刚化，利用受力与变形等效的原则来处理。

首先刚化 AB 段，这样 BC 段就可以作为一个如图 7-12（b）所示悬臂梁来研究。

可查表获得相应的位移

$$w_{C1} = -\frac{Fa^3}{3EI} \quad \theta_{C1} = -\frac{Fa^2}{2EI}$$

$$\theta_{A1} = 0$$

再刚化 BC 段，由于 BC 段被刚化，可将作用于 BC 段的均布载荷简化到 B 支座，得到一个力 $\boldsymbol{F}$ 和一个力偶 $\boldsymbol{M}_e = \boldsymbol{F}a$，如图 7-12（c）所示。

力 $\boldsymbol{F}$ 直接作用于支座，对梁的变形没有影响。

力偶 $\boldsymbol{M}_e = \boldsymbol{F}a$ 引起简支梁 AB 的变形，如图 7-12（d）所示。同样，AB 段上的均布载荷也将引起 AB 段变形，如图 7-12（e）所示。

$$\theta_{C2}^1 = \theta_{B2}^1 = -\frac{M_e l}{3EI} = -\frac{Fal}{3EI}$$

$$\theta_{A2}^1 = \frac{M_e l}{6EI} = \frac{Fal}{6EI}$$

AB 段上的均布载荷也将引起 AB 段变形，如图 7-12（e）所示。

$$\theta_{A2}^2 = -\theta_{B2}^2 = -\theta_{C2}^2 = -\frac{ql^3}{24EI}$$

因此在刚化 BC 段时，B、C 截面的转角为

$$\theta_{B2} = \theta_{C2} = \theta_{B2}^1 + \theta_{B2}^2 = -\frac{Fal}{3EI} + \frac{ql^3}{24EI}$$

因 B 截面的转角引起的 C 截面的刚性位移为

$$w_{C2} = \theta_{B2} \cdot a = -\frac{Fa^2 l}{3EI} + \frac{qal^3}{24EI}$$

由叠加法得到

$$\theta_A = \theta_{A1} + \theta_{A2}^1 + \theta_{A2}^2 = \frac{Fal}{6EI} - \frac{ql^3}{24EI}$$

$$\theta_C = \theta_{C1} + \theta_{C2} = -\frac{Fa^2}{2EI} - \frac{Fal}{3EI} + \frac{ql^3}{24EI}$$

$$w_C = w_{C1} + w_{C2} = -\frac{Fa^3}{3EI} - \frac{Fa^2 l}{3EI} + \frac{qal^3}{24EI}$$

思考：

如图 7-13 所示,怎么利用跳板来完成跳水动作?

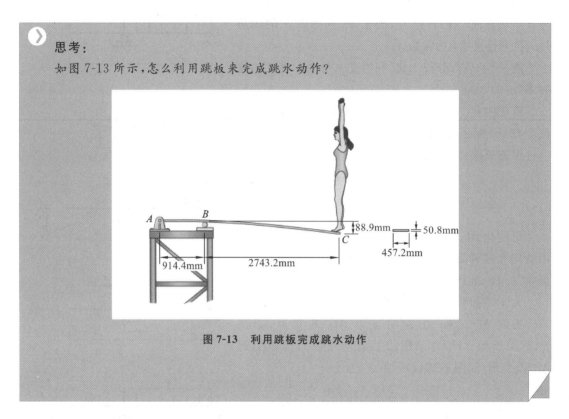

图 7-13　利用跳板完成跳水动作

思考：

如图 7-14 所示,撑竿跳高运动员的撑竿是弯曲变形吗?

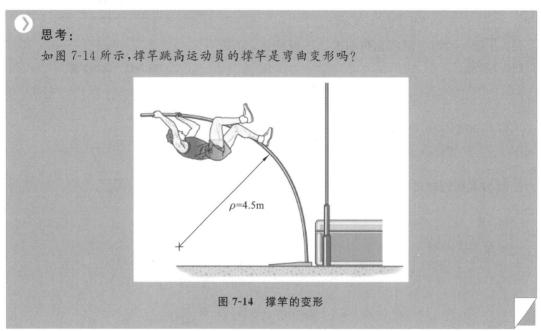

图 7-14　撑竿的变形

◀ **7.5 梁的刚度计算** ▶

7.5.1 梁的刚度校核

在梁的设计中,按强度选择了截面后,往往还要对梁进行刚度计算,校核梁的挠度和转角是否在设计所允许的范围内。因为梁的位移若超过了规定的限度,其正常工作条件就得不到保证。例如机床中的主轴,如果挠度过大,将影响加工的精确度;传动轴在支座处转角过大,将使轴承发生严重的磨损;精密量具变形过大,将影响测量精度;齿轮在传动中,若齿轮轴变形过大,将造成轴承严重磨损、齿轮啮合不良、产生振动和噪声等。在土建结构中,通常对梁的挠度加以限制,因为桥梁的挠度过大的话,通过的机车会发生较大的振动。

在各类工程设计中,对于构件弯曲位移许用值的规定出入很大。对于梁的挠度,其许用值通常用挠度与梁跨长的许用比值$[w/l]$作为标准。例如在土建工程方面,$[w/l]$值常限制在 $1/1000 \sim 1/250$ 范围内;在机械制造工程方面,对主要的轴,$[w/l]$值常限制在 $1/10000 \sim 1/5000$ 范围内;传动轴在支座处的许可转角$[\theta]$一般限制在 $0.001 \sim 0.005$ rad 范围内。

梁的刚度条件可表达为

$$\left.\begin{array}{c} \dfrac{w_{\max}}{l} \leqslant \left[\dfrac{w}{l}\right] \\[2mm] \theta_{\max} \leqslant [\theta] \end{array}\right\} \qquad (7\text{-}5)$$

式(7-5)中的$\left[\dfrac{w}{l}\right]$和$[\theta]$为规定的许可挠度和转角。

应当指出,一般设计中,强度要求是主要的,刚度要求处于从属地位,但当对构件的位移限制很严,或按强度条件所选用的构件截面过于单薄时,刚度条件也可能起控制作用。

【例 7-8】 某车床的空心主轴可简化为如图 7-15 所示结构,主轴外径 $D=80$ mm,内径 $d=40$ mm,$l=400$ mm,$a=100$ mm,$E=210$ GPa,切削力 $F_1=2$ kN,齿轮传动 $F_2=1$ kN。如果主轴在卡盘 C 处的挠度不得超过两轴承间距离的 $1/10^4$,轴承 B 处的转角不得超过 $1/10^3$ rad,试校核主轴的刚度。

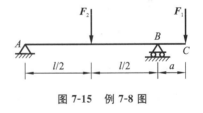

图 7-15 例 7-8 图

解: 主轴的惯性矩

$$I = \frac{\pi D^4}{64}(1-\alpha^4) = 188 \times 10^{-8}\,\text{m}^4$$

计算主轴的转角和挠度:

在 $F_1=2$ kN 单独作用下

$$\theta_{B1} = -\frac{Ml}{3EI} = -\frac{F_1 al}{3EI}$$

$$w_{C1} = -\frac{F_1 a^3}{3EI} + \theta_{B1} \cdot a = -\frac{F_1 a^2}{3EI}(l+a)$$

在 $F_2=1$ kN 单独作用下

$$\theta_{B2} = \frac{F_2 l^2}{16EI}$$

$$w_{B2} = \theta_{B2} \cdot a = \frac{F_2 a l^2}{16EI}$$

将两者引起的变形叠加,有

$$\theta_B = \theta_{B1} + \theta_{B2} = -\frac{F_1 a l}{3EI} + \frac{F_2 l^2}{16EI} = 0.422 \times 10^{-4} \text{ rad}$$

$$w_C = w_{C1} + w_{C2} = -\frac{F_1 a^2}{3EI}(l+a) + \frac{F_2 a l^2}{16EI} = 5.91 \times 10^{-6} \text{ m}$$

$$y_C = y_{C1} + y_{C2} = \frac{F_1 a^2}{3EI}(l+a) - \frac{F_2 a l^2}{16EI} = 5.91 \times 10^{-6} \text{ m}$$

进行刚度校核,主轴的刚度足够。

7.5.2 提高梁的刚度的措施

由梁的位移可见,梁的位移除了与梁的支承和载荷有关外,还与跨长 l 的 n 次幂成正比,与弯曲刚度 EI 成反比。因此为减小梁的位移(挠度和转角),提高梁的刚度,可采取下列措施。

1. 增大梁的弯曲刚度 EI

对于钢材而言,采用高强度钢可以显著提高梁的强度,但对刚度的改善并不明显,因高强度钢与普通碳钢的 E 值相差不大。因此为提高梁的刚度,应设法在截面面积不变的条件下增大 I 值。所以工程上常采用工字形、箱形等截面。

2. 调整跨长和改变结构

由于梁的挠度和转角值与其跨长的 n 次幂成正比,因此设法缩短梁的跨长,能显著地减小其位移值。如在集中力作用下,挠度与跨度的三次方成正比,如跨度缩短一半,则挠度减为原来的 1/8。若长度不能缩短,则采取增加支承的方法提高梁的刚度,例如,在车削细长工件时,工件尾部增设顶杆;跨度较大的桥梁,在其跨中增设桥墩支承等,但采取这些措施后,原来的静定梁也变成了超静定梁。超静定梁将在下节中介绍。

3. 改变加载方式

把集中力分散成分布力,也可以取得减小弯矩降低弯曲变形的效果。例如,简支梁在跨中点作用集中力 F 时,最大挠度为 $w_{max} = \dfrac{Fl^3}{48EI}$,如将集中力 F 代以均布载荷,且 $F = ql$,最大挠度为 $w_{max} = \dfrac{5Fl^3}{384EI}$,仅为集中力作用时的 62.5%。

◀ 7.6 简单超静定梁 ▶

前面研究的梁都是静定梁,其支座约束力通过平衡方程即可求得。但在工程实际中,有时为了提高梁的强度与刚度,或由于构造的需要,除了维持平衡所必需的约束外,还需要增加约束。这样梁的未知约束力的数目将多于独立的平衡方程式的数目,这种梁称为超静定梁。

在超静定梁中,凡是多于维持平衡所需的约束称为多余约束,这些约束对于特定的工程要求是必需的,但对于维持平衡的梁而言却是多余的。与多余约束对应的约束力称为多余约束力。多余约束力的数目就是超静定的次数。

下面通过几个例子加以说明。

【例 7-9】 求图 7-16(a)所示梁的内力图。

解:承受均布载荷的悬臂梁在自由端增加一个约束,因此是一次超静定梁。

若将支座 B 看成多余约束,并将之去除,则悬臂梁为原有结构的静定结构[见图 7-16(b)]去除支座 B,代以约束力 $\boldsymbol{F}_B$,得图 7-16(c)所示的静定梁,称为原超静定梁的相当系统。

要使相当系统与原超静定梁的变形完全一致,必须使图 7-16(c)所示的相当系统在截面 B 处的挠度为零(即去除约束所对应的位移要与实际情况相吻合)。因此变形协调条件为:

$$w_B = 0 \qquad\qquad \text{(a)}$$

由叠加法得图 7-16(c)所示的相当系统在截面 B 处的挠度为

$$w_B = \frac{F_B l^3}{3EI} - \frac{ql^4}{8EI}$$

再代入变形协调条件(a),得补充方程

$$\frac{F_B l^3}{3EI} - \frac{ql^4}{8EI} = 0$$

由此得:

$$F_B = \frac{3}{8}ql$$

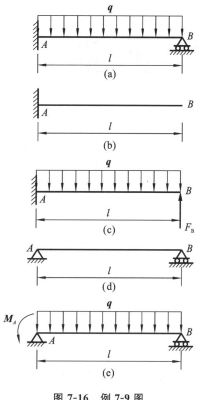

图 7-16 例 7-9 图

求出多余约束力之后,通过平衡方程可求得梁的其余约束力,再画出梁的内力图,对梁进行强度计算。

要注意的是,超静定结构的相当系统通常不止一个,对上例还可以将固定端限制转动的约束看成是多余约束,因此图 7-16(d)所示的简支梁为原有结构又一新的基本静定梁。限制转动的约束对应的是力偶,图 7-16(e)为原有结构的相当系统。

此时的变形协调条件是

$$\theta_A = 0$$

同样由叠加法可求得

$$\theta_A = \frac{M_A l}{3EI} - \frac{ql^3}{24EI}$$

代入到变形协调条件中,可求得

$$M_A = \frac{ql^2}{8}$$

【例 7-10】 试求图 7-17(a)所示抗弯刚度 EI 为常数的连续梁的约束反力,并作出梁的弯矩图。

解：本题是一次超静定问题，去除中间 C 滚动支座铰链，代以约束力 F_C。图 7-17（b）所示结构是原结构的相当系统。

变形协调条件为

$$w_C = 0$$

在载荷 q 的作用下，C 点的位移为（参考例 7-6）

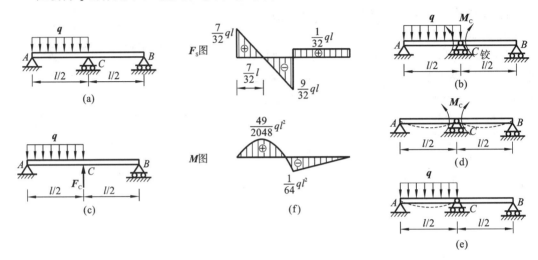

图 7-17   例 7-10 图

$$w_{C_q} = -\frac{5ql^4}{768EI}$$

同样由叠加法可求得

$$w_C = w_{C_q} + w_{F_C} = -\frac{5ql^4}{768EI} + \frac{F_C l^3}{48EI}$$

代入到变形协调条件中，可求得

$$F_C = \frac{5ql}{16}$$

再由平衡方程求得

$$F_{Ay} = \frac{7ql}{32} \qquad F_B = -\frac{ql}{32}$$

最后作出该梁的剪力图和弯矩图［如图 7-17（f）所示］。

当然原结构的相当系统也可以在 C 点用铰代替直杆，得到图 7-17（c）所示结构。

变形协调条件是 AC 梁的 C 截面与 CB 梁的 C 截面的转角相等。

$$\theta'_C = \theta''_C$$

在外载荷 q 和力偶 M_C 作用下：

$$\theta'_{C_q} + \theta'_{CM_C} = \theta''_{C_q} + \theta''_{CM_C}$$

$$\frac{q(l/2)^3}{24EI} + \frac{M_C(l/2)}{3EI} = 0 - \frac{M_C(l/2)}{3EI}$$

求得

$$M_C = -\frac{ql^2}{64}$$

最后求出约束力,并作出剪力图和弯矩图。本例题还可以去除 B 支座,采用外伸梁为基本静定结构,由 B 点的挠度为零为变形协调条件来计算,具体计算由读者自行完成。

知 识 拓 展

　　阿联酋首都阿布扎比在建的"首都门"(Capital Gate)已经被吉尼斯世界纪录认证为"世界上最斜的人造塔",它的倾斜角度是意大利著名的比萨斜塔的 4 倍。

　　据悉,"首都门"占地总面积为 52000 平方米,顶楼将建为五星级饭店。为了让这座建筑能够承受倾斜所造成的重力、风力压力和地震压力,整座斜塔建造在密集的网状钢筋之上,光是地基就打了 490 个地桩,深度达到地面以下 30 米。另外,为了搭配出塔楼弯曲的形状,728 块菱状玻璃面板上的每一片玻璃都不大相同,摆放的角度也不一样。可以说,"首都门"无论在建筑美学还是建筑工学上都是非凡作品。

习　　题

　　7-1　图 7-18 所示简支梁,抗弯刚度 EI 为常数。试用积分法求图示结构的挠曲线方程,并求转角 θ_A 和挠度 w_C。

图 7-18　习题 7-1 图

　　7-2　图 7-19 所示各梁,抗弯刚度 EI 为常数。试用积分法求图示结构的挠曲线方程,并求转角 θ_A 和挠度 w_C。

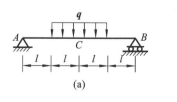

(a)

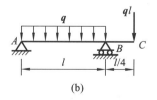

(b)

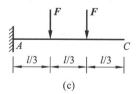

(c)

图 7-19　习题 7-2 图

　　7-3　图 7-20 所示各梁,抗弯刚度 EI 为常数。试用积分法求图示结构的转角方程与挠曲线方程,并求截面 B 的转角 θ_B 和截面 C 的挠度 w_C。

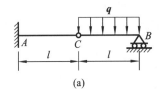

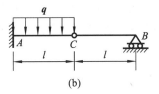

图 7-20　习题 7-3 图

7-4　图 7-21 所示各悬臂梁,抗弯刚度 EI 为常数。试用叠加法求自由端 B 的转角 θ_B 和挠度 w_B。

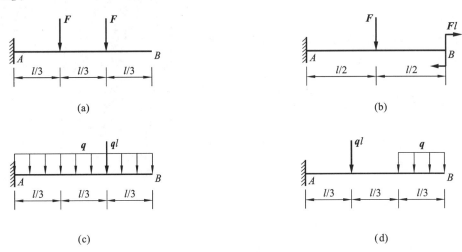

图 7-21　习题 7-4 图

7-5　图 7-22 所示各外伸梁,抗弯刚度 EI 为常数。试用叠加法求跨中 D 的挠度 w_D、自由端 C 的转角 θ_C 和挠度 w_C。

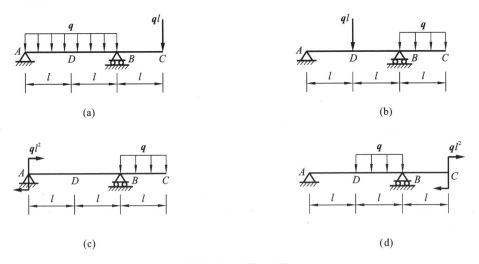

图 7-22　习题 7-5 图

7-6　试用叠加法求图 7-23 所示截面 B 的转角 θ_B 以及截面 C 和截面 D 的挠度 w_C、w_D。

7-7　变截面悬臂梁如图 7-24 所示。试用叠加法求自由端的挠度 w_C。

7-8　一具有初始曲率的等厚度钢条 AB,放置在刚性水平面上,两端到刚性水平面的距

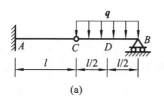
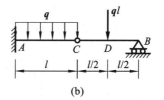

图 7-23　习题 7-6 图

离 $\Delta = 1$ mm。如图 7-25 所示。若在钢条上施加力 F 后，钢条与刚性水平面紧密接触，且假定刚性水平面的反力为均匀分布。设钢条的长度 $l = 200$ mm，横截面 $b \times \delta = 20$ mm $\times 5$ mm，弹性模量 $E = 200$ GPa。试求：

（1）钢条在自然状态下的轴线方程。

（2）施加力 F 后，钢条内的最大弯曲正应力。

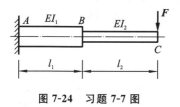

图 7-24　习题 7-7 图

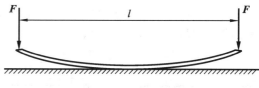

图 7-25　习题 7-8 图

7-9　一根足够长的直钢筋放置在刚性水平面上，钢筋单位长度的重量为 q（常数）。在距离 A 端为 a 的位置施加一力将其竖直向上提升，如图 7-26 所示，当 A 端刚好脱离水平面时，试求：

（1）钢筋脱离水平面的总长度是多少？

（2）作用力 F 的大小？

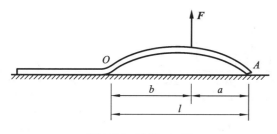

图 7-26　习题 7-9 图

7-10　一均质杆 AB 放置在刚性水平地面上，弯曲刚度为 EI，杆的单位长度的重量为 q（常数）。已知在杆中心处垫一块高为 h 的砖时（支承处可简化为一点），刚好使杆的一半脱离地面，如图 7-27 所示：试问：

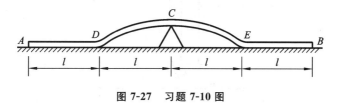

图 7-27　习题 7-10 图

（1）为使杆的 A、B 端都开始与地面成点接触时（即少垫一块砖就成线接触），需垫几块同样的砖？

（2）为使杆的 A、B 端脱离地面，至少需垫几块同样的砖？

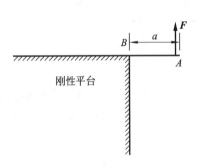

图 7-28 习题 7-11 图

7-11 一根足够长的均质钢条放置在水平刚性平台上，钢条单位长度的重量为 q（常数）。弯曲刚度为 EI，钢条的一端伸出台面边缘 B 的长度为 a，如图 7-28 所示。在钢条的伸出端 A 处作用垂直向上的集中力 F，在下列两种情况下，分别计算钢条伸出端 A 的挠度：

（1）集中力 $F=0$；

（2）集中力 $F=qa$。

7-12 图 7-29 所示各超静定梁，抗弯刚度 EI 为常数。求约束反力，并画出内力图。

7-13 如图 7-30 所示结构，已知 AB 梁的刚度 EI 为常数，CD 杆的刚度 EA 为常量，受外力 F 的作用，试求 CD 杆的压力。

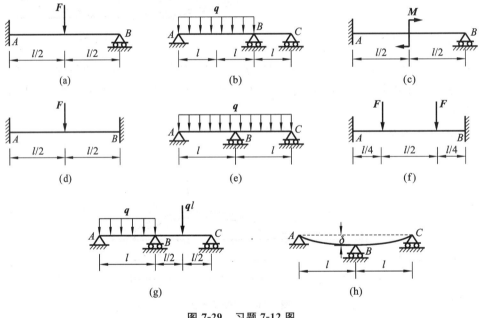

图 7-29 习题 7-12 图

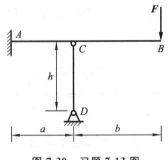

图 7-30 习题 7-13 图

第8章
应力与应变分析、强度理论

知识目标：

1. 掌握二向应力状态分析的图解法与解析法；

2. 掌握三向应力状态和广义胡克定律；

3. 掌握应变能密度和四大强度理论及其相当应力。

能力素质目标：

1. 具有运用各种强度理论解决复杂应力的强度问题的能力；

2. 培养学生从力学现象和工程实际中发现问题的能力；

3. 培养学生掌握一定的材料力学分析能力。

◀ 8.1 应力状态引言 ▶

8.1.1 一点应力状态的概念

在直杆拉压变形中,斜截面上的应力的大小、方向与所取截面的方位角有关。为了研究一点的应力状态,可从受力构件中围绕欲研究的该点截出一个单元体来,其各截面上的应力可视为均匀分布,并且每对相互平行的截面上应力的大小相等、方向相反。单元体代表一点,单元体上的各截面也是通过该点的微截面。

以拉伸杆件上的点为例(见图8-1),在 A、B 两点各取出一个单元体,B 点的正应力和切应力随截面方位角的改变而变化:

$$\sigma_\alpha = \sigma \cos^2\alpha \qquad \tau_\alpha = \frac{\sigma}{2}\sin 2\alpha \tag{8-1}$$

我们知道,构件内不同的点具有不同的应力,而同一个点在不同的方位有不同的表达形式,因此讨论应力时,一定要指明是哪一个点的应力,同时还要明确在哪个方位。研究一点的应力状态,即研究一点各截面的应力状况。

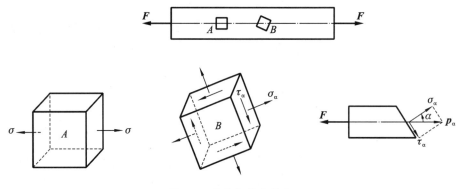

图 8-1 拉伸杆件上的点

8.1.2 应力状态的分类

虽然构件受力不同,应力状态千变万化,但总可以找到单元体的某个面上只有正应力(或正应力为零)而没有切应力,该面称为**主平面**,主平面上的正应力也称为**主应力**。可以证明:单元体内一定存在相互垂直的三个面都是主平面的方位,此位置的单元体也称为**主单元体**(见图8-2),主应力分别用 σ_1、σ_2、σ_3 表示,并规定 σ_1、σ_2、σ_3 按代数大小排序,即 $\sigma_1 \geqslant \sigma_2 \geqslant \sigma_3$。

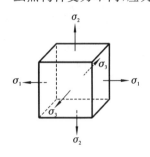

图 8-2 主单元体

我们习惯上将应力状态分为以下几种。

(1) 单向应力状态:即三个主应力只有一个不为零。例如轴向拉压杆中的 A 点(见图8-1)和弯曲梁的上、下边缘点等都是单向应力状态。图 8-1 中的 B 点表面上看似乎不是单向应力状态,但判断属于哪类应力状态,要由主应力来判断。显然图 8-1 中的 B 点与 A 点的应力状态是完全一致的。

（2）**二向应力状态(或平面应力状态)**：即三个主应力有两个不为零。例如受纯剪切时的单元体。

（3）**三向应力状态(或空间应力状态)**：即三个主应力均不为零。例如构件局部承压的接触点的接触应力、挤压应力等。

单向应力状态也称为简单应力状态,而二向应力状态和三向应力状态也称为复杂应力状态。

◀ 8.2 二向应力状态分析的解析法 ▶

如图 8-3(a)所示单元体为二向应力状态的一般形式。

建立图 8-3(a)所示坐标系,左右两个面的外法线是沿着 x 方向,因此称为正、负 x 面,其面上的应力 σ_x 和 τ_{xy},切应力有两个角标,第一个角标表示切应力在哪个面上,第二个角标表示切应力的指向。τ_{xy} 表示在 x 面上沿着 y 方向的切应力。

关于应力的符号规定:正应力以拉应力为正压应力为负;切应力对单元体内任一点的矩为顺时针旋向为正,反之为负,在图 8-3(a)中 σ_x、σ_y 和 τ_{xy} 皆为正,τ_{yx} 为负。

二向应力状态的单元体可以用平面单元体表示[见图 8-3(b)]。取任一斜截面 ef,其外法线 n 与 x 轴的夹角为 α。斜截面(也称为 α 截面)α 角度规定:由 x 轴向外法线 n 旋转逆时针为正,反之为负,图 8-3(b)所示逆时针旋转为正。

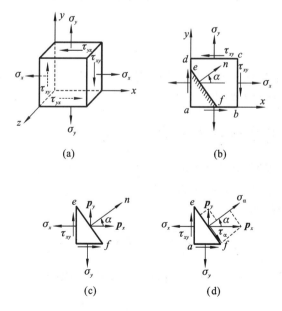

(a)　　　　　　　(b)

(c)　　　　　　　(d)

图 8-3　二向应力状态分析示例

二向应力状态分析中要解决三个问题:①确定指定截面的应力;②确定主平面及主应力;③确定最大切应力及其位置。

8.2.1 确定指定截面的应力

以截面 ef 把单元体分为两部分[见图 8-3(c)]，研究 aef 部分的平衡，设斜截面 ef 的方向余弦为

$$l = \cos\alpha \quad m = \sin\alpha$$

假设斜截面面积为 dA，则 ae 面和 af 面的面积分别为 $l\,dA$ 和 $m\,dA$。斜截面 ef 的应力分量分别记为 p_x 和 p_y。

由 $\sum F_x = 0$ 得

$$p_x\,dA - \sigma_x l\,dA + \tau_{yx} m\,dA = 0$$

$$p_x = l\sigma_x - m\tau_{yx}$$

由 $\sum F_y = 0$ 得

$$p_y\,dA - \sigma_y m\,dA + \tau_{xy} l\,dA = 0$$

$$p_y = -l\tau_{xy} + m\sigma_y$$

再将应力分量 p_x 和 p_y 分别向法向和切向投影[见图 8-3(d)]。

将 p_x 和 p_y 向法向投影得

$$\sigma_\alpha = lp_x + mp_y = l^2\sigma_x + m^2\sigma_y - 2lm\tau_{xy}$$

经化简，整理得

$$\sigma_\alpha = \frac{\sigma_x + \sigma_y}{2} + \frac{\sigma_x - \sigma_y}{2}\cos2\alpha - \tau_{xy}\sin2\alpha \tag{8-2}$$

将 p_x 和 p_y 向切向投影得

$$\tau_\alpha = mp_x - lp_y = lm\sigma_x - lm\sigma_y + (l^2 - m^2)\tau_{xy}$$

经化简，整理得

$$\tau_\alpha = \frac{\sigma_x - \sigma_y}{2}\sin2\alpha + \tau_{xy}\cos2\alpha \tag{8-3}$$

以上公式是根据静力平衡条件得出，因此适用于线性和非线性问题，也适用于各向同性和各向异性材料，与材料的力学性能无关。

8.2.2 确定主平面及主应力

式(8-2)和式(8-3)表明，斜截面上的正应力 σ_α 和切应力 τ_α 都是 α 的函数，利用上述公式便可以确定正应力的极值和它们所在的方位。

将式(8-2)对 α 求导，得

$$\frac{d\sigma_\alpha}{d\alpha} = -2\left[\frac{\sigma_x - \sigma_y}{2}\sin2\alpha + \tau_{xy}\cos2\alpha\right] \tag{a}$$

当 $\alpha = \alpha_0$ 时，$\dfrac{d\sigma_\alpha}{d\alpha} = 0$，则在 α_0 所确定的截面上的正应力即为极值。将 α_0 代入式(a)，并令其为零，得到

$$\frac{\sigma_x - \sigma_y}{2}\sin2\alpha_0 + \tau_{xy}\cos2\alpha_0 = 0 \tag{b}$$

因此得到

$$\tan2\alpha_0 = -\frac{2\tau_{xy}}{\sigma_x - \sigma_y} \tag{8-4}$$

由式(8-4)可以求出相差 90° 的两个 α_0 角度，它们确定两个互相垂直的平面，分别对应着最大正应力和最小正应力。

比较式(8-3)和式(b)，可见满足式(b)的 α_0 角度恰好使 $\tau_a = 0$，也就是说，在切应力为零的平面上，正应力为最大值或最小值。由于切应力为零的平面是主平面，主平面上的正应力是主应力。因此最大和最小的正应力即为主应力。两个主应力发生在相互垂直的截面上。

由式(8-4)，得

$$\cos2\alpha_0 = \pm\frac{\sigma_x - \sigma_y}{\sqrt{(\sigma_x - \sigma_y)^2 + 4\tau_{xy}^2}} \quad \sin2\alpha_0 = \pm\frac{2\tau_{xy}}{\sqrt{(\sigma_x - \sigma_y)^2 + 4\tau_{xy}^2}} \tag{c}$$

将式(c)代入式(8-2)，得：

$$\left.\begin{array}{c}\sigma_{\max}\\\sigma_{\min}\end{array}\right\} = \frac{\sigma_x + \sigma_y}{2} \pm \sqrt{\left(\frac{\sigma_x - \sigma_y}{2}\right)^2 + \tau_{xy}^2} \tag{8-5}$$

通过式(8-4)可以确定主平面的位置，通过式(8-5)可以确定主应力的大小。具体的 α_0 角度对应哪个主应力，可采用如下方法：

如 σ_x 是两个正应力中代数值较大的一个，即 $\sigma_x \geqslant \sigma_y$，则式(8-4)确定绝对值较小的 α_0 角，对应着 $\sigma_{\max}$ 所在的主平面；若 $\sigma_x < \sigma_y$，则式(8-4)式确定绝对值较大的 α_0 角，对应着 $\sigma_{\max}$ 所在的主平面。

由式(8-5)还可以得到

$$\sigma_{\max} + \sigma_{\min} = \sigma_x + \sigma_y$$

推广到三向应力状态时，有

$$\sigma_1 + \sigma_2 + \sigma_3 = \sigma_x + \sigma_y + \sigma_z \tag{8-6}$$

在一定的应力状态下，物体内任一点处的主应力不会随着坐标系的变化而改变，因此主应力之和也不会改变。三个互相垂直的面上的正应力之和是不变量，等于该点的三个主应力之和。

8.2.3　确定最大切应力及其位置

将式(8-3)对 α 求导，得

$$\frac{d\tau_a}{d\alpha} = (\sigma_x - \sigma_y)\cos2\alpha - 2\tau_{xy}\sin2\alpha \tag{d}$$

当 $\alpha = \alpha_1$ 时，$\dfrac{d\tau_a}{d\alpha} = 0$，则在 α_1 所确定的斜截面上的切应力即为极值。将 α_1 代入式(d)，并令其为零，得到

$$(\sigma_x - \sigma_y)\cos2\alpha_1 - 2\tau_{xy}\sin2\alpha_1 = 0 \tag{e}$$

从而得到

$$\tan2\alpha_1 = \frac{\sigma_x - \sigma_y}{2\tau_{xy}} \tag{8-7}$$

由式(8-7)可以求出相差 90° 的两个 α_1 角，它们确定两个互相垂直的平面，分别对应着最大和最小的切应力。同样可以求出

$$\left.\begin{array}{c}\tau_{\max} \\ \tau_{\min}\end{array}\right\} = \pm \sqrt{\left(\frac{\sigma_x - \sigma_y}{2}\right)^2 + \tau_{xy}^2} \qquad (8\text{-}8)$$

因

$$\tan 2\alpha_0 \cdot \tan 2\alpha_1 = -1$$

所以有

$$\alpha_1 = \alpha_0 + \frac{\pi}{4}$$

即最大和最小切应力所在平面与主平面的夹角为 $45°$。

◀ 8.3 二向应力状态分析的图解法 ▶

二向应力状态下,斜面 α 上的应力可以由式(8-2)和式(8-3)来计算,它们都是 α 的参数方程。为消去 α,改写两方程为:

$$\sigma_\alpha - \frac{\sigma_x + \sigma_y}{2} = \frac{\sigma_x - \sigma_y}{2}\cos 2\alpha - \tau_{xy}\sin 2\alpha$$

$$\tau_\alpha = \frac{\sigma_x - \sigma_y}{2}\sin 2\alpha + \tau_{xy}\cos 2\alpha$$

将以上两式等号两边平方,然后相加,得

$$\left(\sigma_\alpha - \frac{\sigma_x + \sigma_y}{2}\right)^2 + \tau_\alpha^2 = \left(\frac{\sigma_x - \sigma_y}{2}\right)^2 + \tau_{xy}^2 \qquad (f)$$

若以横坐标表示 σ,纵坐标表示 τ,式(f)是一个以 σ_α 和 τ_α 为变量的圆周方程,圆心坐标为 $\left(\frac{\sigma_x + \sigma_y}{2}, 0\right)$,半径为 $\sqrt{\left(\frac{\sigma_x - \sigma_y}{2}\right)^2 + \tau_{xy}^2}$,该圆称为**应力圆**,也称为莫尔圆(德国工程师 Mohr. O 提出)。

8.3.1 应力圆的作法

以图 8-4(a)所示二向应力状态为例,由正 x 面的应力 (σ_x, τ_{xy}),按一定的比例尺,确定 D 点。由正 y 面的应力 (σ_y, τ_{yx}),确定 D' 点,注意 τ_{yx} 为负值。连接 D、D' 与横坐标相交于 C 点,以 C 点为圆心,$\overline{CD}$ 为半径作圆,即为该单元体的应力圆[见图 8-4(b)]。

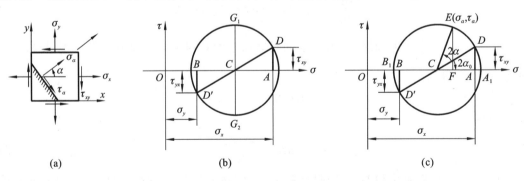

(a)　　　　(b)　　　　(c)

图 8-4　应力圆的作法

其中

$$\overline{OC} = \frac{1}{2}(\overline{OA} + \overline{OB}) = \frac{1}{2}(\sigma_x + \sigma_y)$$

$$\overline{CD} = \sqrt{\overline{CA}^2 + \overline{AD}^2} = \sqrt{\left(\sigma_x - \frac{\sigma_x + \sigma_y}{2}\right)^2 + \tau_{xy}^2} = \sqrt{\left(\frac{\sigma_x - \sigma_y}{2}\right)^2 + \tau_{xy}^2}$$

8.3.2 应力圆的应用

二向应力状态单元体与应力圆构成以下对应关系。

(1) 点面对应。应力圆上一点的坐标值对应着单元体一个截面的应力值。

(2) 旋转对应。从单元体的某一截面对应着应力圆上的某一点,共同出发,同向旋转,只是单元体转动 α 角,在应力圆上旋转 2α 角。

1. 确定单元体任意斜面的应力

根据对应关系,应力圆上一点的坐标值对应着单元体一个截面的应力值。例如,确定图 8-4(a)所示 α 截面的应力值(表示由 x 轴逆时针旋转 α 角所对应的截面),在应力圆上由 D 点同向旋转 2α 角到 E 点,则 E 点的坐标值就是 α 截面的应力值。

因为

$$\begin{aligned}
\overline{OF} &= \overline{OC} + \overline{CF} = \overline{OC} + R\cos(2\alpha_0 + 2\alpha) \\
&= \overline{OC} + R\cos 2\alpha_0 \cos 2\alpha - R\sin 2\alpha_0 \sin 2\alpha \\
&= \frac{\sigma_x + \sigma_y}{2} + \frac{\sigma_x - \sigma_y}{2}\cos 2\alpha - \tau_{xy}\sin 2\alpha \\
\overline{EF} &= \overline{CE}\cos(2\alpha_0 + 2\alpha) = R\cos 2\alpha_0 \sin 2\alpha + R\sin 2\alpha_0 \cos 2\alpha \\
&= \frac{\sigma_x - \sigma_y}{2}\sin 2\alpha + \tau_{xy}\cos 2\alpha
\end{aligned}$$

可见 E 点的坐标值就是 α 截面的应力值。

2. 确定主平面及主应力

如图 8-4(c)所示,应力圆上 A_1 点对应着最大的正应力,且切应力为零,因此也是最大的主应力;同理 B_1 点对应着最小的主应力。它们的数值可以由圆心横坐标加、减半径值获得。即

$$\left.\begin{aligned}\sigma_{\max}\\\sigma_{\min}\end{aligned}\right\} = \overline{OC} \pm R = \frac{\sigma_x + \sigma_y}{2} \pm \sqrt{\left(\frac{\sigma_x - \sigma_y}{2}\right)^2 + \tau_{xy}^2}$$

上式与式(8-5)一致。在应力圆上由 D 点(x 面上的应力)到 A_1 点是顺时针转过 $2\alpha_0$,在单元体上由 x 面也按顺时针转过 α_0,这就确定了 $\sigma_{\max}$ 所在的主平面的方位。

$$\tan 2\alpha_0 = -\frac{\overline{AD}}{\overline{CA}} = -\frac{\tau_{xy}}{\sigma_x - \dfrac{\sigma_x + \sigma_y}{2}} = -\frac{2\tau_{xy}}{\sigma_x - \sigma_y}$$

上式与式(8-4)一致。

在应力圆上还可以直接标注出主平面的方位及主应力的方向。若 $\sigma_x \geqslant \sigma_y$ 时[见图 8-5(b)],延长 DA 与圆周相交于 K 点,连接 B_1K,即为 $\sigma_{\max}$ 的方向。因为 $\sigma_{\max}$ 的方向由 x 面顺时针旋转过 α_0,而 $\angle AB_1K = \alpha_0$,因此 B_1K 的方向即为 $\sigma_{\max}$ 的方向[见图 8-5(c)]。若 $\sigma_x < \sigma_y$ 时[见图

8-6(b)]由 D 点找出与 x 轴对称的 K' 点,连接 B_1K',即为 $\sigma_{\min}$ 的方向。因为由 x 面逆时针旋转过 α_0 为 $\sigma_{\min}$ 的方向,而 $\angle CB_1K'=\alpha_0$,因此 B_1K' 的方向即为 $\sigma_{\min}$ 的方向[见图 8-6(c)]。

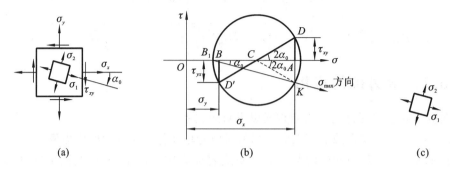

图 8-5　确定最大主应力的方向

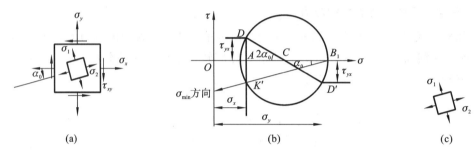

图 8-6　确定最小主应力的方向

3. 确定最大切应力及其作用面

最大和最小切应力可以由应力圆[见图 8-4(b)]中 G_1 和 G_2 两点表现出来,其纵坐标分别为最大和最小值,对应着最大和最小切应力,大小为应力圆半径,故有

$$\left.\begin{array}{c}\tau_{\max}\\\tau_{\min}\end{array}\right\}=\pm R=\pm\sqrt{\left(\dfrac{\sigma_x-\sigma_y}{2}\right)^2+\tau_{xy}^2}$$

上式与式(8-8)一致。

同时在应力圆上,从最大的主应力点 A_1 到最大切应力点 G_1 逆时针转过 $90°$,则在单元体内由 $\sigma_{\min}$ 所在平面到 $\tau_{\min}$ 所在平面应为逆时针转过 $45°$。

4. 特殊情况的应力圆

单向拉伸(压缩)、纯剪切和二向等拉(压)应力状态的应力圆分别如图 8-7、图 8-8、图 8-9所示。

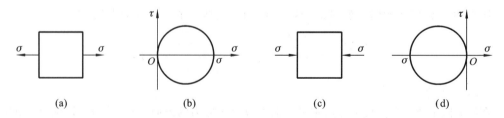

图 8-7　单向拉伸(压缩)应力状态的应力圆

单向拉伸[见图 8-7(a)]应力状态是与 τ 轴相切的应力圆[见图 8-7(b)];单向压缩[见图 8-7(c)]应力状态对应着图 8-7(d)所示的应力圆。

纯剪切应力状态[见图 8-8(a)]是以原点为圆心的应力圆[见图 8-8(b)],它也等同于图 8-8(c)所示的状态,因此纯剪切应力状态是二向应力状态。

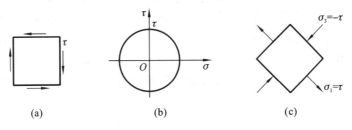

图 8-8　纯剪切应力状态的应力圆

二向等拉[见图 8-9(a)]应力状态的应力圆是个点圆[见图 8-9(b)]。从应力圆中也可以看出该应力状态在任何方位都是主平面,主应力也都相等。

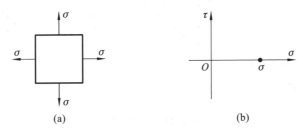

图 8-9　二向等拉应力状态的应力圆

【例 8-1】　已知单元体的应力状态如图 8-10(a)所示,图中应力单位为 MPa,分别用解析法和图解法求斜截面上的应力。

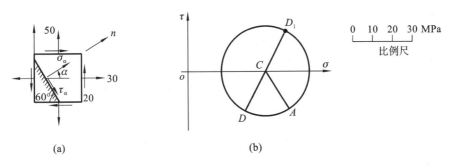

图 8-10　例 8-1 图

解: 由图 8-10(a)可知

$$\sigma_x = 30 \text{ MPa} \quad \sigma_y = 50 \text{ MPa} \quad \tau_{xy} = -20 \text{ MPa} \quad \alpha = 30°$$

由式(8-2)和式(8-3),得

$$\sigma_\alpha = \frac{\sigma_x + \sigma_y}{2} + \frac{\sigma_x - \sigma_y}{2}\cos 2\alpha - \tau_{xy}\sin 2\alpha$$

$$= \frac{30 + 50}{2} + \frac{30 - 50}{2}\cos 60° + 20\sin 60° = 52.32 \text{ MPa}$$

$$\tau_\alpha = \frac{\sigma_x - \sigma_y}{2}\sin 2\alpha + \tau_{xy}\cos 2\alpha$$

$$= \frac{30-50}{2}\sin 60° - 20\cos 60° = -18.66 \text{ MPa}$$

按照作应力圆的方法，在 σ、τ 坐标系内，按选定的比例尺，由 $\sigma_x = 30$ MPa、$\tau_{xy} = -20$ MPa 得到 D 点，对应于 x 面。由 $\sigma_y = 50$ MPa、$\tau_{yx} = 20$ MPa 得到 D_1 点，对应于 y 面。再由 D 点和 D_1 点绘出相应的应力圆，如图 8-10(b)所示。再由 CD 逆时针转过 60°，得到 CA，A 点的坐标为 $(\sigma_\alpha, \tau_\alpha)$，量出 $\sigma_\alpha = 52.3$ MPa、$\tau_\alpha = -18.7$ MPa。

【例 8-2】 图 8-11(a)所示一单元体处于平面应力状态。试求：(1)主应力及主平面；(2)最大切应力。

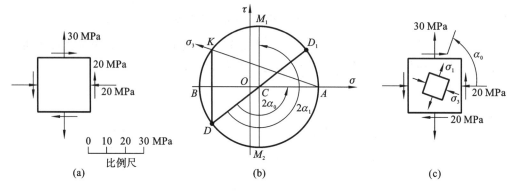

图 8-11 例 8-2 图

解：由图 8-11(a)可知

$$\sigma_x = -20 \text{ MPa} \quad \sigma_y = 30 \text{ MPa} \quad \tau_{xy} = -20 \text{ MPa}$$

先用解析法求解。

极值正应力，由式(8-5)，得

$$\left.\begin{array}{l}\sigma_{\max}\\ \sigma_{\min}\end{array}\right\} = \frac{\sigma_x + \sigma_y}{2} \pm \sqrt{\left(\frac{\sigma_x - \sigma_y}{2}\right)^2 + \tau_{xy}^2}$$

$$= \left[\frac{-20+30}{2} \pm \sqrt{\left(\frac{-20-30}{2}\right)^2 + (-20)^2}\right] \text{MPa} = \left\{\begin{array}{l}37\\ -27\end{array}\right. \text{MPa}$$

所以，主应力

$$\sigma_1 = 37 \text{ MPa} \quad \sigma_2 = 0 \quad \sigma_3 = -27 \text{ MPa}$$

确定主平面，由式(8-3)，得：

$$\tan 2\alpha_0 = -\frac{2\tau_{xy}}{\sigma_x - \sigma_y} = -\frac{2\times(-20)}{-20-30} = -0.8$$

所以

$$\alpha_0 = -19.33°(70.67°)$$

主应力单元体如图 8-11(c)所示。

最大切应力，由式(8-8)，得

$$\tau_{\max} = \sqrt{\left(\frac{\sigma_x - \sigma_y}{2}\right)^2 + \tau_{xy}^2} = \left[\sqrt{\left(\frac{-20-30}{2}\right)^2 + (-20)^2}\right] \text{MPa} = 32 \text{ MPa}$$

最大切应力作用平面

$$\tan 2\alpha_1 = \frac{\sigma_x - \sigma_y}{2\tau_{xy}} = 1.25$$

所以

$$\alpha_1 = 25.67°(115.67°)$$

由 σ_1 的作用平面也可判定最大切应力作用平面是 115.67°。

再用图解法求解。

按照作应力圆的方法,在 $\sigma、\tau$ 坐标系内,按选定的比例尺,由 $\sigma_x = -20$ MPa、$\tau_{xy} = -20$ MPa 得到 D 点,对应于 x 截面。由 $\sigma_y = 30$ MPa、$\tau_{yx} = 20$ MPa 得到 D_1 点,对应于 y 截面。再由 D 点和 D_1 点绘出相应的应力圆,如图 8-11(b)所示。

应力圆和 σ 轴相交于 $A、B$ 两点,即为两个主应力值,由图中量得 $\sigma_1 = 37$ MPa、$\sigma_3 = -27$ MPa。

应力圆的最高点 M_1 对应于最大切应力,由图中量得 $\tau_{\max} = 32$ MPa、$\alpha_1 = 115.67°$。

(1)计算主平面方位时,可得到两个主平面角度,哪一个角度 α_0 对应着是 σ_1 的作用平面,可将 α_0 值代入应力公式(8-2)来判定。还可根据应力圆来判断,本题由图 8-11(b)可知 σ_1 的作用平面是 70.67°。

(2)主单元体可在应力圆上用几何方法给出。具体作法是:由 D 点作 σ 轴的垂直线交应力圆于 K 点,连接 KA,主应力所在主平面与 KA 平行,图 8-11(b)中所指方向为 σ_3;据此可给出主应力单元体。可在应力圆上验证。

【例 8-3】 如图 8-12(a)所示,已知过一点两个平面上的应力。试求:(1)该点的主应力及主平面;(2)两平面的夹角。

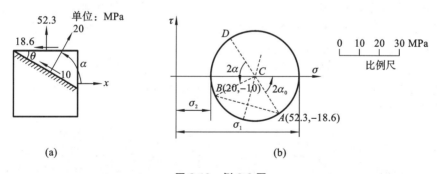

图 8-12 例 8-3 图

解: 已知条件为

$$\tau_{xy} = 18.6 \text{ MPa},\sigma_y = 52.3 \text{ MPa},\sigma_\alpha = 20 \text{ MPa},\tau_\alpha = -10 \text{ MPa}$$

(1)用解析法求解。

将已知条件代入式(8-2)和式(8-3),得

$$20 = \frac{\sigma_x + 52.3}{2} + \frac{\sigma_x - 52.3}{2}\cos 2\alpha - 18.6\sin 2\alpha \tag{a}$$

$$-10 = \frac{\sigma_x - 52.3}{2}\sin 2\alpha + 18.6\cos 2\alpha \tag{b}$$

由(a)、(b)两式消去 α,得

$$\left(20-\frac{\sigma_x+52.3}{2}\right)^2+(-10)^2=\left(\frac{\sigma_x-52.3}{2}\right)^2+18.6^2$$

求解方程，得

$$\sigma_x=27.6 \text{ MPa}$$

求主应力。由式(8-5)有

$$\left.\begin{array}{c}\sigma_{\max}\\\sigma_{\min}\end{array}\right\}=\frac{\sigma_x+\sigma_y}{2}\pm\sqrt{\left(\frac{\sigma_x+\sigma_y}{2}\right)^2+\tau_{xy}^2}$$

$$=\left[\frac{27.6+52.3}{2}\pm\sqrt{\left(\frac{27.6-52.3}{2}\right)^2+18.6^2}\right]\text{MPa}=\left\{\begin{array}{c}62.3\\17.6\end{array}\right.\text{MPa}$$

确定主平面。由式 (8-4) 有

$$\tan2\alpha_0=-\frac{2\tau_{xy}}{\sigma_x-\sigma_y}=-\frac{2\times18.6}{27.6-52.3}=1.506$$

所以

$$\alpha_0=28.2°(118.2°)$$

由平面应力状态任意截面的应力公式(8-2)或式(8-3)有

$$\sigma_\alpha=\frac{\sigma_x+\sigma_y}{2}+\frac{\sigma_x-\sigma_y}{2}\cos2\alpha-\tau_{xy}\sin2\alpha$$

$$20=\frac{27.6+52.3}{2}+\frac{27.6-52.3}{2}\cos2\alpha-18.6\sin2\alpha$$

求得

$$\alpha=41.4°(\theta=48.6°)$$

(2) 用图解法求解。

建立 σ、τ 坐标系，由 y 截面应力(52.3，-18.6)按一定比例找到 A 点，由 α 截面应力 $(20,-10)$ 找到 B 点，连接 AB，作 AB 线的垂直平分线，得到与 σ 轴的交点 C，以 C 为圆心，到 A(或 B)的距离为半径，作出应力圆[见图 8-12(b)]。

量出主应力 $\sigma_1=62.3$ MPa、$\sigma_2=17.6$ MPa 及主平面 $2\alpha_0=56.4°$。

连接 AC 与应力圆相交于 D 点，所对应的是 x 截面的应力值，量出 $\sigma_x=27.6$ MPa，α 截面的角度 $2\alpha=82.8°$。

思考：

水管发生破裂时，破裂处为什么会发生在连接头附近，并沿着图 8-13 所示方向？

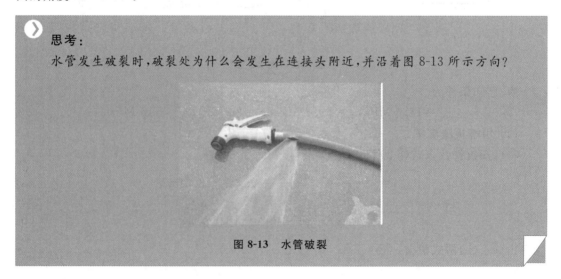

图 8-13　水管破裂

> **思考:**
>
> 小孩玩的气球中有球形和圆柱形的。如果球形和圆柱形气球的直径相同、厚度相同、材料相同,充气时它们的爆炸压力是一样的吗?如果不一样,请问哪一种气球更容易爆炸?

◀ **8.4 三向应力状态** ▶

对图 8-14(a)所示主单元体,任意斜截面上的法线 n 的三个方向余弦为 l、m、n,它们之间有下列关系:

$$l^2 + m^2 + n^2 = 1 \tag{a}$$

假设 $\triangle ABC$ 的面积为 $\mathrm{d}A$,则四面体沿 x、y、z 方向的面积分别为 $l\mathrm{d}A$、$m\mathrm{d}A$、$n\mathrm{d}A$。斜面上应力的三个分量分别为 p_x、p_y、p_z[见图 8-14(b)]。

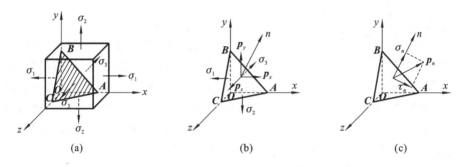

图 8-14 三向应力状态示例

由平衡方程 $\sum F_x = 0$,得

$$p_x \mathrm{d}A - \sigma_1 l \mathrm{d}A = 0$$
$$p_x = \sigma_1 l$$

同理,由 $\sum F_y = 0$ 和 $\sum F_z = 0$,得

$$p_y = \sigma_2 m \quad p_z = \sigma_3 n$$

因此斜面上总应力为

$$p = \sqrt{p_x^2 + p_y^2 + p_z^2} = \sqrt{\sigma_1^2 l^2 + \sigma_2^2 m^2 + \sigma_3^2 n^2}$$

而斜面上总应力也可以表示为

$$p = \sqrt{\sigma_n^2 + \tau_n^2}$$

其中,σ_n 为三个应力 p_x、p_y、p_z 在法线方向的投影,即:

$$\sigma_n = p_x l + p_y m + p_z n = \sigma_1 l^2 + \sigma_2 m^2 + \sigma_3 n^2 \tag{b}$$

这样就可以求出 τ_n:

$$\tau_n^2 = \sigma_1^2 l^2 + \sigma_2^2 m^2 + \sigma_3^2 n^2 - \sigma_n^2 \tag{c}$$

由(a)、(b)、(c)三式,求得 l^2、m^2、n^2

$$\begin{cases} l^2 = \dfrac{\tau_n^2 + (\sigma_n - \sigma_2)(\sigma_n - \sigma_3)}{(\sigma_1 - \sigma_2)(\sigma_1 - \sigma_3)} \\[3mm] m^2 = \dfrac{\tau_n^2 + (\sigma_n - \sigma_3)(\sigma_n - \sigma_1)}{(\sigma_2 - \sigma_3)(\sigma_2 - \sigma_1)} \\[3mm] n^2 = \dfrac{\tau_n^2 + (\sigma_n - \sigma_1)(\sigma_n - \sigma_2)}{(\sigma_3 - \sigma_1)(\sigma_3 - \sigma_2)} \end{cases}$$

改变为

$$\begin{cases} \left(\sigma_n - \dfrac{\sigma_2 + \sigma_3}{2}\right)^2 + \tau_n^2 = \left(\dfrac{\sigma_2 - \sigma_3}{2}\right)^2 + l^2(\sigma_1 - \sigma_2)(\sigma_1 - \sigma_3) \\[3mm] \left(\sigma_n - \dfrac{\sigma_3 + \sigma_1}{2}\right)^2 + \tau_n^2 = \left(\dfrac{\sigma_3 - \sigma_1}{2}\right)^2 + m^2(\sigma_2 - \sigma_3)(\sigma_2 - \sigma_1) \\[3mm] \left(\sigma_n - \dfrac{\sigma_1 + \sigma_2}{2}\right)^2 + \tau_n^2 = \left(\dfrac{\sigma_1 - \sigma_2}{2}\right)^2 + n^2(\sigma_3 - \sigma_1)(\sigma_3 - \sigma_2) \end{cases} \tag{d}$$

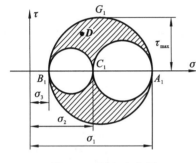

图 8-15　三向应力圆

在以 σ_n 为横坐标，τ_n 为纵坐标的坐标系中，上述三方程式是三个圆，也称为**三向应力圆**（见图 8-15）。

规定 $\sigma_1 \geqslant \sigma_2 \geqslant \sigma_3$，则

$$l^2(\sigma_1 - \sigma_2)(\sigma_1 - \sigma_3) \geqslant 0$$

所以式(d)中第一式表示斜面上的应力在以 $(\sigma_2 \text{、} \sigma_3)$ 所确定的应力圆以外部分；第二式表示应力在以 $(\sigma_1 \text{、} \sigma_3)$ 所确定的应力圆以内部分；第三式表示应力在以 $(\sigma_1 \text{、} \sigma_2)$ 所确定的应力圆以外部分。我们将外圆称为**主圆**，两个小圆称为**副圆**。斜面上的应力值在主圆与副圆所围成的阴影线区域（见图 8-15）。

从三向应力圆中可以看出

$$\sigma_{\max} = \sigma_1, \quad \sigma_{\min} = \sigma_3, \quad \tau_{\max} = \frac{\sigma_1 - \sigma_3}{2} \tag{8-9}$$

最大切应力一定在主圆的 G_1 点，其所在截面与 σ_2 主平面相垂直，并与 σ_1 和 σ_3 主平面成 45°角。

【例 8-4】 单元体各面上的应力如图 8-16(a)所示，试求该单元体的主应力和最大切应力。

解： 该单元体 z 平面上的应力 $\sigma_z = 30$ MPa 即为主应力，因此与 z 平面正交的各截面上的应力与主应力 σ_z 无关，在 x、y 平面上的应力是二向应力状态。

由式(8-5)，得

$$\begin{aligned} \left.\begin{matrix} \sigma_{\max} \\ \sigma_{\min} \end{matrix}\right\} &= \frac{\sigma_x + \sigma_y}{2} \pm \sqrt{\left(\frac{\sigma_x - \sigma_y}{2}\right)^2 + \tau_{xy}^2} \\[3mm] &= \left[\frac{50 + 30}{2} \pm \sqrt{\left(\frac{50 - 30}{2}\right)^2 + 20^2}\right] \text{MPa} = \begin{cases} 62.36 \\ 17.64 \end{cases} \text{MPa} \end{aligned}$$

该单元体的三个主应力按代数值的顺序排列为

$$\sigma_1 = 62.36 \text{ MPa} \quad \sigma_2 = 30 \text{ MPa} \quad \sigma_3 = 17.64 \text{ MPa}$$

由式(8-9)，得

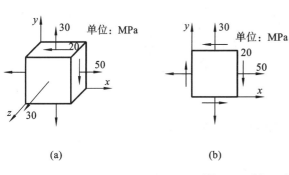

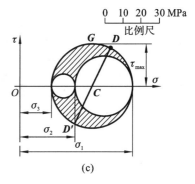

图 8-16 例 8-4 图

$$\tau_{\max} = \frac{\sigma_1 - \sigma_3}{2} = \frac{63.36 - 17.64}{2} \text{ MPa} = 22.86 \text{ MPa}$$

由 x 平面的应力 $D(50,20)$ 和 y 平面的应力 $D'(30,-20)$ 作出应力圆，再由 z 平面的主应力 $(30,0)$ 找到点，作出三向应力圆。按照比例尺量出

$$\sigma_1 = 62.36 \text{ MPa} \quad \sigma_2 = 30 \text{ MPa} \quad \sigma_3 = 17.64 \text{ MPa}$$

最大切应力为 G 点的纵坐标，其值也为主圆的半径

$$\tau_{\max} = 22.86 \text{ MPa}$$

下面讨论一下单向拉伸（压缩）、纯剪切和二向等拉（压）应力状态的三向应力圆。

单向拉伸［见图 8-17(a)］应力状态是与 τ 轴相切的应力圆［见图 8-17(b)］，所对应的三个主应力为 $\sigma_1 = \sigma$，$\sigma_2 = \sigma_3 = 0$；单向压缩［见图 8-17(c)］应力状态对应着图 8-17(d)所示的应力圆，三个主应力为 $\sigma_1 = \sigma_2 = 0$，$\sigma_3 = -\sigma$。

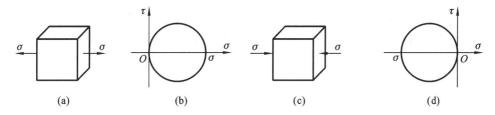

图 8-17 单向拉伸（压缩）应力状态的三向应力圆

纯剪切应力状态［见图 8-18(a)］是图 8-18(b)所示的应力圆，它与图 8-18(c)所示的状态一致，因此纯剪切应力状态是二向应力状态。

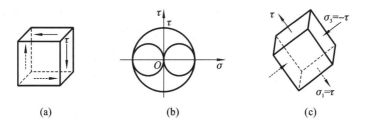

图 8-18 纯剪切应力状态的三向应力圆

二向等拉［见图 8-19(a)］应力状态是图 8-19(b)所示的应力圆。该应力圆虽然与单向应力状态的应力圆相同，但三个主应力 $\sigma_1 = \sigma_2 = \sigma$，$\sigma_3 = 0$。二向等压的应力状态类似。

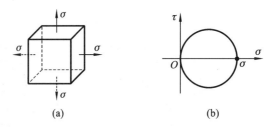

图 8-19　二向等拉应力状态的三向应力圆

三向等拉(压)的应力圆是个点圆。

◀ **8.5　广义胡克定律** ▶

8.5.1　广义胡克定律

在单向拉伸或压缩时,根据各向同性材料在线弹性范围内的应力与应变关系的实验结果是:

$$\sigma = E\varepsilon \text{ 或 } \varepsilon = \frac{\sigma}{E} \tag{a}$$

这就是胡克定律。此外,轴向的变形还将引起横向尺寸的变化,横向应变 ε' 可表示为

$$\varepsilon' = -\mu\varepsilon = -\mu\frac{\sigma}{E} \tag{b}$$

其中, μ 为材料的泊松比。

在纯剪切情况下,实验结果表明,在线弹性范围内的切应力与切应变关系服从剪切胡克定律,即

$$\tau = G\gamma \text{ 或 } \gamma = \frac{\tau}{G} \tag{c}$$

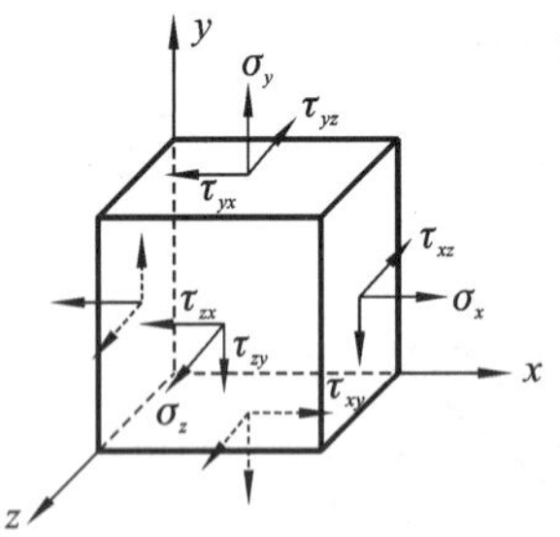

空间应力状态单元体有 9 个应力分量,如图 8-20 所示,在图中的应力方向均假设为正,根据切应力互等定理, $\tau_{xy} = \tau_{yx}$, $\tau_{yz} = \tau_{zy}$, $\tau_{zx} = \tau_{xz}$ 。这样 9 个应力分量中独立的只有 6 个。在线弹性、小变形条件下,正应力只引起线应变,而切应力只引起同一平面内的切应变。线应变 ε_x 、 ε_y 、 ε_z 与正应力 σ_x 、 σ_y 、 σ_z 之间的关系,可应用叠加原理求得。

在 σ_x 、 σ_y 、 σ_z 分别单独存在时, x 方向的线应变 ε_x 依次分别为

图 8-20　空间应力状态单元体的 9 个应力分量

$$\varepsilon_x' = \frac{\sigma_x}{E}, \varepsilon_x'' = -\mu\frac{\sigma_y}{E}, \varepsilon_x''' = -\mu\frac{\sigma_z}{E}$$

叠加后得

$$\varepsilon_x = \frac{\sigma_x}{E} - \mu\frac{\sigma_y}{E} - \mu\frac{\sigma_z}{E} = \frac{1}{E}[\sigma_x - \mu(\sigma_y + \sigma_z)]$$

同理,可以求得沿 y 和 z 方向的线应变 ε_y 和 ε_z ,最后得到

$$\varepsilon_x = \frac{1}{E}\left[\sigma_x - \mu(\sigma_y + \sigma_z)\right]$$
$$\left.\begin{array}{l}\varepsilon_y = \frac{1}{E}\left[\sigma_y - \mu(\sigma_z + \sigma_x)\right]\\[2mm]\varepsilon_z = \frac{1}{E}\left[\sigma_z - \mu(\sigma_x + \sigma_y)\right]\end{array}\right\}$$

(8-10)

同时在 xy、yz、zx 三个面内的应变分别是

$$\gamma_{xy} = \frac{\tau_{xy}}{G}, \gamma_{yz} = \frac{\tau_{yz}}{G}, \gamma_{zx} = \frac{\tau_{zx}}{G}$$

(8-11)

式(8-10)和式(8-11)称为一般应力状态下的广义胡克定律。

在主单元体状态下，这时的广义胡克定律为

$$\varepsilon_1 = \frac{1}{E}\left[\sigma_1 - \mu(\sigma_2 + \sigma_3)\right]$$
$$\left.\begin{array}{l}\varepsilon_2 = \frac{1}{E}\left[\sigma_2 - \mu(\sigma_3 + \sigma_1)\right]\\[2mm]\varepsilon_3 = \frac{1}{E}\left[\sigma_3 - \mu(\sigma_1 + \sigma_2)\right]\end{array}\right\}$$

$$\gamma_{xy} = 0, \gamma_{yz} = 0, \gamma_{zx} = 0$$

其中，ε_1、ε_2、ε_3 分别是沿着主应力 σ_1、σ_2、σ_3 方向的主应变。

8.5.2　体积胡克定律

如图 8-21 所示主单元体，边长分别是 $\mathrm{d}x$、$\mathrm{d}y$、$\mathrm{d}z$。变形前体积为

$$V = \mathrm{d}x\mathrm{d}y\mathrm{d}z$$

变形后单元体的三个边长分别为 $(1+\varepsilon_1)\mathrm{d}x$、$(1+\varepsilon_2)\mathrm{d}y$、$(1+\varepsilon_3)\mathrm{d}z$。

因此变形后单元体的体积为

$$V_1 = (1+\varepsilon_1)\mathrm{d}x \times (1+\varepsilon_2)\mathrm{d}y \times (1+\varepsilon_3)\mathrm{d}z$$

展开上式，并略去含有高阶微量的 $\varepsilon_1\varepsilon_2$、$\varepsilon_2\varepsilon_3$、$\varepsilon_3\varepsilon_1$、$\varepsilon_1\varepsilon_2\varepsilon_3$ 各项，得

$$V_1 = (1+\varepsilon_1+\varepsilon_2+\varepsilon_3)\mathrm{d}x\mathrm{d}y\mathrm{d}z$$

单位体积的体积改变为

$$\theta = \frac{V_1 - V}{V} = \varepsilon_1 + \varepsilon_2 + \varepsilon_3$$

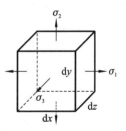

图 8-21　主单元体

将式(8-10)代入上式，经化简得

$$\theta = \varepsilon_1 + \varepsilon_2 + \varepsilon_3 = \frac{1-2\mu}{E}(\sigma_1 + \sigma_2 + \sigma_3)$$

上式可以改写为

$$\theta = \frac{3(1-2\mu)}{E} \cdot \frac{\sigma_1 + \sigma_2 + \sigma_3}{3} = \frac{\sigma_m}{K}$$

(8-12)

式中，θ 称为体积应变；$K = \dfrac{E}{3(1-2\mu)}$ 称为体积弹性模量；$\sigma_m = \dfrac{\sigma_1 + \sigma_2 + \sigma_3}{3}$ 是三个主应力的平均值。

从式(8-12)，得到

$$\theta = \frac{\sigma_x + \sigma_y + \sigma_z}{3K}$$

由此可知,在任意形式的应力状态下,各向同性材料内一点处的体积应变与通过该点的任意三个相互垂直的平面上的正应力之和成正比,而与切应力无关。

8.5.3　各向异性材料的广义胡克定律

木材、玻璃钢纤维增强复合材料的力学性能与受力方向有关,它们均是各向异性材料。

应力分量与应变分量间可以表达为

$$
\left.
\begin{aligned}
\varepsilon_x &= C_{11}\sigma_x + C_{12}\sigma_y + C_{13}\sigma_z + C_{14}\tau_{yz} + C_{15}\tau_{zx} + C_{16}\tau_{xy} \\
\varepsilon_y &= C_{21}\sigma_x + C_{22}\sigma_y + C_{23}\sigma_z + C_{24}\tau_{yz} + C_{25}\tau_{zx} + C_{26}\tau_{xy} \\
\varepsilon_z &= C_{31}\sigma_x + C_{32}\sigma_y + C_{33}\sigma_z + C_{34}\tau_{yz} + C_{35}\tau_{zx} + C_{36}\tau_{xy} \\
\gamma_{yz} &= C_{41}\sigma_x + C_{42}\sigma_y + C_{43}\sigma_z + C_{44}\tau_{yz} + C_{45}\tau_{zx} + C_{46}\tau_{xy} \\
\gamma_{zx} &= C_{51}\sigma_x + C_{52}\sigma_y + C_{53}\sigma_z + C_{54}\tau_{yz} + C_{55}\tau_{zx} + C_{56}\tau_{xy} \\
\gamma_{xy} &= C_{61}\sigma_x + C_{62}\sigma_y + C_{63}\sigma_z + C_{64}\tau_{yz} + C_{65}\tau_{zx} + C_{66}\tau_{xy}
\end{aligned}
\right\}
\tag{8-13}
$$

上式称为各向异性材料的广义胡克定律。式中弹性常数 C_{ij} 用两个下标表示,第一个下标与应变分量有关($i=1,2,\cdots,6$,分别对应于 $\varepsilon_x,\varepsilon_y,\cdots,\gamma_{xy}$);第二个下标与应力分量有关($j=1,2,\cdots,6$,分别对应于 $\sigma_x,\sigma_y,\cdots,\tau_{xy}$)。总共 36 个弹性常数,但当下标次序转置时,弹性常数是相等的,即 $C_{ij}=C_{ji}$,因此各向异性材料的弹性常数是 21 个。要区别的是,由于正应力也将引起切应力,因此当单元体在 3 个主应力作用下,将同时引起线应变和切应变,一点处的主应力方向与主应变方向是不重合的。

在工程中还有一种材料称为正交异性材料,我们就不再一一叙述了。

【例 8-5】　一铝质立方块的尺寸为 10 mm×10 mm×10 mm,材料的 $E=70$ GPa,$\mu=0.33$。如图 8-22(a)所示,铝块放进宽深均为 10 mm 的刚性槽中,在其上施加均布压力,总压力 $F=6$ kN。试求:立方块的三个主应力及三个主应变(设大方块与槽间的摩擦不计)。

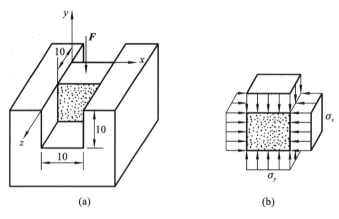

图 8-22　例 8-5 图

解:铝块在 y 向的应力为

$$\sigma_y = -\frac{F}{A} = -60 \text{ MPa}$$

铝块的 z 面为自由表面,所以

$$\sigma_z = 0$$

铝块在 x 向不能有变形，x 向应变等于零，由广义胡克定律知

$$\varepsilon_x = \frac{1}{E}\left[\sigma_x - \mu(\sigma_y + \sigma_z)\right] = 0$$

求得：

$$\sigma_x = \mu(\sigma_y + \sigma_z) = -19.8 \text{ MPa}$$

铝块的主应力为

$$\sigma_1 = 0 \quad \sigma_2 = -19.8 \text{ MPa} \quad \sigma_3 = -60 \text{ MPa}$$

由式(8-10)，求得铝块的主应变为

$$\varepsilon_1 = \frac{1}{E}\left[\sigma_1 - \mu(\sigma_2 + \sigma_3)\right] = 376 \times 10^{-6} \quad （沿 z 方向）$$

$$\varepsilon_2 = \frac{1}{E}\left[\sigma_2 - \mu(\sigma_3 + \sigma_1)\right] = 0 \quad （沿 x 方向）$$

$$\varepsilon_3 = \frac{1}{E}\left[\sigma_3 - \mu(\sigma_1 + \sigma_2)\right] = -760 \times 10^{-6} \quad （沿 y 方向）$$

广义胡克定律式(8-10)有六个参数，已知其中三个参数，可以求解另外三个未知量。应先分析受力构件上各面的受力情况及各方向的变形，然后，由已知的应力和应变去求未知的应力和应变。

工程中经常用电测法测定结构所承受的外载荷，应先分析测点处的应力状态，求出应力与载荷间的关系，然后利用广义胡克定律，由测出的应变值求得外载荷。

【例 8-6】 一水轮机主轴承受轴向拉伸与扭转的联合作用，如图 8-23(a)所示。为测定拉力 F 和转矩 T，在主轴上沿轴线方向及与轴向夹角 $45°$的方向各贴一电阻应变片。测得轴等速转动时，轴向应变平均值 $\varepsilon_{0°} = 25 \times 10^{-6}$，$45°$方向应变平均值 $\varepsilon_{45°} = 140 \times 10^{-6}$。已知轴的直径 $D = 300$ mm，材料的 $E = 200$ GPa、$\mu = 0.28$。试求拉力 F 和转矩 T。

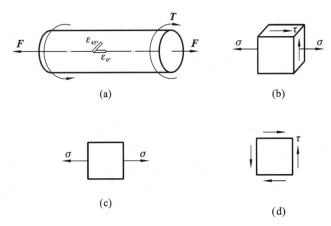

图 8-23 例 8-6 图

解：主轴在拉伸与扭转的联合作用下，外表面各点的应力状态如图 8-23(b)所示。其中拉伸正应力

$$\sigma = \frac{F_N}{A} = \frac{4F}{\pi D^2}$$

扭转切应力

$$\tau = \frac{T}{W_t} = \frac{16T}{\pi D^3}$$

为了求得轴向和45°方向应变与σ及τ之间的关系,将图8-23(b)所示应力状态分解为一单向拉伸应力状态和一纯剪切应力状态,如图8-23(c)所示。

单向拉伸应力状态的正应力引起轴向应变,即

$$\varepsilon_{0°} = \frac{\sigma}{E} = \frac{4F}{E\pi D^2}$$

$$F = \frac{E\pi D^2}{4}\varepsilon_{0°} = 371 \text{ kN}$$

45°方向应变是由两种应力状态的45°和$-$45°方向的正应力共同引起的,即

$$\sigma_{45°} = \frac{\sigma}{2} + \tau, \sigma_{-45°} = \frac{\sigma}{2} - \tau$$

其中

$$\sigma = E\varepsilon_{0°} = 5.25 \text{ MPa}$$

由式(8-10)得

$$\varepsilon_{45°} = \frac{1}{E}(\sigma_{45°} - \mu\sigma_{-45°}) = \frac{1}{E}\left[\left(\frac{\sigma}{2} + \tau\right) - \mu\left(\frac{\sigma}{2} - \tau\right)\right]$$

所以

$$\tau = \frac{1}{1+\mu}\left(E\sigma_{45°} - (1-\mu)\frac{\sigma}{2}\right) = 21.49 \text{ MPa}$$

扭矩

$$T = \frac{\pi D^3}{16}\tau = 113.9 \text{ kN} \cdot \text{m}$$

8.6 强度理论

前面研究构件的基本变形时,可以直接用实验的方法来测定材料的极限应力,引入安全因数得到许用应力,从而建立强度条件,如:

$$\sigma_{max} \leqslant [\sigma] \tag{a}$$

$$\tau_{max} \leqslant [\tau] \tag{b}$$

式(a)和式(b)分别称为正应力强度条件和切应力强度条件,$[\sigma]$和$[\tau]$分别是构件的许用正应力和许用切应力,它们分别可以由极限应力给予一定的安全因数获得。

对于复杂应力状态,例如三向应力状态,三个主应力之间的比值有无穷多种组合,要对每种组合情况都由实验来建立强度条件,显然是不可能的。通常可以依据部分实验结果,经过缜密的推理和合理的假设,推测材料失效的原因和破坏的规律,给出判断材料在复杂应力状态下的破坏理论,这些理论称为**强度理论**。

大量实验表明,材料在静载作用下的失效形式主要有两种:一种是断裂破坏,如铸铁在拉伸时没有显著的塑性变形就发生突然断裂,铸铁圆试件在扭转时沿斜截面的断裂。另一种为屈服破坏,如低碳钢在拉伸(压缩)或扭转时发生了显著的塑性变形,并出现明显的屈服现象。下面主要介绍经过实验和实践检验,在工程中常用的四个强度理论。这些都是在常温、静载荷下,适用于均匀、连续、各向同性材料的强度理论。

强度失效的主要形式有屈服和断裂两种,相应的强度理论也分为两类:一类是解释断裂失效的,它们是以脆性断裂作为破坏标志的,其中有最大拉应力理论和最大拉应变理论,早在 17 世纪,就先后提出了这一类理论,由于当时的建筑材料主要以砖、石和铸铁等脆性材料为主,所以观察到的破坏现象多为断裂,但当初提出这两个理论时,只认为破坏的原因是最大正应力(包括拉应力和压应力)或最大线应变(包括伸长和缩短),后来才逐渐明确脆性断裂只发生在以拉伸为主的情况下,经过多年的探索才形成了现在的理论;另一类是解释屈服失效的,其中有最大切应力理论和畸变能理论,这些理论都是从 19 世纪末以来,随着工程中低碳钢这一类塑性材料的大量使用,才对材料发生塑性变形的物理本质有了清晰的认识,经过完善,得出了相应的强度理论。

8.6.1　最大拉应力理论(第一强度理论)

该理论认为最大拉应力是引起断裂的主要因素,即认为无论是什么应力状态,只要最大拉应力达到材料的极限应力,材料就发生断裂。

至于材料的极限应力可通过单向拉伸试件发生脆性断裂的实验来确定,于是按照这一强度理论,脆性断裂的准则为

$$\sigma_1 = \sigma_u \tag{c}$$

将式(c)右边的极限应力除以安全因数,就得到材料的许用拉应力$[\sigma]$,因此,按第一强度理论所建立的强度条件为

$$\sigma_1 \leqslant [\sigma] \tag{8-14}$$

这一理论由英国的兰金(W. J. M. Rankine)提出。

应该指出,式(8-14)中的 σ_1 为拉应力,对应于三向受压的应力状态是不能采用第一强度理论来建立强度条件的,而式中的$[\sigma]$是试件发生脆性断裂的许用拉应力。铸铁等脆性材料在单向拉伸下,断裂发生在拉应力最大的横截面,脆性材料的扭转也是沿拉应力最大的截面发生断裂,这些都与最大拉应力理论相符。这一强度理论没有考虑其他两个应力的影响,对没有拉应力的状态(如单向压缩、三向压缩等)是不适用的。

8.6.2　最大拉应变理论(第二强度理论)

该理论认为最大拉应变是引起断裂的主要因素,即认为无论是什么应力状态,只要最大拉应变达到材料的极限应变,材料就发生断裂。

于是按照这一强度理论,脆性断裂的准则为

$$\varepsilon_1 = \varepsilon_u \tag{d}$$

至于材料的极限应变可通过单向拉伸试件发生脆性断裂的实验来确定,拉断时伸长线应变的极限值应为

$$\varepsilon_u = \frac{\sigma_u}{E}$$

在三向应力状态中,最大拉应变为

$$\varepsilon_1 = \frac{1}{E}[\sigma_1 - \mu(\sigma_2 + \sigma_3)]$$

代入式(d),得到按第二强度理论的断裂准则

$$\sigma_1 - \mu(\sigma_2 + \sigma_3) = \sigma_u$$

将式右边的极限应力除以安全因数，就得到材料的许用拉应力$[\sigma]$，因此，按第二强度理论所建立的强度条件为

$$\sigma_1 - \mu(\sigma_2 + \sigma_3) \leqslant [\sigma] \tag{8-15}$$

石料或混凝土等材料受轴向压缩时，如在试验机与试样的接触面上涂上润滑剂以减小端部摩擦力，试样将沿垂直于压力的方向发生断裂，这一方向就是最大拉应变的方向，与第二强度理论相吻合，铸铁在拉-压二向应力，且压应力较大的情况下，试验结果也与这一理论相近。

这一理论考虑了三个主应力对材料强度的影响，表面上似乎比最大拉应力理论更为完善，但实际上并非如此，如在二向或三向受拉情况下，按第二强度理论单向受拉时不易断裂，显然与实际情况不符。一般来说，最大拉应力理论适用于脆性材料以拉应力为主的情况，而最大拉应变理论适用于以压应力为主的情况，由于这一理论在应用上不如最大拉应力理论简便，因此工程上已经很少使用。

8.6.3　最大切应力理论（第三强度理论）

该理论认为最大切应力是引起屈服的主要因素，即认为无论是什么应力状态，只要最大切应力达到材料的极限切应力时，材料就发生屈服。

于是按照这一强度理论，材料塑性屈服的准则为

$$\tau_{max} = \tau_u \tag{e}$$

材料的最大切应力可通过单向拉伸试件发生塑性屈服的实验来确定，产生屈服时的极限切应力为

$$\tau_u = \frac{\sigma_u}{2}$$

在三向应力状态中，最大切应力为

$$\tau_{max} = \frac{\sigma_1 - \sigma_3}{2}$$

代入式(e)，得按第三强度理论的屈服准则

$$\sigma_1 - \sigma_3 = \sigma_u$$

将式右边的极限应力除以安全因数，就得到材料的许用拉应力$[\sigma]$，因此，按第三强度理论所建立的强度条件为

$$\sigma_1 - \sigma_3 \leqslant [\sigma] \tag{8-16}$$

最大切应力屈服准则由法国科学家库仑(C. A. Coulomb)于1773年提出，是关于剪断的准则，并应用于土的破坏条件，1864年屈雷斯加(Tresca)通过挤压实验研究屈服现象，将剪断准则发展为屈服准则，因此这一准则也称为屈雷斯加准则。

第三强度理论曾被许多塑性材料的试验结果所证实，且稍偏于安全，这个理论所提供的计算式比较简单，因此在工程设计中得到了广泛的应用。

屈雷斯加准则可用几何方法来描述。在二向应力状态下，$\sigma_3 = 0$，则以σ_1和σ_2表示两个主应力，且设σ_1和σ_2都可以表示最大或最小应力，则

$$\left.\begin{array}{l}\sigma_1-\sigma_2=\sigma_s \quad (当\ \sigma_1>0,\sigma_2<0) \\ \sigma_1-\sigma_2=-\sigma_s \quad (当\ \sigma_1<0,\sigma_2>0) \\ \sigma_2=\sigma_s \quad (当\ \sigma_2>\sigma_1>0) \\ \sigma_1=\sigma_s \quad (当\ \sigma_1>\sigma_2>0) \\ \sigma_1=-\sigma_s \quad (当\ \sigma_1<\sigma_2<0) \\ \sigma_2=-\sigma_s \quad (当\ \sigma_2<\sigma_1<0)\end{array}\right\}$$

将此屈服准则用于平面应力状态的 $\sigma_1\sigma_2$ 平面绘制时,可得到屈雷斯加六边形(见图 8-24)。

8.6.4 最大畸变能密度理论(第四强度理论)

该理论认为最大畸变能密度是引起屈服的主要因素,即认为无论是什么应力状态,只要最大畸变能密度达到材料的极限值时,材料就发生屈服。

于是按照这一强度理论,材料塑性屈服的准则为

$$v_d=v_{du}$$

在任意应力状态下,材料的畸变能密度 v_d 为(推导从略)

$$v_d=\frac{1+\mu}{6E}\left[(\sigma_1-\sigma_2)^2+(\sigma_2-\sigma_3)^2+(\sigma_3-\sigma_1)^2\right]$$

对于低碳钢等材料的最大畸变能密度可通过单向拉伸试件发生塑性屈服的实验来确定,产生屈服时的最大畸变能密度可采用下列方法得到。

将 $\sigma_1=\sigma_s$,$\sigma_2=\sigma_3=0$ 代入上式得

$$v_{du}=\frac{1+\mu}{6E}\cdot 2\sigma_s^2$$

根据屈服准则 $v_d=v_{du}$,可改写为

$$\frac{1+\mu}{6E}\left[(\sigma_1-\sigma_2)^2+(\sigma_2-\sigma_3)^2+(\sigma_3-\sigma_1)^2\right]=\frac{1+\mu}{6E}\cdot 2\sigma_s^2$$

并化简为

$$\sqrt{\frac{1}{2}\left[(\sigma_1-\sigma_2)^2+(\sigma_2-\sigma_3)^2+(\sigma_3-\sigma_1)^2\right]}=\sigma_s$$

将式右边的屈服极限应力除以安全因数,就得到材料的许用拉应力 $[\sigma]$,因此,按第四强度理论所建立的强度条件为

$$\sqrt{\frac{1}{2}\left[(\sigma_1-\sigma_2)^2+(\sigma_2-\sigma_3)^2+(\sigma_3-\sigma_1)^2\right]}\leqslant[\sigma] \tag{8-17}$$

最大畸变能密度屈服准则由米塞斯(R. Von Mises)于 1913 年在最大应力屈服准则的基础上提出的,德国的亨盖(Hencky)从畸变能方面对这一准则做了解释,从而形成了最大畸变能密度屈服准则,故又称为米塞斯屈服准则。

同样最大畸变能密度屈服准则也可用几何的方式来表达,在二向应力状态下,假设 $\sigma_3=0$,则最大畸变能密度屈服准则成为

$$\sqrt{\sigma_1^2-\sigma_1\sigma_2+\sigma_2^2}=\sigma_s$$

在 σ_1-σ_2 坐标系中,图形为一椭圆,它是外接屈雷斯加六边形的椭圆(见图 8-24),从图 8-24 中可以得知,当实际的二向应力状态的点处于椭圆之内时,材料不发生屈服,若处于

椭圆曲线上或椭圆之外时,材料将发生屈服。

几种塑性材料钢、铜、铝的薄管试验资料表明,最大畸变能密度屈服准则与试验资料相当吻合,比第三强度理论更为符合试验结果。在纯剪切的情况下,两者误差最大,达到15%。

在主应力空间中,OE线为过原点与三个主应力轴等倾斜的轴线,最大切应力准则表面是一正六棱柱,它内接于畸变形密度准则圆柱,如图8-25所示,由图8-25可见两个屈服准则实际上相差不大,它们也反映了如下概念:

(1)屈服面内为弹性区;

(2)屈服面上为塑性区;

(3)当物体处于三向等拉或三向等压应力状态时,如图8-25中OE线,不管其绝对值多大,都不可能发生塑性变形。

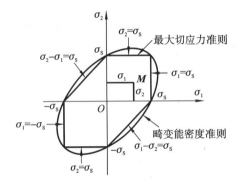

图8-24　屈雷斯加六边形

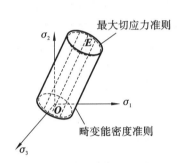

图8-25　畸变形密度准则圆柱

在人们对屈服准则的认识中曾经历了这样一段过程,1864年屈雷斯加提出最大切应力准则后,当时被人们广泛接受,但在应力顺序不知道时应用很麻烦,因此所得屈服轨迹是有角点的,不是一条光滑的曲线。1913年米塞斯考虑到屈雷斯加准则所得屈服轨迹仅六个顶点是由实验得出的,而所得六边形则包含了直线连接的假设,是否正确尚需验证,因此提出了如果用一个圆来连接似乎更合理,且可避免因曲线不光滑所引起数学计算上的困难,虽然正确与否也需实验验证,但从数学角度提出了这个假设。直到1924年德国人亨盖才指明米塞斯准则说明变形体的某处弹性形状变化位能达到极值时将发生塑性变形这一重要概念,后经实验证实米塞斯准则与实验结果更吻合的结论,由此可见抽象与假说在学科发展中的意义。

综合式(8-14)、式(8-15)、式(8-16)、式(8-17),可把四个强度理论的强度条件写成统一的形式

$$\sigma_r \leqslant [\sigma] \tag{8-18}$$

式中$[\sigma]$为根据材料单向拉伸试验而得的材料的许用应力,σ_r称为相当应力,按第一强度理论到第四强度理论的顺序,相当应力分别为

$$\left.\begin{array}{l} \sigma_{r1} = \sigma_1 \\ \sigma_{r2} = \sigma_1 - \mu(\sigma_2 + \sigma_3) \\ \sigma_{r4} = \sigma_1 - \sigma_3 \\ \sigma_{r4} = \sqrt{\dfrac{1}{2}\left[(\sigma_1 - \sigma_2)^2 + (\sigma_2 - \sigma_3)^2 + (\sigma_3 - \sigma_1)^2\right]} \end{array}\right\} \tag{8-19}$$

以上介绍了四种常用的强度理论。一般来说，在常温、静载条件下，脆性材料多发生断裂，故通常采用第一和第二强度理论；塑性材料多发生屈服，故通常采用第三和第四强度理论。

影响材料脆性和塑性的因素很多，例如低温能提高脆性，高温能提高塑性，在高速动载荷作用下脆性提高，等等。

无论是塑性材料还是脆性材料，在三向拉应力的情况下，都将以断裂的形式失效，所以要采用第一和第二强度理论，例如在应力集中处的点；而在三向压应力的情况下，一般将以屈服的形式失效，所以要采用第三和第四强度理论，例如处于深海底的石头等。

> **思考：**
>
> (1) 冬天自来水管冻裂而管内冰并未破碎，试解释该现象。
>
> (2) 石料在单向压缩时沿压力作用方向的纵截面裂开，这与第几强度理论相近？
>
> (3) 将沸水倒入厚玻璃杯里，玻璃杯内、外壁的受力情况如何？若因此而发生破裂，试问破 4、裂是从内壁开始，还是从外壁开始？为什么？
>
> (4) 混凝土或石料等脆性材料轴向受压时，如在试验机与试块的接触面上添加润滑剂，则试块沿垂直于压力的方向开裂，为什么？
>
> (5) 深海海底的石块，虽承受很大的静水压力，但不易发生破裂。为什么？
>
> (6) 把经过冷却的钢质实心球体，放入沸腾的热油锅中，将引起钢球的爆裂，试分析原因。

【例 8-7】 图 8-26(a)所示的薄壁圆球，内径 $d = 20$ m，内部承受气体的均匀内压 $q = 1.5$ MPa，已知圆球材料的许用应力 $[\sigma] = 250$ MPa，泊松比 $\mu = 0.3$。试分析球壁各点的应力状态并按第三和第四强度理论确定圆球壁厚 t。

解： 用直径平面把圆球(连同内部气体在内)一切为二，如图 8-26(b)所示。由于球壁很薄，可设球壁中的应力沿壁厚均布。由半球的平衡条件得

$$\sigma \cdot \pi dt = q \cdot \frac{\pi d^2}{4}$$

周向应力

$$\sigma = \frac{qd}{4t}$$

作用于圆球内壁上的内压 q 和外壁上的大气压力都远远小于周向应力。可以认为垂直球壁(即径向)的应力等于零，这样球壁各点处于均匀二向应力状态，三个主应力分别为

$$\sigma_1 = \sigma_2 = \frac{qd}{4t}, \quad \sigma_3 = 0$$

由第三强度理论式(8-16)得

$$\sigma_{r3} = \sigma_1 - \sigma_3 = \frac{qd}{4t} \leqslant [\sigma]$$

得

$$t = 30 \text{ mm}$$

由第四强度理论式(8-17)得

$$\sigma_{r4} = \sqrt{\frac{1}{2}\left[(\sigma_1-\sigma_2)^2+(\sigma_2-\sigma_3)^2+(\sigma_3-\sigma_1)^2\right]} = \frac{pd}{4t} \leqslant [\sigma]$$

得

$$t = 30 \text{ mm}$$

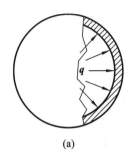 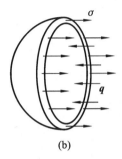

图 8-26　例 8-7 图

【**例 8-8**】　试按各种强度理论建立纯剪切应力状态的强度条件,并求出剪切许用应力 $[\tau]$ 与拉伸许用应力 $[\sigma]$ 之间的关系。

解: 纯剪切应力状态如图 8-27 所示,三个主应力分别为

$$\sigma_1 = \tau, \quad \sigma_2 = 0, \quad \sigma_3 = -\tau$$

图 8-27　例 8-8 图

对脆性材料:

按第一强度理论得

$$\sigma_{r1} = \sigma_1 = \tau \leqslant [\sigma]$$

与 $\tau \leqslant [\tau]$ 比较,得

剪切许用应力 $[\tau]$ 与拉伸许用应力 $[\sigma]$ 之间的关系为

$$[\tau] = [\sigma]$$

按第二强度理论得

$$\sigma_{r2} = \sigma_1 - \mu(\sigma_2+\sigma_3) = (1+\mu)\tau \leqslant [\sigma]$$

剪切许用应力 $[\tau]$ 与拉伸许用应力 $[\sigma]$ 之间的关系为

$$[\tau] = \frac{[\sigma]}{1+\mu}$$

铸铁材料的 $\mu = 0.25$,所以

$$[\tau] = 0.8[\sigma]$$

对塑性材料:

按第三强度理论得

$$\sigma_{r3} = \sigma_1 - \sigma_3 = 2\tau \leqslant [\sigma]$$

剪切许用应力 $[\tau]$ 与拉伸许用应力 $[\sigma]$ 之间的关系为

$$[\tau] = \frac{[\sigma]}{2}$$

按第四强度理论得

$$\sigma_{r4} = \sqrt{\frac{1}{2}\left[(\sigma_1-\sigma_2)^2+(\sigma_2-\sigma_3)^2+(\sigma_3-\sigma_1)^2\right]} = \sqrt{3}\tau \leqslant [\sigma]$$

剪切许用应力 $[\tau]$ 与拉伸许用应力 $[\sigma]$ 之间的关系为

$$[\tau] = 0.577[\sigma]$$

综上所述,工程上一般取[\tau]为

脆性材料:

$$[\tau] = (0.8 \sim 1.0)[\sigma]$$

塑性材料:

$$[\tau] = (0.5 \sim 0.6)[\sigma]$$

【例 8-9】 图 8-28(a)所示为 25b 工字钢简支梁,截面尺寸如图所示。已知载荷 $F = 200$ kN,$q = 10$ kN/m,许用应力$[\tau] = 100$ MPa,$[\sigma] = 165$ MPa,试校核梁的强度。

解: 梁的剪力图和弯矩图如图 8-28(b)所示。由梁的剪力图和弯矩图可以看出,梁的最大弯矩在 E 截面处,在 E 截面上有梁的最大弯曲正应力。梁的最大剪力在支座内侧截面处,这里发生梁的最大切应力。在 $C(D)$ 截面处,梁的弯矩和剪力都比较大,在这些截面的翼缘和腹板的交界处,弯曲正应力及切应力都比较大,也可能是危险点。因此,对于此梁应作三个方面的计算。

查型钢表得 25b 工字钢的几何性质:

$$I_z = 5280 \text{ cm}^4 \quad W_z = 423 \text{ cm}^3 \quad I_z : S_z^* = 21.3 \text{ cm}$$

(1)梁的弯曲正应力校核。

梁的弯曲正应力发生在中间截面 E 的上、下边缘处,危险点的应力状态如图 8-28(c)所示。

$$\sigma_{\max} = \frac{M_{\max}}{W_z} = \frac{45 \times 10^3}{423 \times 10^{-6}} \text{ Pa} = 106.4 \text{ MPa}$$

(2)梁的弯曲切应力校核。

梁的弯曲切应力发生在支座内侧截面的中性轴上,危险点的应力状态如图 8-28(d)所示。

$$\tau_{\max} = \frac{F_{s\max} S_z^*}{b I_z} = \frac{210 \times 10^3}{10 \times 10^{-3}} \times \frac{1}{21.3 \times 10^{-2}} \text{ Pa} = 98.6 \text{ MPa}$$

(3)梁的主应力强度校核。

梁的危险点也可能出现在 $C(D)$ 截面翼缘和腹板的交界处,危险点的应力状态如图 8-28(e)所示。其中

$$\sigma = \frac{M_C y}{I_z} = \frac{41.8 \times 10^3 \times (0.125 - 0.013)}{5280 \times 10^{-8}} \text{ Pa} = 88.67 \text{ MPa}$$

$$\tau = \frac{F_s S_z^*}{I_z b} = \frac{208 \times 10^3 \times 0.118 \times 0.013 \times (0.125 - 0.013/2)}{5280 \times 10^{-8} \times 0.01} \text{ Pa} = 71.61 \text{ MPa}$$

按第三强度理论

$$\sigma_{r3} = \sqrt{\sigma^2 + 4\tau^2} = 168.44 \text{ MPa} > [\sigma]$$

按第四强度理论

$$\sigma_{r3} = \sqrt{\sigma^2 + 3\tau^2} = 152.47 \text{ MPa} < [\sigma]$$

按第四强度理论计算梁是安全的,而按第三强度理论计算,其相当应力超过了许用应力。但由于相当应力超过许用应力的比值为$\frac{\sigma_{\max} - [\sigma]}{[\sigma]} = \frac{168.44 - 165}{165} = 2.08\%$。超过的值小于 5%,这在工程上还是允许的。

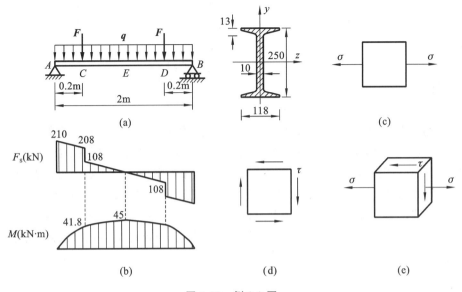

图 8-28 例 8-9 图

习　　题

8-1　构件受力如图 8-29 所示。

(1)确定危险点的位置。

(2)用单元体表示危险点的应力状态。

(3)绘出代表危险应力状态的应力圆。

8-2　在图 8-30 所示各单元体中,试用解析法和图解法求斜面 ab 上的应力。应力的单位为 MPa。

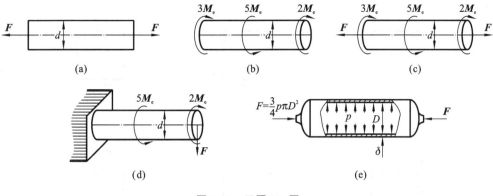

图 8-29 习题 8-1 图

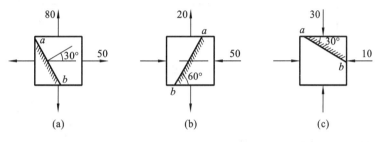

图 8-30 习题 8-2 图

8-3 在图 8-31 所示各单元体中，试用解析法和图解法求斜面 ab 上的应力。应力的单位为 MPa。

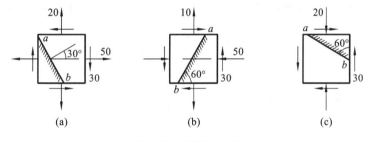

图 8-31 习题 8-3 图

8-4 在图 8-32 所示各单元体中，试用解析法和图解法求：

（1）主应力大小，主平面的方位；

（2）在单元体上绘出主平面位置及主平面方向。

图中应力的单位为 MPa。

8-5 如图 8-33 所示，一圆筒受到扭转力偶 $M_e = 0.2$ kN·m 和 $F = 20$ kN 的作用。已知 $D = 50$ mm，$d = 40$ mm。试求 A 点处指定斜截面上的应力及主应力。

8-6 二向应力状态如图 8-34 所示，求切应力 τ 和主应力（应力单位为 MPa）。

8-7 已知图 8-35 所示单元体的应力，请问切应力 τ 为何值时，该单元体是单向应力状态？

8-8 如图 8-36 所示，一厚度为 t 的条形板，受轴向力 $\boldsymbol{F}$ 作用，板的 BC 段边缘与 x 轴的

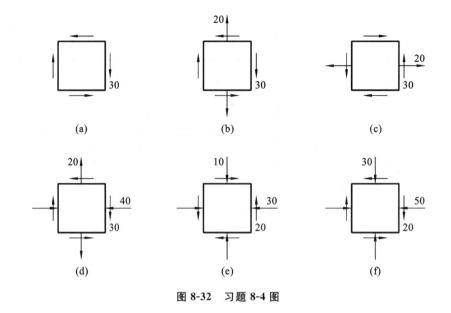

(a)　　　　　　　　　　(b)　　　　　　　　　　(c)

(d)　　　　　　　　　　(e)　　　　　　　　　　(f)

图 8-32　习题 8-4 图

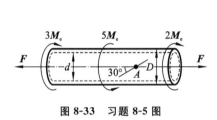

图 8-33　习题 8-5 图

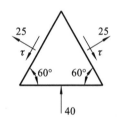

图 8-34　习题 8-6 图

夹角为 θ，假定板的各横截面沿 x 方向的正应力 $\sigma_x = \dfrac{F}{th}$（h 为所示应力截面的宽度）。

（1）求 k 点的 σ_y 和 τ_{xy} 值。

（2）试证明边缘 k 点的最大正应力 $\sigma_{\max} = \dfrac{\sigma_x}{\cos^2\theta}$。

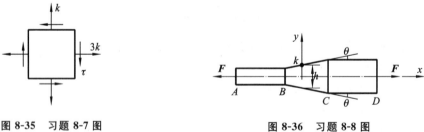

图 8-35　习题 8-7 图　　　　　　　　　　图 8-36　习题 8-8 图

8-9　试求图 8-37 所示各应力状态的主应力及最大切应力（应力单位为 MPa）。

8-10　已知材料的弹性模量 $E = 200$ GPa，泊松比 $\mu = 0.25$。试求题 8-9 中各应力状态的：

（1）最大正应变；

（2）最大切应变；

（3）体积应变；

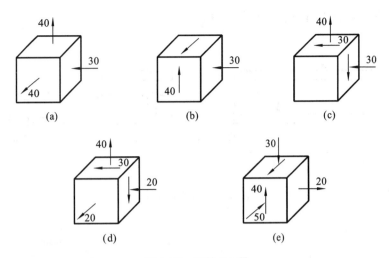

图 8-37　习题 8-9 图

（4）变形比能；

（5）形状改变比能。

8-11　图 8-38 所示薄壁容器承受内压 p 作用，为了测量所受内压 p 的大小，用电阻应变片测得容器表面的轴向应变 $\varepsilon_x = 3.5 \times 10^{-4}$，材料的弹性模量 $E = 210$ GPa，泊松比 $\mu = 0.25$。容器内径 $D = 500$ mm，壁厚 $\delta = 10$ mm，求内压 p。

8-12　图 8-39 所示为一钢质圆杆，直径 $D = 20$ mm，材料的弹性模量 $E = 210$ GPa，泊松比 $\mu = 0.25$。已知 A 点处与水平线成60°方向上的正应变 $\varepsilon_{60°} = 4.1 \times 10^{-4}$，试求载荷 F。

图 8-38　习题 8-11 图　　　　　　　　图 8-39　习题 8-12 图

8-13　做弯曲实验时，在 18#工字钢梁腹板表面 A 点贴三片与梁轴线成 0°、45°和90°的电阻应变片，如图 8-40 所示。已知材料的 $E = 200$ GPa、$\mu = 0.25$。试求当载荷 $F = 15$ kN 时，各电阻应变片的应变值。

8-14　试按各种强度理论建立纯剪切应力状态的强度条件，并求出剪切许用应力 $[\tau]$ 与拉伸许用应力 $[\sigma]$ 之间的关系。

8-15　已知材料的 $E = 200$ GPa、$\mu = 0.25$。试按四个强度理论，计算图 8-41 所示各应力状态的相当应力（应力单位为 MPa）。

8-16　如图 8-42 所示为直径 $D = 100$ mm 的钢质圆杆，自由端作用集中力偶 M 和集中力 F，测得沿母线方向的应变 $\varepsilon_1 = 5 \times 10^{-4}$，沿母线相交45°方向的应变 $\varepsilon_2 = 3 \times 10^{-4}$。已知杆的弹性模量 $E = 200$ GPa，泊松比 $\mu = 0.3$，许用应力 $[\sigma] = 165$ MPa。求集中力偶 M 和集中

力 F 的大小，并第四强度理论校核杆的强度。

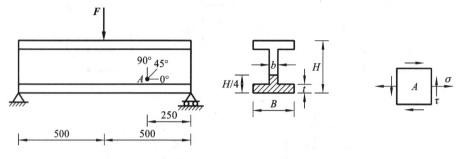

图 8-40 习题 8-13 图

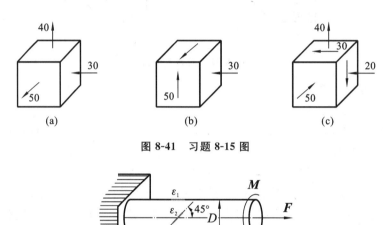

图 8-41 习题 8-15 图

图 8-42 习题 8-16 图

第9章
组合变形

知识目标：

1. 掌握组合变形的概念；
2. 掌握斜弯曲变形；
3. 掌握拉压与弯曲组合变形；
4. 掌握拉压与扭转组合变形；
5. 掌握扭转与弯曲组合变形。

能力素质目标：

1. 具有快速识别组合变形的类型，并选用恰当的强度理论进行组合变形计算的能力；
2. 培养学生应用材料力学知识对机械领域复杂工程问题进行分析和解决的能力；
3. 了解学科交叉和技术融合对科学发展的意义；
4. 具有理论联系实际的作风，养成自主学习和终身学习的优良习惯以及良好的团队合作精神。

◀ 9.1 组合变形的概念 ▶

前面几章主要讨论杆件在轴向拉伸(压缩)、剪切、扭转、弯曲等基本变形下的强度与刚度计算。在工程实际中,构件的承载往往比较复杂,会同时发生两种或两种以上的基本变形。例如,图 9-1(a)所示的钻床立柱在工件反力的作用下同时产生弯曲和拉伸变形;图 9-1(b)所示起重机的横梁在起吊重物时,将同时产生弯曲与压缩变形;图 9-1(c)所示缆车钢丝受拉伸与弯曲变形,图 9-1(d)、(e)所示的齿轮轴在齿轮啮合力和带轮拉力的作用下将同时产生弯曲与扭转变形。构件在外力作用下同时产生两种或两种以上基本变形的情况称为**组合变形**。

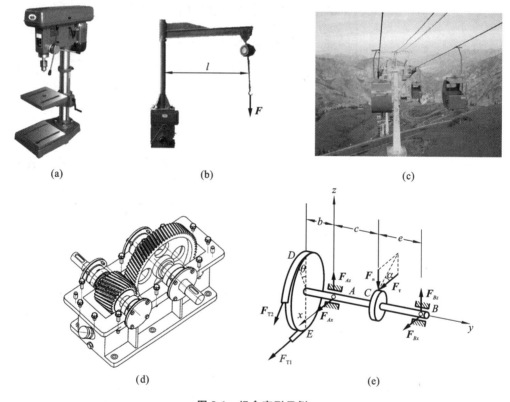

图 9-1 组合变形示例

在线弹性、小变形条件下,可以认为组合变形中的每种基本变形彼此独立、互不影响,因而可应用叠加原理来研究组合变形。

利用叠加原理,计算组合变形的强度时,通常按以下 4 步完成。

(1) **外力分析**。将外力简化到所要研究的轴上,并判断每个力或力偶对应哪种基本变形。

(2) **内力分析**。求出每个外力分量对应的内力图,确定危险截面。分别计算在每一种基本变形下构件的应力和变形。

(3) **应力分析**。画出危险截面的应力分布图,利用叠加原理,将基本变形下的应力和变形叠加。

（4）**强度校核**。根据危险点的应力状态,选择适当的强度理论进行强度计算。

本章主要讨论斜弯曲、弯曲与拉伸（压缩）、弯曲与扭转等几种常见组合变形的强度计算。

◀ 9.2 斜 弯 曲 ▶

根据前面所学,对于具有纵向对称面的梁,当横向载荷作用在纵向对称面内时,梁发生平面弯曲。但在工程实际中,有时横向力并不作用在纵向对称面内,这时梁变形后的轴线一般不位于载荷作用面内,而是倾斜了一个角度,梁的这种变形称为**斜弯曲**。

对于斜弯曲,可将横向力沿横截面的两根形心对称轴分解（若横截面不具备对称轴,则应将横向力沿横截面的形心主惯性轴分解）,使之成为两个平面弯曲的组合。先分别计算两个平面弯曲的应力,然后叠加得到斜弯曲的应力。

9.2.1 斜弯曲的内力计算

下面以矩形截面梁为例说明斜弯曲梁的分析计算方法。

图 9-2（a）所示的杆件,作用于端面形心 C 的外力 $\boldsymbol{F}$ 垂直于轴线 x,与对称轴 y 的夹角为 φ。将力 $\boldsymbol{F}$ 向主轴分解成 $\boldsymbol{F}_y$、$\boldsymbol{F}_z$ 两个分量,则

$$F_y = F\cos\varphi \qquad F_z = F\sin\varphi$$

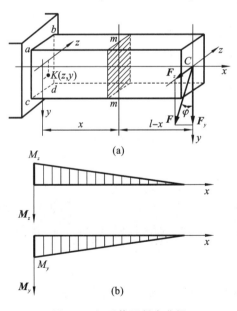

图 9-2 矩形截面斜弯曲梁

梁在 $\boldsymbol{F}_y$、$\boldsymbol{F}_z$ 单独作用下分别在铅垂平面 x-y、水平平面 x-z 内发生平面弯曲,显然,梁的危险截面位于右侧固定端处,在该截面上,铅垂弯矩和水平弯矩取得最大值,如图 9-2（b）所示,最大值分别为

> **小贴士：**
> 　　这里规定，使截面上第一象限的点受拉的弯矩为正。且在进行组合变形强度计算时，弯曲内力只考虑弯矩。

铅垂弯矩：
$$M_z = -Fl\cos\varphi$$
水平弯矩：
$$M_y = Fl\sin\varphi$$

9.2.2　斜弯曲的应力计算

　　危险截面上的应力分布图如图 9-3 所示，由叠加法得危险截面上任一点处的正应力为

$$\sigma = \sigma' + \sigma'' = \frac{M_z y}{I_z} + \frac{M_y z}{I_y} = Fl\left(-\frac{y}{I_z}\cos\varphi + \frac{z}{I_y}\sin\varphi\right) \tag{9-1}$$

式中，I_y、I_z 分别为横截面对 y 轴、z 轴的惯性矩。

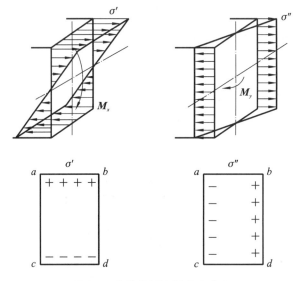

图 9-3　危险截面上的应力分布

> **小贴士：**
> 　　对于矩形截面这样具有棱角的截面，按应力分布图，可直接判断危险点。
> 　　对于无棱角截面，则需先确定中性轴，再根据式(9-1)计算最大内力。

　　显然，b 和 c 两个对角点分别具有最大拉应力和最大压应力，是危险点。注意到 y、z 轴同为截面对称轴，点 b 处的最大拉应力和点 c 处的最大压应力大小相等：

$$\sigma_{\max} = \frac{1}{W_z}\left(|M_z| + \frac{W_z}{W_y}|M_y|\right) \leqslant [\sigma] \tag{9-2}$$

式中，W_z、W_y 分别为横截面对 z 轴、y 轴的抗弯截面系数。

　　因为危险点处没有切应力，为单向应力状态，故其强度条件为

$$\sigma_{\max}=\frac{1}{W_z}\left(\mid M_z\mid+\frac{W_z}{W_y}\mid M_y\mid\right)\leqslant[\sigma] \tag{9-3}$$

为方便计算,上式可改写为

$$\sigma_{\max}=\frac{1}{W_z}\left(\mid M_z\mid+\frac{W_z}{W_y}\mid M_y\mid\right)\leqslant[\sigma] \tag{9-4}$$

在进行斜弯曲梁的强度计算时,可先根据经验设定比值 W_z/W_y;然后按式(9-4)估算 W_z,初选截面尺寸;最后再将选定的截面尺寸代入式(9-3)进行验算。

对于许用拉应力和许用压应力不同的脆性材料梁,且梁的横截面关于形心主惯性轴不对称,则应对斜弯曲梁内的最大拉应力和最大压应力分别进行强度计算。

【例 9-1】 由 22a 工字钢制成的简支梁,如图 9-4 所示。已知:$l=1$ m,$F_1=8$ kN,$F_2=12$ kN,工字钢的 $W_y=40.9$ cm³,$W_z=309$ cm³。试求梁的最大正应力。

解:作用于梁上的外力分别在 xOy、xOz 两个形心主轴平面内,梁 OB 发生斜弯曲。分别求出在两个平面内的约束力,并画出弯矩图。

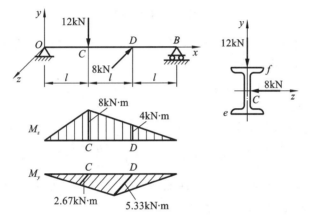

图 9-4 例 9-1 图

$\mid M_{y_C}\mid=2.67$ kN·m,$\mid M_{z_C}\mid=8$ kN·m,$\mid M_{y_D}\mid=5.33$ kN·m,$\mid M_{z_D}\mid=4$ kN·m,对于 C 截面,e、f 两点分别有最大拉应力与最大压应力,其值为

$$\sigma_{x_{C\max}}=\frac{\mid M_{y_C}\mid}{W_y}+\frac{\mid M_{z_C}\mid}{W_z}=\left(\frac{2.67\times10^3}{40.9\times10^{-6}}+\frac{8\times10^3}{309\times10^{-6}}\right)\text{ Pa}=91.2\times10^6\text{ Pa}=91.2\text{ MPa}$$

对于 D 截面,e、f 两点分别有最大拉应力与最大压应力,其值为

$$\sigma_{x_{D\max}}=\frac{\mid M_{y_D}\mid}{W_y}+\frac{\mid M_{z_D}\mid}{W_z}=\left(\frac{5.33\times10^3}{40.9\times10^{-6}}+\frac{4\times10^3}{309\times10^{-6}}\right)\text{ Pa}=143.3\times10^6\text{ Pa}=143.3\text{ MPa}$$

故梁的最大正应力在 D 截面的 e、f 两点上,其值

$$\sigma_{x_{\max}}=\sigma_{x_{D\max}}=143.3\text{ MPa}$$

【例 9-2】 如图 9-5 所示矩形截面梁,已知:$l=1$m,$b=50$ mm,$h=75$mm。试求梁中最大正应力及其作用点位置。若截面改为直径 $d=65$mm 的圆形,则再求其最大正应力。

解:(1) 外力分析,判断变形。

1.5 kN 的力使梁在铅垂面内发生弯曲变形,1 kN 的力使梁在水平面内发生弯曲变形,判断出梁为斜弯曲变形。

(2)内力分析,确定危险截面。

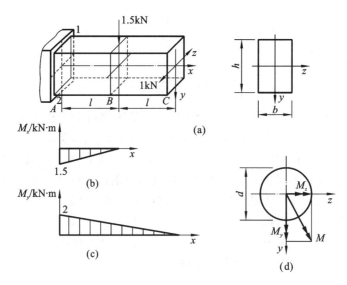

图 9-5 例 9-2 图

作出梁在两个对称面内的弯矩图,如图 9-5(b)、(c)所示,可见危险截面位于固定端处,其上铅垂弯矩、水平弯矩均为最大值,分别为

$$|M_z| = 1.5 \text{ kN} \cdot \text{m} \qquad |M_y| = 2 \text{ kN} \cdot \text{m}$$

(3)矩形截面的最大正应力。

矩形截面的抗弯截面系数为

$$W_z = \frac{bh^2}{6} = 46875 \text{ mm}^3 \qquad W_y = \frac{hb^2}{6} = 31250 \text{ mm}^3$$

根据具有棱角截面的斜弯曲梁的叠加原理,判断出梁中的最大弯曲正应力发生在固定端截面的 1、2 两点处[见图 9-5(a)],其大小为

$$\sigma_{\max} = \frac{|M_z|}{W_z} + \frac{|M_y|}{W_y} = \left(\frac{1.5 \times 10^3}{46874 \times 10^{-9}} + \frac{2.0 \times 10^3}{31250 \times 10^{-9}} \right) \text{ Pa} = 96 \text{ MPa}$$

(4)圆形截面的最大正应力。

圆形截面梁的截面没有棱角,不能按上述方法计算,因为两个弯矩引起的最大应力点不是同一个点。由于圆为中心对称图形,故只需将危险截面上的两个弯矩合成,即可按平面弯曲计算。

如图 9-5(d)所示,危险截面上的合成弯矩为

$$M = \sqrt{M_z^2 + M_y^2} = \left(\sqrt{1.5^2 + 2^2} \right) \text{ kN} \cdot \text{m} = 2.5 \text{ kN} \cdot \text{m}$$

得该梁中的最大弯曲正应力为

$$\sigma_{\max} = \frac{M}{W_z} = \frac{2.5 \times 10^3}{\frac{\pi}{32} \times 65^3 \times 10^{-9}} \text{ Pa} = 82.8 \text{ MPa}$$

◀ 9.3 拉伸(压缩)与弯曲的组合变形 ▶

拉伸或压缩与弯曲的组合变形在工程中是常见的。下面以图 9-6(a)中横梁 AB 为例,

分析拉伸(压缩)与弯曲的组合变形的解题思路。

解:(1) 外力分析。把力 F 分解为沿 AB 杆轴线的分量 F_x 和垂直于 AB 杆轴线的分量 F_y，F_x 引起拉伸，F_y 导致弯曲，可判断出 AB 杆将出现拉伸与弯曲的组合变形。

(2) 内力分析。作出轴力图和弯矩图，如图 9-6 (b)所示。确定固定端 A 处截面为危险截面，其上内力分别为

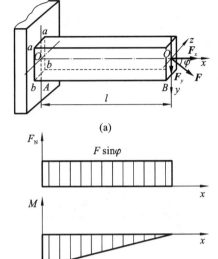

轴力：
$$F_N = F\sin\varphi$$
弯矩：
$$M = -Fl\cos\varphi$$

(3) 应力分析。

轴力 F_N 引起的应力
$$\sigma_N = \frac{F_N}{A}$$

弯矩 M 引起的应力
$$\sigma_M = \frac{M}{I_z}y$$

图 9-6　拉伸与弯曲的组合变形示例

若 AB 杆的抗弯刚度较大，弯曲变形很小，原始尺寸原理可适用，则轴向力因弯曲变形而产生的弯矩可以忽略。这样，轴向力就只引起拉伸变形，外力与杆件内力和应力的关系仍然是线性的，叠加原理就可应用。

根据轴力 F_N、弯矩 M 的应力分布图(如图 9-7 所示)，危险截面上总的正应力由两者叠加而得，可以看出，危险截面的上边缘各点为危险点。其最大拉应力为

$$\sigma_{tmax} = \frac{|M|}{W_z} + \frac{|F_N|}{A}$$

(4) 强度校核。根据危险点的应力状态，建立强度条件，危险点为单向拉伸应力状态，故得弯曲与拉伸组合变形的强度条件为

$$\sigma_{tmax} = \frac{|M|}{W_z} + \frac{|F_N|}{A} \leqslant [\sigma_t] \tag{9-5}$$

式中，M、F_N 分别为危险截面上的弯矩、轴力。

若为压缩与弯曲的组合变形，上述计算方法仍然适用。所不同的是，此时轴力引起的是压应力，而不是拉应力，若应力分布图如图 9-8 所示，则此时应力的最大值为压应力，危险截面的下边缘各点为危险点。

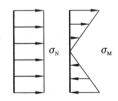

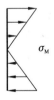

图 9-7　应力分布图(拉伸)　　　**图 9-8　应力分布图(压缩)**

对于许用拉、压应力相同的塑性材料，其强度条件为

$$\sigma = \frac{|M|}{W_z} + \frac{|F_N|}{A} \leqslant [\sigma] \tag{9-6}$$

对于许用拉、压应力相同的脆性材料,则应分别校核最大拉应力和最大压应力,其强度条件为

$$\sigma_{tmax} = \frac{|M|}{W_z} - \frac{|F_N|}{A} \leqslant [\sigma_t]$$

$$\sigma_{cmax} = \frac{|M|}{W_z} + \frac{|F_N|}{A} \leqslant [\sigma_c] \tag{9-7}$$

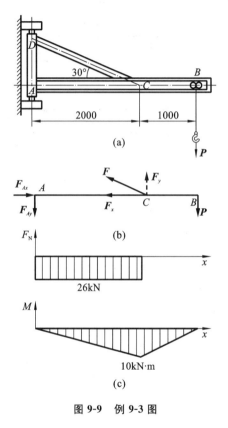

图 9-9 例 9-3 图

【例 9-3】 如图 9-9(a)所示简易吊车,横梁 AB 为工字钢。若最大吊重 $P = 10$ kN,材料为 Q235 钢,许用应力 $[\sigma] = 100$ MPa,试选择工字钢的型号。

解: 取横梁为研究对象,作受力图,如图 9-9(b)所示。把 $\boldsymbol{F}$ 分解为沿 AB 杆轴线的分量 $\boldsymbol{F}_x$ 和垂直于 AB 杆轴线的分量 $\boldsymbol{F}_y$,列平衡方程。

$$\sum M_A = 0 \quad F_y \times 0.2 - P \times 0.3 = 0$$

得 $$F_y = 15 \text{ kN}$$

得 $$F = \frac{F_y}{\sin 30°} = 30 \text{ kN}$$

$$F_{Ax} = 26 \text{ kN}$$

可见 AB 杆在 AC 段内产生压缩和弯曲的组合变形。作 AB 杆的弯矩图和 AC 段的轴力图,如图 9-9(c)所示。从图中可以看出,在 C 点左侧的截面上弯矩为最大值,而轴力与 AC 段的其他截面相同,故为危险截面,危险截面上的内力为

$$|F_N| = 26 \text{ kN} \qquad |M| = 10 \text{ kN} \cdot \text{m}$$

在确定工字钢型号时,可先不考虑轴力 $\boldsymbol{F}_N$ 的影响,只根据弯曲强度条件选取工字钢。这时

$$W_z \geqslant \frac{M}{[\sigma]} = \frac{10 \times 10^3}{100 \times 10^6} \text{m}^3 = 0.1 \times 10^{-3} \text{ m}^3 = 100 \text{ cm}^3$$

查型钢表,初选 No.14 工字钢,$W_z = 102$ cm³,$A = 21.5$ cm²。选定工字钢后,同时考虑轴力 $\boldsymbol{F}_N$ 及弯矩 $\boldsymbol{M}$ 的影响,再进行强度校核。在危险截面 C 的下边缘各点上压应力最大,其值为

$$\sigma_{max} = \frac{|M|}{W_z} + \frac{|F_N|}{A} = \left(\frac{10 \times 10^3}{102 \times 10^{-6}} + \frac{26 \times 10^3}{21.5 \times 10^{-4}} \right) \text{ Pa}$$

$$= 110 \times 10^6 \text{ Pa} = 110 \text{ MPa} > [\sigma] = 100 \text{ MPa}$$

故强度条件不符合要求,重选 No.16 工字钢,$W_z = 141$ cm³,$A = 26.1$ cm²,代入强度条件校核,求出危险截面 C 的下边缘各点上压应力为

$$\sigma_{max} = \frac{|M|}{W_z} + \frac{|F_N|}{A} = \left(\frac{10 \times 10^3}{141 \times 10^{-6}} + \frac{26 \times 10^3}{26.1 \times 10^{-4}} \right) \text{ Pa}$$

$$= 80.9 \times 10^6 \text{ Pa} = 80.9 \text{ MPa} < [\sigma] = 100 \text{ MPa}$$

强度符合条件,故可选 No.16 工字钢。

◀ 9.4 偏心拉伸与偏心压缩 ▶

9.4.1 横截面上的内力

如图 9-10(a)所示的杆件,作用在点 $A(y_F, z_F)$ 的外力 F 与杆件轴线 x 平行,与端面形心 C 的偏心距离为 y_F, z_F。将力 F 向端面形心 C 平移,得到一等效力系 F'、m_y、m_z,如图 9-10(b)所示。

$$F' = F$$
$$m_y = F \cdot z_F$$
$$m_z = F \cdot y_F$$

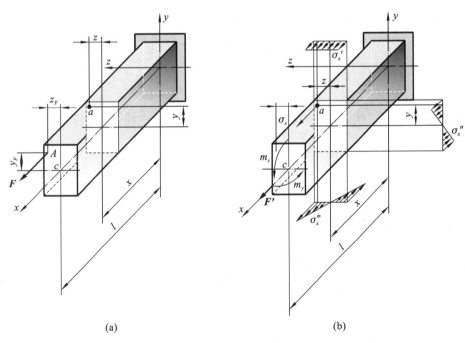

(a)   (b)

图 9-10 横截面上的内力

任一横截面上有三个内力分量:

轴力 $\qquad\qquad F_N = F' = F$

弯矩 $\qquad\qquad M_y = m_y = F \cdot z_F$

弯矩 $\qquad\qquad M_z = m_z = F \cdot y_F$

由横截面上内力分量可见,偏心拉伸(压缩)实际上是拉伸(压缩)与弯曲的组合变形。

9.4.2 横截面上的应力

分别计算每个内力分量在该横截面上任一点 $a(y,z)$ 的应力

$$\sigma'_x = \frac{F_N}{A} = \frac{F}{A}$$

$$\sigma''_x = \frac{M_y}{I_y}z = \frac{F \cdot z_F}{I_y}z$$

$$\sigma'''_x = \frac{M_z}{I_z}y = \frac{F \cdot y_F}{I_y}y$$

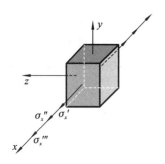

图 9-11 单元体

将上面三个应力[注意:图 9-10(b)中,应力与内力分量均标注为实际方向,故均取正值;弯曲公式中的负号也去掉了。]叠加起来,得到在原外力 $\boldsymbol{F}$ 作用下点 a 的应力。围绕点 a 取一单元体(见图 9-11),仍为单向应力状态,点 a 总应力 $\sigma_x = \sigma'_x + \sigma''_x + \sigma'''_x$,即

$$\sigma_x = \frac{F}{A}\left(1 + \frac{y_F}{i_z^2}y + \frac{z_F}{i_y^2}z\right) \tag{9-8}$$

式中,i_y、i_z 分别为横截面对 y、z 轴的惯性半径。

式(9-8)表明,横截面上应力大小按平面规律分布(见图 9-12),该应力平面与横截面的交线就是中性轴,其方程为

$$1 + \frac{y_F}{i_z^2}y + \frac{z_F}{i_y^2}z = 0 \tag{9-9}$$

中性轴是一条不过截面形心的斜直线,如图 9-13 所示。中性轴在 y、z 轴的截距为

$$\left.\begin{aligned}
b_y = y\big|_{z=0} = -\frac{i_z^2}{y_F}\\
b_z = z\big|_{y=0} = -\frac{i_y^2}{z_F}
\end{aligned}\right\} \tag{9-10}$$

9.4.3 横截面上的最大应力

最大应力仍然发生在离中性轴最远的点上。对于有凸角点的截面,例如矩形、工字形截面等,最大应力发生在某凸角点上。本示例中横截面上 e 点有最大拉应力(见图 9-13),其值

$$\sigma_{x_e} = \sigma_{x_{t\max}} = \frac{F}{A} + \frac{M_y}{W_y} + \frac{M_z}{W_z} \tag{9-11(a)}$$

f 点可能有最大压应力(视 σ'_x 与 σ''_x、σ'''_x 间绝对值大小而定),其值

$$\sigma_{x_f} = \sigma_{x_{c\max}} = \frac{F}{A} - \frac{M_y}{W_y} - \frac{M_z}{W_z} \tag{9-11(b)}$$

对于没有凸角点的截面,如图 9-14 所示截面,可根据式(9-9)或式(9-10)先确定中性轴,然后作平行于中性轴且与截面边界相切的线段,其切点 $e(y_1、z_1)$、$f(y_2、z_2)$ 有最大正应力,哪一点是拉应力,哪一点是压应力可由变形来判断。将 e、f 两点的坐标值分别代入式(9-8)中,即得最大正应力值。

【**例 9-4**】 小型压力机的铸铁机架如图 9-15(a)所示。已知材料的许用拉应力 $[\sigma_t] =$

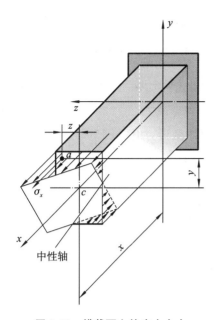

图 9-12 横截面上的应力大小

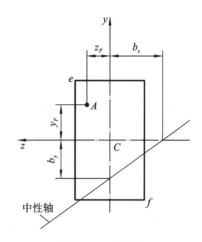

图 9-13 中性轴

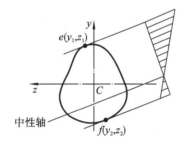

图 9-14 没有凸角点的截面

30 MPa ,许用压应力 $[\sigma_c]=160$ MPa,试按机架立柱的强度确定压力机的许可载荷 F。图中单位为 mm。

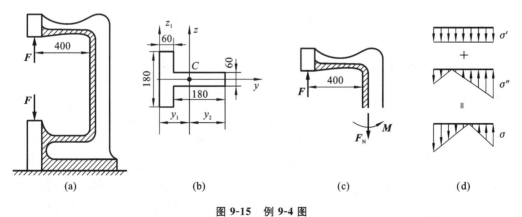

图 9-15 例 9-4 图

解:(1) 根据截面尺寸,计算横截面面积,确定截面形心位置,求出截面对形心主惯性轴 z 轴的主惯性矩 I_z。坐标轴 z_1 和 y 轴如图 9-15(b)所示。

$$A = 180 \times 60 \times 2 \, mm^2 = 2.16 \times 10^4 \, mm^2$$

$$y_1 = \left[\frac{180 \times 60 \times 30 + 180 \times 60 \times (60 + 90)}{180 \times 60 \times 2} \right] = 90 \, mm$$

$$I_z = \left[\frac{180 \times 60^2}{12} + (90 - 30)^2 \times 180 \times 60 + \frac{180^2 \times 60}{12} + (90 + 60 - 90)^2 \times 180 \times 60 \right] mm^4$$

$$= 1.1016 \times 10^8 \, mm^4$$

（2）内力分析。在载荷 F 作用下,立柱发生偏心拉伸变形,如图 9-15(c)所示。由截面法得其任意截面上的轴力、弯矩分别为

$$F_N = F$$

$$M = F \times (0.4 + 0.09) = 0.49F$$

（3）应力分析。应力分布图如图 9-15(d)所示。

轴力 F_N 对应的应力是均布拉应力,且

$$\sigma' = \frac{F_N}{A} = \frac{F}{2.16 \times 10^{-2}}$$

弯矩 M 对应的正应力按线性分布,最大拉应力和最大压应力分别为

$$\sigma''_{tmax} = \frac{My_1}{I_z} = \frac{0.49F \times 0.09}{1.1016 \times 10^{-4}}$$

$$\sigma''_{cmax} = \frac{My_2}{I_z} = \frac{0.49F \times 0.15}{1.1016 \times 10^{-4}}$$

叠加以上两种应力后,在截面内侧边缘上发生最大拉应力,且

$$\sigma_{tmax} = \sigma' + \sigma''_{tmax}$$

在截面外侧边缘上发现最大压应力,且

$$|\sigma_{cmax}| = |\sigma' + \sigma''_{cmax}|$$

（4）强度校核。

由抗拉强度条件 $\sigma_{tmax} \leqslant [\sigma_t]$,得

$$F \leqslant 67.2 \, kN$$

由抗压强度条件 $\sigma_{cmax} \leqslant [\sigma_c]$,得

$$F \leqslant 193.3 \, kN$$

综上可得,压力机的最大许可载荷$[F] = 67.2 \, kN$。

9.4.4 截面核心

在图 9-10(a)中,若外力 F 是压力,即指向端面,称为偏心压缩。在土建工程中,混凝土

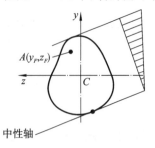

图 9-16 中性轴与截面边界相切

以及砖石建筑物的立柱等均是承受偏心压缩的构件。混凝土以及砖石等材料抗拉强度低,抗压强度高,希望在这种立柱中只有压应力而无拉应力。由于中性轴是截面上拉、压应力的分界线,为使截面上只有压应力,必须使中性轴不处在截面的范围内,其极限情况是与截面边界相切（见图 9-16）。由式(9-10)可知,中性轴的位置完全由偏心外力 F 作用点 $A(y_F, z_F)$ 的位置所决定。所以,若使截面只有压应力,必须控制偏心压力 F 作用点 $A(y_F, z_F)$ 的位

置在一定范围之内,该范围称为**截面核心**。这样,对于偏心压缩的杆件,只要保证压力作用在截面核心内,那么,横截面上就只有压应力,而无拉应力了。

【例 9-5】 矩形截面开口链环,受力与其他尺寸如图 9-17(a)所示。已知:$b=10$ mm、$h=14$ mm、$e=15$ mm、$F=800$ N。试求:

(1)链环直段部分横截面上最大拉应力与最大压应力。

(2)若使直段部分横截面上均为压应力时,外力 F 作用线与直段部分截面形心的最大距离。

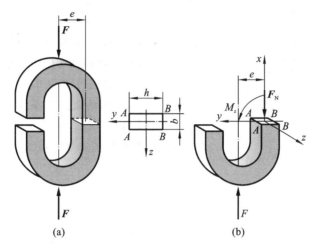

图 9-17 例 9-5 图

解:(1)计算链环直段部分横截面上最大拉、压应力。将链环从直段部分某一截面处截开,截面上将作用轴力 F_N、弯矩 M_z 两个内力分量[见图 9-17(b)]。

$$\sum F_x = 0, F_N = 800 \text{ N}$$

$$\sum M_C = 0, M_z = F \cdot e = 800 \times 15 \times 10^{-3} \text{ N} \cdot \text{m} = 12 \text{ N} \cdot \text{m}$$

横截面上最大拉应力

$$\sigma_{x_{t\max}} = -\frac{F_N}{A} + \frac{M_z}{W_z} = -\frac{F_N}{bh} + \frac{M_z}{\frac{bh^2}{6}} = \left(\frac{-800}{10 \times 14 \times 10^{-6}} + \frac{6 \times 12}{10 \times 14^2 \times 10^{-9}} \right) \text{ Pa}$$

$$= 31 \times 10^6 \text{ Pa} = 31 \text{ MPa}$$

横截面上最大压应力

$$\sigma_{x_{c\max}} = \frac{F_N}{A} + \frac{M_z}{W_z} = \frac{F_N}{bh} + \frac{M_z}{\frac{bh^2}{6}} = \left(\frac{800}{10 \times 14 \times 10^{-6}} + \frac{6 \times 12}{10 \times 14^2 \times 10^{-9}} \right) \text{ Pa}$$

$$= 42.4 \times 10^6 \text{ Pa} = 42.4 \text{ MPa}$$

(2)计算最大距离。使中性轴向右平移与截面 BB 边重合,此时截面刚好只有压应力而无拉应力。为此,外力 F 作用线与该截面形心距离的 y_F、z_F 可由式(9-10)计算

$$y_F = -\frac{i_z^2}{b_y} = -\frac{\frac{h^2}{12}}{-\frac{h}{2}} = \frac{h}{6} = \frac{14}{6} \text{ mm} = 2.3 \text{ mm}$$

$$z_F = -\frac{i_y{}^2}{b_z} = -\frac{\dfrac{b^2}{12}}{\infty} = 0$$

y_F 即为使直段部分截面刚好只有压应力时外力 F 作用线与该截面形心的最大距离。

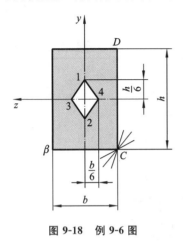

图 9-18 例 9-6 图

【例 9-6】 确定矩形截面的截面核心。

解: 由例 9-5 可知,对图 9-18 所示矩形截面,若使中性轴与 BC 边相切,则 $y_F = h/6$,$z_F = 0$,即点 1($h/6$,0)为外力作用点。同理可确定点 2($-h/6$,0)、点 3(0,$b/6$)、点 4(0,$-b/6$)亦为外力作用点。现在考虑用什么曲线将这四点连接起来,从而得到该截面的截面核心。为此,考虑中性轴从 BC 边绕 C 点连续旋转到 CD 边,此时,与中性轴相对应的外力作用点将从点 1 连续移动到点 3,这个运动轨迹就是这两点间的连线。C 点是这些中性轴的共同点,将其坐标($-h/2$,$-b/2$)代入式(9-9)中,即可得到连线方程式

$$1 + \frac{y_F}{i_z{}^2}y + \frac{z_F}{i_y{}^2}z = 1 + \frac{y_F}{\dfrac{h^2}{12}} \cdot \frac{-h}{2} + \frac{z_F}{\dfrac{b^2}{12}} \cdot \frac{-b}{2} = 0$$

即

$$1 - \frac{6}{h}y_F - \frac{6}{b}z_F = 0$$

上式说明点 1 到点 3 间连线是直线。同样,可得到点 3 到点 2、点 2 到点 4、点 4 到点 1 之间连线均为直线。于是得矩形截面的截面核心是个菱形,如图 9-18 所示。

9.5 弯曲和扭转的组合变形

机械中的传动轴一般都承受弯曲与扭转组合变形。下面主要讨论塑性材料制作的圆轴发生弯曲与扭转组合变形时的强度计算。

如图 9-19(a)所示结构,直径为 d 的悬臂等直圆杆 AB,B 端具有与 AB 成直角的刚臂 BC,C 处作用一集中力 F。

(1)外力分析。

将力 F 向 B 端平移,得到一横向力 F 和一力偶矩 $M = Fa$,如图 9-19(b)所示。圆轴 AB 在力 F 和力偶矩 M 的共同作用下发生弯曲和扭转组合变形。

(2)内力分析。

作出圆轴 AB 的弯矩图和扭矩图,分别如图 9-19 (c)、(d)所示。其危险截面为固定端 A 的右侧截面,该危险截面上的弯矩、扭矩分别为

$$M_A = -Fl \qquad T = M = Fa$$

(3)应力分析。

由弯曲正应力和扭转切应力的分布规律可知,危险点为上边缘 C_1 点或下边缘 C_2 点,如图 9-19(e)、(f)所示。危险点处于二向应力状态,其对应单元体如图 9-19(g)所示,其中

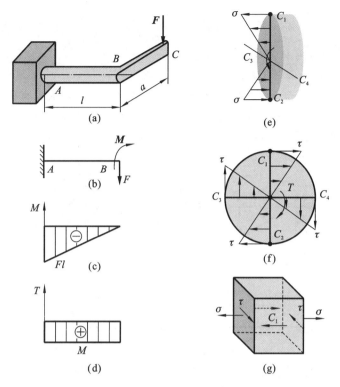

图 9-19 组合变形分析示例

$$\sigma = \frac{M}{W_z} \qquad \tau = \frac{T}{W_t} \tag{a}$$

由解析法求得主应力

$$\begin{matrix}\sigma_1 \\ \sigma_3\end{matrix} = \frac{\sigma}{2} \pm \sqrt{\left(\frac{\sigma}{2}\right)^2 + \tau^2} = \frac{\sigma}{2} + \frac{1}{2}\sqrt{\sigma^2 + 4\tau^2}, \sigma_2 = 0$$

（4）强度条件。

应用第三、第四强度理论，分别得

$$\sigma_{r3} = \sqrt{\sigma^2 + 4\tau^2} \leqslant [\sigma] \tag{9-12}$$

$$\sigma_{r4} = \sqrt{\sigma^2 + 3\tau^2} \leqslant [\sigma] \tag{9-13}$$

> **小贴士：**
>
> 该公式适用于图示的平面应力状态。σ 是危险点的正应力，τ 是危险点的切应力。且横截面不限于圆形截面。

将式（a）代入上述两式，并注意到圆截面的 $W_t = 2W_z$，即得塑性材料圆截面轴弯曲和扭转组合变形的强度条件

$$\sigma_{r3} = \frac{\sqrt{M^2 + T^2}}{W_z} \leqslant [\sigma] \tag{9-14}$$

$$\sigma_{r4} = \frac{\sqrt{M^2 + 0.75T^2}}{W_z} \leqslant [\sigma] \tag{9-15}$$

> **小贴士:**
> 该公式只适用于弯扭组合变形下的圆截面杆。

【例 9-7】 直径 $d=50$ mm 的齿轮传动轴如图 9-20(a)所示,大轮直径 $D_1=30$ cm,承受铅垂向下外力 $F_1=5$ kN;小轮直径 $D_2=15$ cm,承受水平外力 $F_2=10$ kN;$l=150$ mm。试确定整个齿轮轴的最大应力点的位置以及该点主应力值。

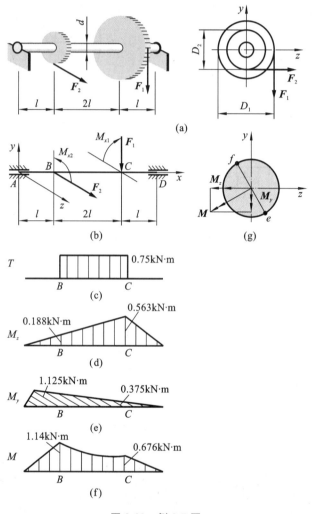

图 9-20 例 9-7 图

解: 将该传动轴简化成一端是固定铰支座,另一端是活动铰支座约束的杆件,将两外力 F_1、F_2 分别向杆轴线平移;所得计算简图如图 9-20(b)所示。其中

$$M_{x1}=F_1 \cdot \frac{D_1}{2}=5 \times \frac{30 \times 10^{-2}}{2} \text{ kN} \cdot \text{m} = 0.75 \text{ kN} \cdot \text{m} = M_{x2}$$

分别作 M_{x1} 与 M_{x2}、F_1、F_2 单独作用下的内力图,如图 9-20(c)、(d)、(e)所示。由于轴是圆截面,$I_y=I_z$,故虽然是在 M_y、M_z 两个垂直方向弯矩作用下,但并不发生斜弯曲。该传动轴将在合弯矩作用面内发生平面弯曲,合弯矩图如图 9-20(f)所示,对于 BC 段同时还要发

生扭转。

由合弯矩图可知,最大弯矩发生在 B 截面,其值

$$M_{max} = 1.14 \text{ kN} \cdot \text{m}$$

整个传动轴的最大应力出现在 B 截面 e、f 两点,如图 9-20(g)所示。e、f 两点的应力分量为

$$\tau_{max} = \frac{T}{W_t} = \frac{T}{\dfrac{\pi d^3}{16}} = \frac{16 \times 0.75 \times 10^3}{\pi \cdot 50^3 \times 10^{-9}} \text{ Pa} = 30.6 \text{ MPa}$$

$$\sigma_{x_{max}} = \frac{M_{max}}{W} = \frac{M_{max}}{\dfrac{\pi d^3}{32}} = \frac{32 \times 1.14 \times 10^3}{\pi \cdot 50^3 \times 10^{-9}} \text{ Pa} = 92.9 \text{ MPa}$$

e 点的主应力

$$\sigma_1 = \frac{\sigma_{x_{max}}}{2} + \sqrt{\left(\frac{\sigma_{x_{max}}}{2}\right)^2 + \tau_{max}^2} = \left(\frac{92.9}{2} + \sqrt{\left(\frac{92.9}{2}\right)^2 + 30.6^2}\right) \text{ MPa} = 102.1 \text{ MPa}$$

$$\sigma_2 = 0$$

$$\sigma_3 = \frac{\sigma_{x_{max}}}{2} - \sqrt{\left(\frac{\sigma_{x_{max}}}{2}\right)^2 + \tau_{max}^2} = \left(\frac{92.9}{2} - \sqrt{\left(\frac{92.9}{2}\right)^2 + 30.6^2}\right) \text{ MPa} = -9.2 \text{ MPa}$$

f 点的主应力

$$\sigma_1 = \frac{\sigma_{x_{max}}}{2} + \sqrt{\left(\frac{\sigma_{x_{max}}}{2}\right)^2 + \tau_{max}^2} = \left(-\frac{92.9}{2} + \sqrt{\left(-\frac{92.9}{2}\right)^2 + 30.6^2}\right) \text{ MPa} = 9.2 \text{ MPa}$$

$$\sigma_2 = 0$$

$$\sigma_3 = \frac{\sigma_{x_{max}}}{2} - \sqrt{\left(\frac{\sigma_{x_{max}}}{2}\right)^2 + \tau_{max}^2} = \left(-\frac{92.9}{2} - \sqrt{\left(-\frac{92.9}{2}\right)^2 + 30.6^2}\right) \text{ MPa} = -102.1 \text{ MPa}$$

【例 9-8】 传动轴如图 9-21(a)所示。在 A 处作用一个外力偶矩 $M_e = 1 \text{ kN} \cdot \text{m}$,皮带轮直径 $D = 300 \text{ mm}$,皮带轮紧边拉力为 F_1,松边拉力为 F_2,且 $F_1 = 2F_2$,$l = 200 \text{ mm}$,轴的许用应力 $[\sigma] = 160 \text{ MPa}$。试用第三强度理论设计轴的直径。

解:(1) 外力分析。

将力向轴的形心简化,如图 9-21(b)所示。

$$M_{eC} = (F_1 - F_2) \cdot \frac{D}{2} = \frac{F_2 \cdot D}{2} = M_e$$

解得

$$F_2 = \frac{20}{3} \text{ kN},\text{即 } F = 20 \text{ kN}$$

(2) 内力分析。

轴产生扭转和垂直纵向对称面内的平面弯曲。分别做扭矩和弯矩图,如图 9-21(c)、(d)所示。中间截面为危险截面。

$$T = 1 \text{ kN} \cdot \text{m},M_{max} = 1 \text{ kN} \cdot \text{m}$$

(3) 强度校核。

按第三强度理论,由式(9-14)得

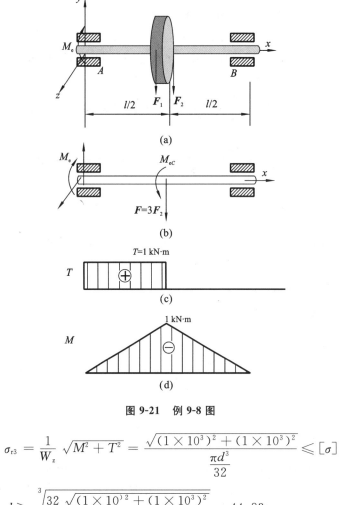

图 9-21　例 9-8 图

$$\sigma_{r3} = \frac{1}{W_z}\sqrt{M^2 + T^2} = \frac{\sqrt{(1\times 10^3)^2 + (1\times 10^3)^2}}{\dfrac{\pi d^3}{32}} \leqslant [\sigma]$$

$$d \geqslant \sqrt[3]{\frac{32\sqrt{(1\times 10^3)^2 + (1\times 10^3)^2}}{\pi \times 160\times 10^6}} = 44.83 \text{ mm}$$

所以,取轴的直径为 45 mm。

◀ 9.6　弯扭组合变形工程实例(减速机轴强度校核) ▶

　　根据带式运输机传动装置,如图 9-22(a)所示,装置运转平稳,工作转矩变化很小,高速轴的材料为 45 号钢,调制处理,各段直径 $\phi_0 = 25$ mm,$\phi_1 = 30$ mm,$\phi_2 = 36$ mm,许用应力$[\sigma] = 60$ MPa,其余尺寸如图 9-23 所示。试校核该装置中减速器的高速轴的强度。减速器的内部结构参看图 9-22(b)、(c)。输入轴与带轮相连,输出轴通过联轴器与齿轮相连,输出轴为单向旋转。已知输入功率 $P = 2.88$ kW,转速 $n = 320$ r/min,作用在齿轮上的力 $F_t = 3343.7$ N,$F_r = 1251$ N,$F_a = 800$ N,齿轮分度圆直径 $d = 52$ mm,带轮的轴压力 $F_p = 1200$ N。

　　解: 画出减速器中的高速轴的受力简图,如图 9-24(a)所示。

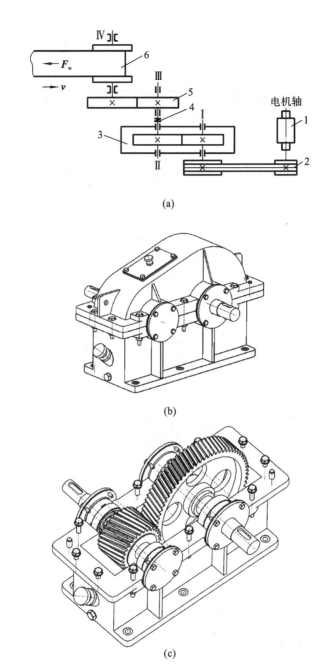

(a)

(b)

(c)

图 9-22　带式运输机传动装置

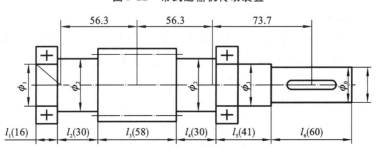

图 9-23　传动轴的尺寸

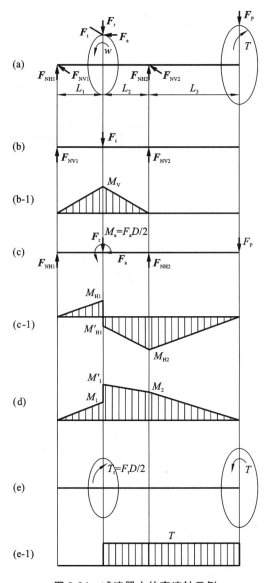

图 9-24　减速器中的高速轴示例

（1）求输入轴上的转矩 T。

$$T=9550\frac{P}{n}=9550\times\frac{2.88}{320}\text{ N}\cdot\text{m}=85.95\text{ N}\cdot\text{m}$$

（2）求轴上的载荷。

根据 GB/T 292—2007 查得 7206AC 轴承的支点位置 $a=18.7$ mm。因此，轴的制成跨距为 $L_2+L_1=(56.3+56.3)$ mm$=112.6$ mm。作出轴的弯矩图和扭矩图。

①根据图 9-24(b)求出垂直面内力。

支座反力 $\qquad\qquad\qquad F_{NV1}=F_{NV2}=\dfrac{F_t}{2}=1671.85$ N

弯矩 $\qquad\qquad\qquad M_V=94125.155$ N$\cdot$mm

作出弯矩图，如图 9-24(b-1)所示。

②根据图 9-24(c)求出水平面内力。

支座反力 $\qquad$ $F_{NH1}=25\ N,\qquad F_{NH2}=2426\ N$

弯矩 $\quad M_{H1}=1408\ N\cdot mm,\qquad M'_{H1}=-18009\ N\cdot mm,\qquad M_{V2}=-88440\ N\cdot mm$

作出弯矩图,如图 9-24(c-1)所示。

③根据垂直弯矩和水平弯矩,求出总弯矩。

$$M_1=\sqrt{1408^2+94125.155^2}\ N\cdot mm=94136\ N\cdot mm$$

$$M'_1=\sqrt{(-18009)^2+94125.155^2}\ N\cdot mm=95833\ N\cdot mm$$

$$M_2=\sqrt{0^2+(-88440)^2}\ N\cdot mm=88440\ N\cdot mm$$

并作弯矩图,如图 9 24(d)所示。

④根据图 9-24(e)求出扭矩 $T=-85.95\ N\cdot m$,并作出扭矩图,如图 9-24(e-1)所示。

(3)按弯扭合成校核轴的强度。

强度校核应校核危险截面处,即 M_1 处应力为

$$\sigma=\frac{\sqrt{M^2+T^2}}{W}=\frac{\sqrt{95833^2+85950^2}}{0.1\times 5^3}=9.155\ MPa$$

$\sigma<[\sigma]$,故强度符合条件。

知识拓展

周培源,江苏省宜兴县人。著名流体力学家、理论物理学家、教育家和社会活动家。周培源在学术上的成就,主要为物理学基础理论的两个重要方面,即爱因斯坦广义相对论中的引力论和流体力学中的湍流理论的研究,奠定了湍流模式理论的基础,是中国近代力学奠基人和理论物理奠基人之一。

1924 年周培源毕业于清华学校,1927 年在美国加州理工学院学习,获博士学位,是加州理工学院毕业的第一名中国博士生。1929 年回国后任清华大学物理系教授。曾任清华大学教务长、校务委员会副主任,北京大学教务长,副校长和校长,中国科学院副院长。第一、二、三、四届全国人民代表大会代表,第五届全国人大常委会委员。政协第三、四届全国委员会常务委员;九三学社第四届中央常务委员,第五、六届中央副主席,第七、八届中央主席,第九届中央名誉主席。1993 年,经中国有关部门的批准,正式成立周培源基金会。

习   题

9-1 悬臂梁截面如图 9-25 所示,自由端作用一垂直于梁轴线的集中力 F,力的作用线在图上以 $n-n$ 表示。试分析各梁有哪些内力分量,并发生什么变形。

9-2 14 号工字钢悬臂梁受力情况如图 9-26 所示。已知 $l=0.8\ m$,$F_1=2.5\ kN$,$F_2=1.0\ kN$,试求危险截面上的最大正应力。

9-3 受集度为 q 的均布载荷作用的矩形截面简支梁,其载荷作用面与梁的纵向对称面

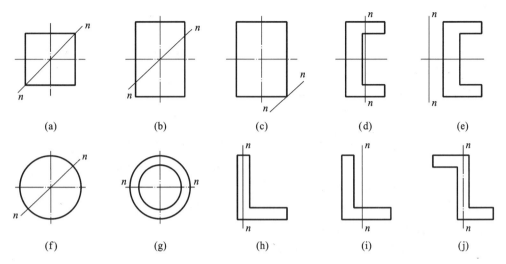

图 9-25　习题 9-1 图

间的夹角为 $\alpha=30°$，如图 9-27 所示。已知该梁材料的弹性模量 $E=10$ GPa；梁的尺寸为 $l=4$ m，$h=160$ mm，$b=120$ mm；许用应力 $[\sigma]=12$ MPa；许可挠度 $[w]=\dfrac{l}{150}$。试校核梁的强度和刚度。

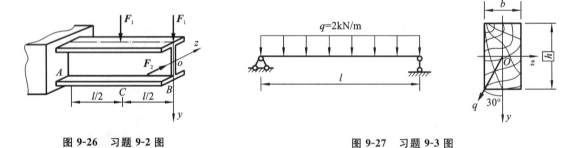

图 9-26　习题 9-2 图　　　　　　　　　图 9-27　习题 9-3 图

9-4　如图 9-28 所示，砖砌烟囱高 $h=30$ m，底截面 $m-m$ 的外径 $d_1=3$ m，内径 $d_2=2$ m，自重 $P=2000$ kN，受 $q=1$ kN/m 的风力作用。试求：

（1）烟囱底截面上的最大压应力；

（2）若烟囱的基础埋深 $h_0=4$ m，基础及填土自重按 $P_2=1000$ kN 计算，土壤的许用压应力 $[\sigma]=0.3$ MPa，圆形基础的直径 D 应为多大？

注：计算风力时，可略去烟囱直径的变化，把它看作是等截面的。

9-5　螺旋夹紧器立臂的横截面为 $a\times b$ 的矩形，如图 9-29 所示。已知该夹紧器工作时承受的夹紧力 $F=16$ kN，材料的许用应力 $[\sigma]=160$ MPa，立臂厚 $a=20$ mm，偏心距 $e=140$ mm。试求立臂宽度 b。

9-6　图 9-30 所示传动轴由电机带动。已知电机通过联轴器作用在截面 A 上的转矩 $M_1=1$ kN·m，带紧边与松边的张力分别为 F_T 与 $F_{T'}$，且 $F_T=2F_{T'}$，两轴承间的距离 $l=200$ mm，带轮的直径 $D=300$ mm，轴的许用应力 $[\sigma]=160$ MPa。若不计带轮的自重，试按第四强度理论确定该传动轴的直径。

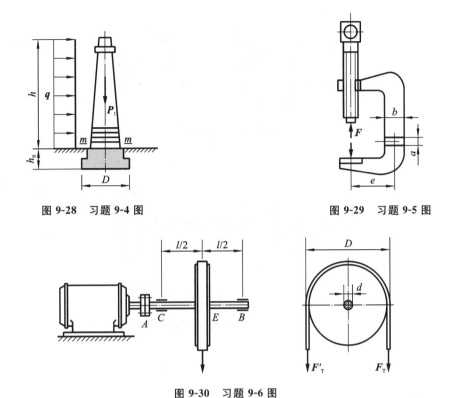

图 9-28 习题 9-4 图   图 9-29 习题 9-5 图

图 9-30 习题 9-6 图

9-7 如图 9-31 所示带轮传动轴,已知传递功率 $P = 7$ kW,转速 $n = 200$ r/min,带轮重 $W = 1.8$ kN;左端齿轮上啮合力 F_n 与齿轮节圆切线的夹角(压力角)为 20°;传动轴材料的许用应力 $[\sigma] = 80$ MPa。试分别在忽略和考虑带轮重量的两种情况下,按第三强度理论估算轴的直径。

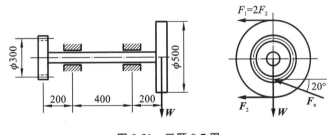

图 9-31 习题 9-7 图

9-8 如图 9-32 所示传动轴由电机带动。已知电动机输出功率为 8 kW,转速为 800 r/min;带轮直径 $D = 200$ mm;带的紧边拉力为松边拉力的 2 倍;传动轴直径 $d = 40$ mm、长度 $l = 18$ cm;材料的许用应力 $[\sigma] = 100$ MPa。若不计带轮重量,试用第三强度理论校核传动轴的强度。

9-9 如图 9-33 所示为一钢制实心圆轴,轴上的齿轮 C 上作用有铅垂切向力 5 kN,水平径向力 1.82 kN;齿轮 D 上作用有水平切向力 10 kN,铅垂径向力 3.64 kN;齿轮 C 的节圆直径 $d_C = 400$ mm,齿轮 D 的节圆直径 $d_D = 200$ mm。设许用应力 $[\sigma] = 100$ MPa,试按第四强度理论求轴的直径。

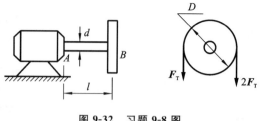

图 9-32　习题 9-8 图

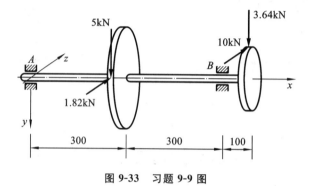

图 9-33　习题 9-9 图

第 10 章
压杆稳定

知识目标：

 1.压杆稳定的概念；

 2.两端铰支细长压杆的临界压，以及其他支座条件下细长压杆的临界压力；

 3.欧拉公式的适用范围和经验公式。

能力素质目标：

 1.具有通过压杆柔度的分析，判断选用不同的应力计算公式，计算压杆的临界应力和临界载荷的能力；

 2.培养学生理论联系实际工程问题的能力；

 3.具有不断学习和适应发展的能力。

本章首先介绍压杆稳定的基本概念,然后根据平衡条件和小挠度微分方程分析不同约束情况下弹性压杆的临界载荷及欧拉公式的适用范围,最后介绍压杆的稳定性计算和提高稳定性能的措施。

在第2章中,我们曾讨论过受压杆件的强度问题,并且认为只要压杆满足了强度条件,就能保证其正常工作。但是,实践与理论证明,这个结论仅对短粗的压杆才是正确的,对细长压杆不能使用上述结论,如图10-1(b)中左侧木杆的横截面为矩形(1 cm×2 cm),高为3 cm(短粗杆),当载荷重量为6 kN时,杆还没有被破坏。而右侧木杆横截面与左侧木杆相同,高为1.4 m(细长压杆),当压力为0.1 kN时杆被压弯,导致破坏,其受力简图如图10-1(c)所示。这是因为细长杆丧失工作能力的原因,不是因为强度不够,而是出现了与强度问题截然不同的另一种破坏形式。如图10-1(a)所示为某工程脚手架失稳砸塌事故现场,这种破坏与细长杆的稳定性相关。稳定性是指细长杆保持原有直线平衡形式的能力。对于受压细长杆,在压力由小逐渐增大的过程中,当压力增大至某一数值时,细长杆将突然变弯,不再保持原有的直线平衡形式,因而丧失了承载能力,这种受压直杆突然变弯的现象,称为**丧失稳定或失稳**。而致使细长杆由稳定平衡转向不稳定平衡的轴向压力称为临界压力或临界载荷,细长杆临界压力的计算公式称为**欧拉公式**。但在实际工程中,也有很多压杆不适用于欧拉公式,即非弹性柔度杆,这类压杆的临界压力计算,一般使用以试验结果为依据的经验公式。为了保证压杆在工作中不会发生丧失稳定性的现象,还必须进行压杆的稳定计算,压杆在最大工作压力下,横截面上的应力必须小于临界应力。

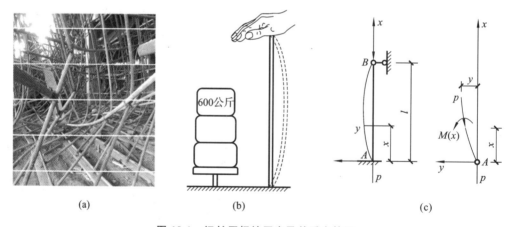

图10-1 细长压杆被压弯及其受力简图

10.1 压杆稳定概述

如图10-2(a)所示为理想状态下的受压杆件,当轴向压力F小于某一数值时,压杆偏离其原有的轴线位置产生一定的弯曲;当轴向压力F撤销后,压杆又重新回到原来的直线平衡位置,这说明压杆的直线平衡是稳定的。如图10-2(b)所示,当轴向压力F逐渐增大达到某一数值时,压杆偏离直线平衡位置,但是当轴向压力F撤销后,压杆却不能回到原有的直线平衡位置而是在弯曲状态下达到一个新的平衡位置。压杆失去直线平衡状态的现象称为丧失稳定,简称为**失稳**。从直线平衡状态到不稳定平衡状态的轴向压力极限值称为临界载荷或临界力,常用 F_{cr} 表示。

对于压杆而言,失稳时杆件的内力不一定很大,有时甚至低于杆件材料的比例极限,所以,稳定与强度之间有着本质的区别,强度是由杆件材料所决定的,稳定则不然。由于失稳破坏通常是突然发生的,因此产生的后果很严重。对于工程实际中的稳定问题必须要引起足够的重视。当压杆的材料、截面尺寸、长度和约束等情况是确定的,杆件的临界载荷 F_{cr} 就是一个固定值,因此,分析压杆的稳定问题实际上就是确定临界载荷值的一个过程。

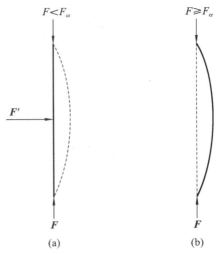

图 10-2　压杆稳定及偏离直线平衡位置

> **小贴士:**
> 细长压杆失效时不能仅仅从强度方面考虑,还要考虑稳定性问题。

所谓理想状态下的压杆需满足以下条件:材质均匀且为弹性体,杆件的轴线为直线,轴向力与杆件的轴线重合。但是实际中由于多种因素的存在导致理想状态不能满足,如构件在制造、运输和安装过程中,不可避免地会产生微小的初弯曲;轴心压力作用线与杆件的轴线不重合,即载荷存在初偏心等因素。但是在压杆承载力理论性研究方面通常是以理想状态下的压杆为力学模型。因此,临界载荷都是在这一力学模型下计算的。

> **思考:**
> 我们日常生活中随处可见的脚手架(见图 10-3)需不需要考虑稳定性问题?

图 10-3　脚手架

◀ 10.2 细长压杆临界压力的欧拉公式 ▶

10.2.1 两端铰支细长杆的临界载荷

如图 10-4(a)所示,现以两端铰支,长度为 l 的理想压杆为例推导其临界载荷。假设压杆在临界力 F_{cr} 作用下轴线呈微弯曲状态并保持平衡,取压杆 x 方向任意截面在 y 方向的挠度为 w ,则该截面的弯矩为

$$M(x) = -F_{cr} \cdot w \tag{10-1}$$

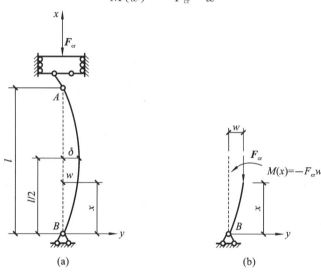

图 10-4 两端铰支的理想压杆

由小挠曲微分方程

$$M(x) = -EI\frac{d^2 w(x)}{dx^2} \tag{10-2}$$

可得

$$EIw'' + F_{cr}w = 0 \tag{10-3}$$

将式(10-3)两端同时除以 EI,并令

$$\frac{F_{cr}}{EI} = k^2 \tag{10-4}$$

则式(10-2)可写成

$$w'' + k^2 \cdot w = 0 \tag{10-5}$$

式(10-5)的通解为

$$w = A\sin kx + B\cos kx \tag{10-6}$$

式中,A、B、k 为未知数,可由挠曲线的边界条件确定。

当 $x=0$,$w=0$,带入式(10-6)可得 $B=0$,则

$$w = A\sin kx \tag{10-7}$$

当 $x=l$,$w=0$,代入式(10-7),可得

$$A \sin kl = 0 \tag{10-8}$$

式(10-8)成立的条件是 $A=0$ 或者 $\sin kl=0$，如果 $A=0$ 则与上述不符合，因此只有

$$\sin kl = 0 \tag{10-9}$$

可得

$$kl = n\pi \, (n=0,1,2,3,\cdots) \tag{10-10}$$

当 $n=1$ 为最小的非零解，同时可得

$$kl = \sqrt{\frac{F_{cr}}{EI}} \cdot l = \pi \tag{10-11}$$

$$F_{cr} = \frac{\pi^2 EI}{l^2} \tag{10-12}$$

式(10-12)最早是由瑞士科学家欧拉(L. Euler)在 1774 年推导得出的，因此，被称为欧拉公式。

10.2.2　不同杆端约束下细长杆的临界载荷

压杆的约束情况除两端铰支外，还有其他约束情况，如一端固定一端自由，两端均为固定，一端固定一端铰支等情况。不同约束情况下压杆的临界力，可采用与两端铰支相同的方法进行推导。但是利用已经推导出的两端铰支压杆的临界力，可以较简便地求出其他情况下的临界力，下面进行介绍。

观察图 10-5(a)与图 10-5(b)发现一端固定一端自由，长度为 $2l$ 的压杆与两端铰支，长度为 l 的压杆的挠曲线相同。因此，一端固定一端自由，长度为 $2l$ 的压杆的临界力等于两端铰支，长度为 l 的压杆的临界力，即

$$F_{cr} = \frac{\pi^2 EI}{(2l)^2} \tag{10-13}$$

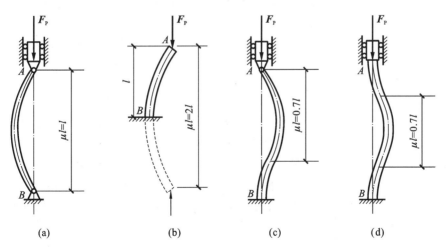

图 10-5　不同杆端约束下细长杆的临界载荷

同理，两端均为固定压杆的临界力为

$$F_{cr} = \frac{\pi^2 EI}{(0.5l)^2} \tag{10-14}$$

同理，一端固定一端铰支压杆的临界力为

$$F_{cr} = \frac{\pi^2 EI}{(0.7l)^2} \qquad (10\text{-}15)$$

上述四种压杆的临界载荷统一可表示为

$$F_{cr} = \frac{\pi^2 EI}{(\mu l)^2} \qquad (10\text{-}16)$$

令

$$\mu l = l_0 \qquad (10\text{-}17)$$

式(10-16)为**欧拉公式**的一般表达式，l_0 称为杆件的**相当长度**，μ 称为杆件的长度因数，见表 10-1。

表 10-1 压杆的长度因数 μ

杆件两端的约束情况	理论 μ 值	建议 μ 值
两端铰支	1	1
一端固定一端自由	2	2.1
两端均为固定	0.5	0.65
一端固定一端铰支	0.7	0.8

压杆的约束情况不仅有上面四种，实际中的情况要复杂得多，不同情况下的计算长度系数可以查阅相关结构设计规范和手册。

> **小贴士：**
> 杆件不同的约束方式会影响长度因数 μ 值，在计算前一定要确定好约束情况。

【例 10-1】 如图 10-6 所示的两端球形铰支细长杆，长度 $l = 25$ mm，直径 $d = 1.0$ mm，其弹性模量为 200 GPa，试求杆件的临界载荷。

解： 该细长杆为两端球形铰支，其临界载荷为

$$F_{cr} = \frac{\pi^2 EI}{l^2} = \frac{\pi^3 E d^4}{64\ l^2} = \frac{\pi^3 \times 200 \times 10^9 \times (0.001)^4}{64 \times (0.025)^2}\ \text{N} = 155\ \text{N}$$

【例 10-2】 如图 10-7 所示为一矩形截面的细长压杆，其两端为柱形铰约束，即在 xOy 面内可视为两端铰支，在 xOz 面内可视为两端固定。若压杆是在弹性范围内工作，试确定压杆截面尺寸 b 和 h 之间应有的合理关系。

解：(1) 若压杆在 xOy 平面内失稳，压杆可视为两端铰支，则长度因数为 $\mu = 1$，且截面对中性轴的惯性矩为

$$I_z = \frac{bh^3}{12}$$

则

$$F'_{cr} = \frac{\pi^2 E I_z}{l^2} = \frac{\pi^2 E b h^3}{12\ l^2}$$

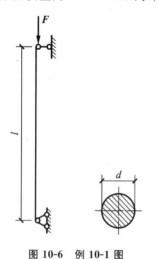

图 10-6 例 10-1 图

(2) 若压杆在 xOz 平面内失稳，压杆可视为两端固定，则长度因数为 $\mu = 0.5$，且截面对中性轴的惯性矩为

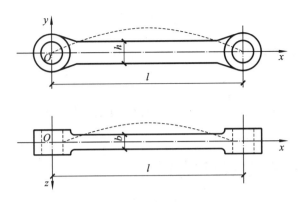

图 10-7　例 10-2 图

$$I_y = \frac{hb^3}{12}$$

则

$$F''_{cr} = \frac{\pi^2 E I_y}{(0.5l)^2} = \frac{\pi^2 E h b^3}{3 l^2}$$

（3）经过分析，应有

$$F'_{cr} = F''_{cr}$$

即

$$\frac{\pi^2 E b h^3}{12 l^2} = \frac{\pi^2 E h b^3}{3 l^2}$$

可得

$$h^2 = 4b^2$$

即合理的截面尺寸关系为

$$h = 2b$$

◀ 10.3　欧拉公式的适用范围 ▶

10.3.1　临界压力与柔度

当压杆所受压力等于临界载荷,其界面上的压应力称为临界应力,用记号 σ_{cr} 表示。假设截面面积为 A,则临界应力可表示为

$$\sigma_{cr} = \frac{F_{cr}}{A} = \frac{\pi^2 E I}{l_0^2 A} \tag{10-18}$$

由于截面的回转半径 $i = \sqrt{\dfrac{I}{A}}$,因此式（10-18）可写为

$$\sigma_{cr} = \frac{F_{cr}}{A} = \frac{\pi^2 E i^2}{l_0^2} \tag{10-19}$$

令

$$\frac{l_0}{i}=\frac{\mu l}{i}=\lambda \qquad (10\text{-}20)$$

λ 称为构件的柔度或长细比,式(10-18)可表示为

$$\sigma_{cr}=\frac{F_{cr}}{A}=\frac{\pi^2 E}{\lambda^2} \qquad (10\text{-}21)$$

这就是临界应力的欧拉公式,由于 $\pi^2 E$ 为常数,因此,决定 σ_{cr} 大小的因素取决于长细比 λ,随着 λ 的增大 σ_{cr} 减小。

10.3.2 欧拉公式的适用范围

在推导欧拉公式时,采用了梁挠曲线的近似微分方程,该方程式是在胡克定律的基础上求出的,因此,欧拉公式需满足胡克定律的要求,换言之,欧拉公式求出的临界载荷只是构件在弹性阶段的最大承载力值。即 σ_{cr} 不能大于材料的比例极限 σ_p,欧拉公式才适用,用公式表示为

$$\sigma_{cr}=\frac{\pi^2 E}{\lambda^2}\leqslant\sigma_p \qquad (10\text{-}22)$$

将式(10-22)写为

$$\lambda\geqslant\pi\sqrt{\frac{E}{\sigma_p}}=\lambda_p \qquad (10\text{-}23)$$

λ_p 为能够应用欧拉公式的柔度界限值,这就是说只有当压杆的柔度 $\lambda\geqslant\lambda_p$ 时,欧拉公式才适用,通常称 $\lambda\geqslant\lambda_p$ 的压杆为**大柔度杆或细长压杆**。

【**例 10-3**】 有一两端铰支的圆截面受压杆,杆沿长度方向直径一致,$d=80$ mm,钢材的弹性模量 $E=210$ GPa,此杆用 Q235 钢制成,比例极限 $\sigma_p=200$ MPa,试求此杆能应用欧拉公式的最短柱长。

解:只有当 $\lambda\geqslant\lambda_p$ 才能应用欧拉公式,即

$$\lambda\geqslant\pi\sqrt{\frac{E}{\sigma_p}}=\pi\sqrt{\frac{210\times10^3}{200}}=101.8$$

所以,由 $\lambda\geqslant101.8$,即 $\frac{\mu l}{i}\geqslant101.8$,得

$$l\geqslant\frac{101.8i}{\mu}=\frac{101.8}{\mu}\sqrt{\frac{I}{A}}=\frac{101.8}{1}\sqrt{\frac{\frac{\pi\times80^4}{64}}{\frac{\pi\times80^2}{4}}}=2.04\times10^3 \text{ mm}=2.04 \text{ m}$$

当杆长 $l\geqslant2.04$ m 时,才可以应用欧拉公式。

10.3.3 中小柔度压杆的临界应力的经验公式

在实际工程中,常见压杆的柔度往往小于 λ_p,即为非细长压杆。其临界力超过材料的比例极限时,属于非弹性稳定问题。这类问题的临界应力可通过解析法求得,但通常采用经验公式进行计算,这些公式是在试验与分析的基础上建立的。我国根据自己的试验材料采用了下列**直线经验公式**。

$$\sigma_{cr}=a-b\lambda \qquad (10\text{-}24)$$

式中：λ——压杆的柔度；

　　a、b——与材料有关的常数，随材料不同而不同，具体参看相关设计规范或其他参考书。

柔度很小的短柱，受压时并不会像大柔度杆那样出现弯曲变形，主要是因为压应力达到屈服点应力 σ_s（塑性材料）时，压杆会失效，所以，对于塑性材料，按式（10-24）算出的临界应力最高只能等于 σ_s。设 $\sigma_{cr} = \sigma_s$ 相应的柔度为 λ_s，则

$$\lambda_s = \frac{a - \sigma_s}{b} \tag{10-25}$$

这是使用直线经验公式时柔度的最小值。将 $\lambda_p \geqslant \lambda \geqslant \lambda_s$ 的杆称为**中柔度杆或中长杆**，即中柔度杆的稳定性问题属于弹塑性稳定问题。而将 $\lambda_s \geqslant \lambda$ 的杆称为**小柔度杆或短杆**，小柔度杆只有强度问题，而无稳定性问题。

> 小贴士：
>
> 　　大柔度杆用欧拉公式，中柔度杆用直线经验公式，小柔度杆用强度校核，同学们不要弄混。

【例 10-4】　如图 10-8 所示，两端均为球铰支的三根圆截面压杆，直径均为 $d = 160$ mm，长度分别为 $l_1 = 2l_2 = 4l_3 = 5$ m，杆材料均为 Q235 钢，$E = 206$ GPa，$\sigma_p = 200$ MPa，$\sigma_s = 235$ MPa，试求各杆临界载荷。

解： 对于 Q235 钢

$$\lambda_p = \pi\sqrt{\frac{E}{\sigma_p}} = \pi\sqrt{\frac{206 \times 10^3}{200}} = 100.8$$

查表 10-2 有

$$\lambda_s = \frac{a - \sigma_s}{b} = \frac{304 - 235}{1.12} = 61.6$$

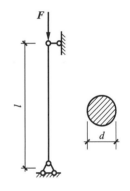

图 10-8　例 10-4 图

表 10-2　一些常用材料的 a、b、λ_p 和 λ_s

材　　料		a/MPa	b/MPa	λ_p	λ_s
Q235 钢	$\sigma_b \geqslant 373$ MPa	304	1.12	100	61.4
	$\sigma_s \geqslant 235$ MPa				
优质碳钢	$\sigma_b \geqslant 471$ MPa	461	2.568	100	60
	$\sigma_s \geqslant 306$ MPa				
硅钢	$\sigma_b \geqslant 510$ MPa	578	3.744	100	60
	$\sigma_s \geqslant 353$ MPa				
铬钼钢		981	5.296	55	—
硬铝		373	2.15	50	—
灰铸铁		332	1.454	80	—
松木		28.7	0.199	59	—

（1）对于 $l_1 = 5$ m 的杆：

$$\lambda_1 = \frac{l_{01}}{i} = \frac{\mu l_1}{\sqrt{\frac{I}{A}}} = \frac{1 \times l_1}{\frac{d}{4}} = \frac{4 \times 5000}{160} = 125 > \lambda_p$$

欧拉公式适用,故

$$(F_{cr})_1 = \frac{\pi^2 EI}{(\mu l_1)^2} = \frac{\pi^2 \times 206 \times 10^3 \times \pi \times 160^4}{64 \times (1 \times 5000)^2} \text{N} = 2612 \text{ kN}$$

(2) 对于 $l_2 = 2.5$ m 的杆:

$$\lambda_2 = \frac{l_{02}}{i} = \frac{\mu l_2}{\sqrt{\frac{I}{A}}} = \frac{1 \times l_2}{\frac{d}{4}} = \frac{4 \times 2500}{160} = 62.5$$

因 $\lambda_p \geqslant \lambda \geqslant \lambda_s$,属于中柔度杆,欧拉公式不适用,选用直线经验公式计算临界载荷。

$$(F_{cr})_2 = \sigma_{cr} A = (a - b\lambda_2)\frac{\pi d^2}{4}$$

$$= (304 - 1.12 \times 62.5) \times \frac{\pi \times 160^2}{4} \text{ N} = 4702 \text{ kN}$$

(3) 对于 $l_3 = 1.25$ m 的杆:

$$\lambda_3 = \frac{l_{03}}{i} = \frac{\mu l_3}{\sqrt{\frac{I}{A}}} = \frac{1 \times l_3}{\frac{d}{4}} = \frac{4 \times 1250}{160} = 31.25 < \lambda_s$$

是小柔度杆,其稳定性问题转化为强度问题,故

$$(F_{cr})_3 = \sigma_s A = \sigma_s \frac{\pi d^2}{4} = 235 \times \frac{\pi \times 160^2}{4} \text{ N} = 4723 \text{ kN}$$

◀ 10.4 压杆的稳定计算 ▶

与强度、刚度一样,工程中为保证受压杆件具有足够的稳定性,需建立压杆的稳定条件,以便对压杆进行稳定计算,下面介绍两种方法。

10.4.1 安全因数法

前面的讨论表明,对大柔度压杆,可用欧拉公式计算其临界载荷 F_{cr}。对欧拉公式不适用的压杆,可由经验公式计算临界应力 σ_{cr},再乘以横截面面积求得临界载荷 F_{cr}。但对于实际压杆,如以 F_{cr} 作为外载荷相应的控制值,这显然是不安全的。所以为安全起见,要使实际压杆具有足够的稳定性,应该考虑一定的安全储备,于是压杆的稳定条件为

$$F_N \leqslant \frac{F_{cr}}{n_{st}} \tag{10-26}$$

或

$$n = \frac{F_{cr}}{F_N} = \frac{\sigma_{cr}}{\sigma} \geqslant n_{st} \tag{10-27}$$

式中,F_N 为压杆的工作载荷,F_{cr} 为压杆的临界载荷,σ 为压杆横截面的工作应力,σ_{cr} 为压杆横截面的临界应力,n 为压杆的工作安全因数,n_{st} 为规定的稳定安全因数。

n_{st} 可以从设计规范或设计手册中查到。一般来说,n_{st} 的取值比强度安全因数略高,这是

因为一些难以避免的因素(如杆件的初弯曲、压力偏心、材料不均匀和支座的缺陷等),都会影响压杆的稳定性,降低临界载荷。必须注意,由于压杆的临界载荷是由压杆的整体变形来决定的,局部的截面削弱对压杆的整体变形影响很小,所以在计算临界载荷的公式中,I 和 A 都按未削弱的横截面尺寸来计算。对于局部有截面削弱的压杆。除了要进行稳定校核外,还应该对压杆削弱了的横截面进行强度校核。

【例 10-5】 三角支架受力如图 10-9(a)所示。其中 BC 杆为 10 号工字钢,其弹性模量 $E = 200$ GPa,比例极限 $\sigma_p = 200$ MPa。AB 杆长度为 $l_{AB} = 1.5$ m。若稳定安全因数 $n_{st} = 2.2$,试从 BC 杆的稳定考虑,求结构的许用载荷 $[F]$。

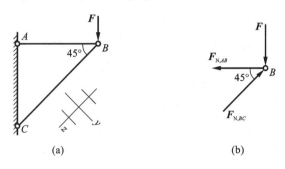

(a) (b)

图 10-9　例 10-5 图

解:选 BC 杆,其 λ_P 为

$$\lambda_p = \pi \sqrt{\frac{E}{\sigma_p}} = \pi \sqrt{\frac{200 \times 10^3}{200}} = 99.30$$

其截面为 10 号工字钢,查型钢表得

$$i_{min} = i_z = 1.52 \text{ cm} = 15.2 \text{ mm}$$
$$A = 14.345 \text{ cm}^2 = 1434.5 \text{ mm}^2$$

其杆端约束为两端铰支,柔度 λ 为

$$\lambda = \frac{l_0}{i_z} = \frac{1 \times l}{i_z} = \frac{1 \times \sqrt{2} \times 1.5 \times 10^3}{15.2} = 139.6$$

$\lambda > \lambda_P$,欧拉公式适用,故

$$[F_{N,BC}] = \frac{F_{cr}}{n_{st}} = \frac{\pi^2 EA}{\lambda^2} \cdot \frac{1}{n_{st}} = \frac{\pi^2 \times 200 \times 10^3 \times 1434.5}{139.6^2 \times 2.2} \text{ N} = 66 \text{ kN}$$

考察结点 B 的平衡,如图 10-9(b)所示,可得

$$F = \frac{\sqrt{2}}{2} F_{N,BC}$$

所以

$$[F] = \frac{\sqrt{2}}{2} [F_{N,BC}] = 46.7 \text{ kN}$$

10.4.2* 稳定因数法

由于压杆的临界应力随柔度的增大而降低,因此,设计压杆时所用的许用应力也应随柔度的增加而减小。因此,在桥梁、木结构、钢结构和起重机械的设计中常将式(10-27)改写为

$$\sigma = \frac{F_N}{A} \leqslant \frac{\sigma_{cr}}{n_{st}} = \frac{\sigma_{cr}}{n_{st}} \cdot \frac{\sigma_s}{\sigma_{cr}} = \psi \cdot \frac{\sigma_s}{n_{st}} = \psi \cdot f$$

或

$$\frac{F_N}{\psi A} \leqslant f \qquad (10\text{-}28)$$

式(10-28)称为轴心受压杆件的稳定条件。式中 F_N 为压杆的工作轴力; A 为压杆截面的毛截面面积; f 为考虑一定塑性的材料抗压强度设计值,其值如何确定,请参见相应的规范; ψ 为压杆的稳定因数或折减因数,由压杆的材料、长度、横截面形状和尺寸、杆端约束形式等因素决定,即 ψ 是与材料有关且为柔度 λ 的函数。

在钢压杆中,稳定因数被定义为

$$\psi = \psi(\lambda) = \frac{\sigma_{cr}}{\sigma_s} \leqslant 1 \qquad (10\text{-}29)$$

显然, ψ-λ 曲线与 σ_{cr}-λ 曲线的意义相同,均被称为柱子曲线。我国钢结构规范组根据自己算出的 96 根钢柱子曲线,经分析研究,最后归纳为如图 10-10 所示的 a、b、c 和 d 四条曲线,它们分别对应着 a、b、c 和 d 四种截面分类。其中 a 类截面的稳定性最好,残余应力影响较小,b 类次之,c 类再次之,d 类最差。关于截面的具体分类情况请参见相关规范。

(1) a 曲线主要用于轧制工字形截面的强轴(弱轴用 b 曲线)、热轧圆管和方管。

(2) c 曲线主要用于焊接工字形截面的弱轴、槽形截面的对称主轴。

(3) d 曲线主要用于厚板截面。

(4) b 曲线适用于除 a、c、d 曲线之外的情况。

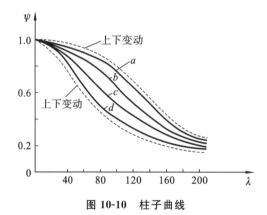

图 10-10　柱子曲线

对于不同材料,根据 ψ 与 λ 的关系,分别给出 a、b、c 和 d 四类截面的稳定因数 ψ 值。表 10-3、表 10-4、表 10-5 和表 10-6 分别给出 Q235 钢(即 3 号钢)a、b、c 和 d 四类截面的 ψ 值。

表 10-3　a 类截面轴心受压构件的稳定因数 ψ

$\lambda\sqrt{\frac{f_y}{235}}$	0	1	2	3	4	5	6	7	8	9
0	1.000	1.000	1.000	1.000	0.999	0.999	0.998	0.998	0.997	0.996
10	0.995	0.994	0.993	0.992	0.991	0.989	0.988	0.986	0.985	0.983
20	0.981	0.979	0.977	0.976	0.974	0.972	0.970	0.968	0.966	0.964
30	0.963	0.961	0.959	0.957	0.955	0.952	0.950	0.948	0.946	0.944
40	0.941	0.939	0.937	0.934	0.932	0.929	0.927	0.924	0.921	0.919
50	0.916	0.913	0.910	0.907	0.904	0.900	0.897	0.894	0.890	0.886

续表

$\lambda\sqrt{\dfrac{f_y}{235}}$	0	1	2	3	4	5	6	7	8	9
60	0.883	0.879	0.875	0.871	0.867	0.863	0.858	0.854	0.849	0.844
70	0.839	0.834	0.829	0.824	0.818	0.813	0.807	0.801	0.795	0.789
80	0.783	0.776	0.770	0.763	0.757	0.750	0.743	0.736	0.728	0.721
90	0.714	0.706	0.699	0.691	0.684	0.676	0.668	0.661	0.653	0.645
100	0.638	0.630	0.622	0.615	0.607	0.600	0.592	0.585	0.577	0.570
110	0.563	0.555	0.448	0.541	0.534	0.527	0.520	0.514	0.507	0.500
120	0.494	0.488	0.481	0.475	0.469	0.463	0.457	0.451	0.445	0.440
130	0.434	0.429	0.423	0.418	0.412	0.407	0.402	0.397	0.392	0.387
140	0.383	0.378	0.373	0.369	0.364	0.360	0.356	0.351	0.347	0.343
150	0.339	0.335	0.331	0.327	0.323	0.320	0.316	0.312	0.309	0.305
160	0.302	0.298	0.295	0.292	0.289	0.285	0.282	0.279	0.276	0.273
170	0.270	0.267	0.264	0.262	0.259	0.256	0.253	0.251	0.248	0.246
180	0.243	0.241	0.238	0.236	0.233	0.231	0.229	0.226	0.224	0.222
190	0.220	0.218	0.215	0.213	0.211	0.209	0.207	0.205	0.203	0.201
200	0.199	0.198	0.196	0.194	0.192	0.190	0.189	0.187	0.185	0.183
210	0.182	0.180	0.179	0.177	0.175	0.174	0.172	0.171	0.169	0.168
220	0.166	0.165	0.164	0.162	0.161	0.159	0.158	0.157	0.155	0.154
230	0.153	0.152	0.150	0.149	0.148	0.147	0.146	0.144	0.143	0.142
240	0.141	0.140	0.139	0.138	0.136	0.135	0.134	0.133	0.132	0.131
250	0.130									

表 10-4 b 类截面轴心受压构件的稳定因数 ψ

$\lambda\sqrt{\dfrac{f_y}{235}}$	0	1	2	3	4	5	6	7	8	9
0	1.000	1.000	1.000	0.999	0.999	0.998	0.997	0.996	0.995	0.994
10	0.992	0.991	0.989	0.987	0.985	0.983	0.981	0.978	0.976	0.973
20	0.970	0.967	0.963	0.960	0.957	0.953	0.950	0.946	0.943	0.939
30	0.936	0.932	0.929	0.925	0.922	0.918	0.914	0.910	0.906	0.903
40	0.899	0.895	0.891	0.887	0.882	0.878	0.874	0.870	0.865	0.861
50	0.856	0.852	0.847	0.842	0.838	0.833	0.828	0.823	0.818	0.813
60	0.807	0.802	0.797	0.791	0.786	0.780	0.774	0.769	0.763	0.757
70	0.751	0.745	0.739	0.732	0.726	0.720	0.714	0.707	0.701	0.694
80	0.688	0.681	0.675	0.668	0.661	0.655	0.648	0.641	0.635	0.628
90	0.621	0.614	0.608	0.601	0.594	0.588	0.581	0.575	0.568	0.561
100	0.555	0.549	0.542	0.536	0.529	0.523	0.517	0.511	0.505	0.499

$\lambda\sqrt{\dfrac{f_y}{235}}$	0	1	2	3	4	5	6	7	8	9
110	0.493	0.487	0.481	0.475	0.470	0.464	0.458	0.453	0.447	0.442
120	0.437	0.432	0.426	0.421	0.416	0.411	0.406	0.402	0.397	0.392
130	0.387	0.383	0.378	0.374	0.370	0.365	0.361	0.357	0.353	0.349
140	0.345	0.341	0.337	0.333	0.329	0.326	0.322	0.318	0.315	0.311
150	0.308	0.304	0.301	0.298	0.295	0.291	0.288	0.285	0.282	0.279
160	0.276	0.273	0.270	0.267	0.265	0.262	0.259	0.256	0.254	0.251
170	0.249	0.246	0.244	0.241	0.239	0.236	0.234	0.232	0.229	0.227
180	0.225	0.223	0.220	0.218	0.216	0.214	0.212	0.210	0.208	0.206
190	0.204	0.202	0.200	0.198	0.197	0.195	0.193	0.191	0.190	0.188
200	0.186	0.184	0.183	0.181	0.180	0.178	0.176	0.175	0.173	0.172
210	0.170	0.169	0.167	0.166	0.165	0.163	0.162	0.160	0.159	0.158
220	0.156	0.155	0.154	0.153	0.151	0.150	0.149	0.148	0.146	0.145
230	0.144	0.143	0.142	0.141	0.140	0.138	0.137	0.136	0.135	0.134
240	0.133	0.132	0.131	0.130	0.129	0.128	0.127	0.126	0.125	0.124
250	0.123									

表 10-5　c 类截面轴心受压构件的稳定因数 ψ

$\lambda\sqrt{\dfrac{f_y}{235}}$	0	1	2	3	4	5	6	7	8	9
0	1.000	1.000	1.000	0.999	0.999	0.998	0.997	0.996	0.995	0.993
10	0.992	0.990	0.988	0.986	0.983	0.981	0.978	0.976	0.973	0.970
20	0.966	0.959	0.953	0.947	0.940	0.934	0.928	0.921	0.915	0.909
30	0.902	0.896	0.890	0.884	0.877	0.871	0.865	0.858	0.852	0.846
40	0.839	0.833	0.826	0.820	0.814	0.807	0.801	0.794	0.788	0.781
50	0.775	0.768	0.762	0.755	0.748	0.742	0.735	0.729	0.722	0.715
60	0.709	0.702	0.695	0.689	0.682	0.676	0.669	0.662	0.656	0.649
70	0.648	0.636	0.629	0.623	0.616	0.610	0.604	0.597	0.591	0.584
80	0.578	0.572	0.566	0.559	0.553	0.547	0.541	0.535	0.529	0.523
90	0.517	0.511	0.505	0.500	0.494	0.488	0.483	0.477	0.472	0.467
100	0.463	0.458	0.454	0.449	0.445	0.441	0.436	0.432	0.428	0.423
110	0.419	0.415	0.411	0.407	0.403	0.399	0.395	0.391	0.387	0.383
120	0.379	0.375	0.371	0.367	0.364	0.360	0.356	0.353	0.349	0.346
130	0.342	0.339	0.335	0.332	0.328	0.325	0.322	0.319	0.315	0.312
140	0.309	0.306	0.303	0.300	0.297	0.294	0.291	0.288	0.285	0.282
150	0.280	0.277	0.274	0.271	0.269	0.266	0.264	0.261	0.258	0.256

续表

$\lambda\sqrt{\dfrac{f_y}{235}}$	0	1	2	3	4	5	6	7	8	9
160	0.254	0.251	0.249	0.246	0.244	0.242	0.239	0.237	0.235	0.233
170	0.230	0.228	0.226	0.224	0.222	0.220	0.218	0.216	0.214	0.212
180	0.210	0.208	0.206	0.205	0.203	0.201	0.199	0.197	0.196	0.194
190	0.192	0.190	0.189	0.187	0.186	0.184	0.182	0.181	0.179	0.178
200	0.176	0.175	0.173	0.172	0.170	0.169	0.168	0.166	0.165	0.163
210	0.162	0.161	0.159	0.158	0.157	0.156	0.154	0.153	0.152	0.151
220	0.150	0.148	0.147	0.146	0.145	0.144	0.143	0.142	0.140	0.139
230	0.138	0.137	0.136	0.135	0.134	0.133	0.132	0.131	0.130	0.129
240	0.128	0.127	0.126	0.125	0.124	0.124	0.123	0.122	0.121	0.120
250	0.119									

表 10-6　d 类截面轴心受压构件的稳定因数 ψ

$\lambda\sqrt{\dfrac{f_y}{235}}$	0	1	2	3	4	5	6	7	8	9
0	1.000	1.000	0.999	0.999	0.998	0.996	0.994	0.992	0.990	0.987
10	0.984	0.981	0.978	0.974	0.969	0.965	0.960	0.955	0.949	0.944
20	0.937	0.927	0.918	0.909	0.900	0.891	0.883	0.874	0.865	0.857
30	0.848	0.840	0.831	0.823	0.815	0.807	0.799	0.790	0.782	0.774
40	0.766	0.759	0.751	0.743	0.735	0.728	0.720	0.712	0.705	0.697
50	0.690	0.683	0.675	0.668	0.661	0.654	0.646	0.639	0.632	0.625
60	0.618	0.612	0.605	0.598	0.591	0.585	0.578	0.572	0.565	0.559
70	0.552	0.546	0.540	0.534	0.528	0.522	0.516	0.510	0.504	0.498
80	0.493	0.487	0.481	0.476	0.470	0.465	0.460	0.454	0.449	0.444
90	0.439	0.434	0.429	0.424	0.419	0.414	0.410	0.405	0.401	0.397
100	0.394	0.390	0.387	0.383	0.380	0.376	0.373	0.370	0.366	0.363
110	0.359	0.356	0.353	0.350	0.346	0.343	0.340	0.337	0.334	0.331
120	0.328	0.325	0.322	0.319	0.316	0.313	0.310	0.307	0.304	0.301
130	0.299	0.296	0.293	0.290	0.288	0.285	0.282	0.280	0.277	0.275
140	0.272	0.270	0.267	0.265	0.262	0.260	0.258	0.255	0.253	0.251
150	0.248	0.246	0.244	0.242	0.240	0.237	0.235	0.233	0.231	0.229
160	0.227	0.225	0.223	0.221	0.219	0.217	0.215	0.213	0.212	0.210
170	0.208	0.206	0.204	0.203	0.201	0.199	0.197	0.196	0.194	0.192
180	0.191	0.189	0.188	0.186	0.184	0.183	0.181	0.180	0.178	0.177
190	0.176	0.174	0.173	0.171	0.170	0.168	0.167	0.166	0.164	0.163
200	0.162									

【例 10-6】　如图 10-11(a)所示的结构是由两根直径相同的圆杆组成,杆的材料为 Q235 钢,已知 $h = 0.4$ m,杆直径 $d = 20$ mm,载荷 $F = 15$ kN,其钢材的抗压强度设计值 $f = 215$ MPa,试校核此杆在图示平面内的稳定性。

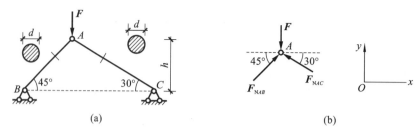

图 10-11　例 10-6 图

解:(1) 计算两根压杆所受的轴力。

分析结点 A,如图 10-11(b)所示,并考虑其平衡:

$$\sum F_{ix} = 0, F_{NAB}\cos45° - F_{NAC}\cos30° = 0$$

$$\sum F_{iy} = 0, F_{NAB}\sin45° + F_{NAC}\sin30° - F = 0$$

解得:

$$F_{NAB} = 0.896F, F_{NAC} = 0.732F$$

(2) 计算柔度 λ,并查稳定因数 ψ。

$$\lambda_{AB} = \frac{\mu_{AB} \cdot l_{AB}}{i_{AB}} = \frac{\mu_{AB} \cdot \sqrt{2}h}{\frac{d}{4}} = \frac{1 \times \sqrt{2} \times 400}{\frac{20}{4}} = 113.14$$

$$\lambda_{AC} = \frac{\mu_{AC} \cdot l_{AC}}{i_{AC}} = \frac{\mu_{AC} \cdot 2h}{\frac{d}{4}} = \frac{1 \times 2 \times 400}{\frac{20}{4}} = 160$$

根据 λ,查表 10-3 得稳定因数 ψ。

$$\psi_{AB} = 0.475 - 0.14 \times (0.475 - 0.470) = 0.4743$$

$$\psi_{AC} = 0.276$$

(3) 校核两杆的稳定性。

AB 杆:

$$\frac{F_{NAB}}{\psi_{AB} \cdot A_{AB}} = \frac{0.896F}{\psi_{AB} \cdot \frac{\pi d^2}{4}} = \frac{0.896 \times 15000}{0.4743 \times \frac{\pi \times 20^2}{4}} \text{ MPa} = 90.2 \text{ MPa} < f = 215 \text{ MPa}$$

AC 杆:

$$\frac{F_{NAC}}{\psi_{AC} \cdot A_{AC}} = \frac{0.732F}{\psi_{AC} \cdot \frac{\pi d^2}{4}} = \frac{0.732 \times 15000}{0.276 \times \frac{\pi \times 20^2}{4}} \text{ MPa} = 126.7 \text{ MPa} < f = 215 \text{ MPa}$$

两杆均满足稳定条件。

10.5　提高压杆稳定性的措施

由上述讨论可知,影响压杆稳定性的因素有压杆的截面形状、长度、约束条件和材料性质等。讨论如何提高压杆的稳定性,也需从这几个方面考虑。

(1) 选择合理的截面形状。从欧拉公式中可以看出,截面惯性矩 I 越大,临界载荷 F_{cr} 越大;从经验公式中又可以看到,柔度 λ 越小,临界应力越高。由于 λ $=\dfrac{\mu l}{i}$,所以,提高惯性半径 i 的数值就能减小 λ 的数值。可见,如不增加截面面积,尽可能地把材料放在离截面形心较远处,以取得较大的 I 和 i,就等于提高了临界载荷。例如,空心环形截面就比实心圆截面合理,如图 10-12 所示。同理,由四根角钢组成的起重臂[见图 10-13(a)],其四根角钢应分散布置在截面的四角[见图 10-13(b)],而不是集中放置在截面形心的附近[见图 10-13(c)]。由型钢组成的桥梁桁架中的压杆或建筑物中的柱,也都是把型钢分开安放,如图 10-14 所示。当然,也不能为了取得较大的 I 和 i,就无限制地增加环形截面的直径并减小其壁厚,这将使其因变成薄壁圆管而

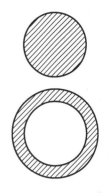

图 10-12 空心环形截面与实心圆截面

有引起局部失稳、发生局部折皱的危险。对于由型钢组成的组合压杆,也要用足够强的缀条或缀板把分开放置的型钢连成一个整体(见图 10-13 和图 10-14)。否则,各条型钢将变为分散、单独的受压杆件,达不到预期的稳定性。

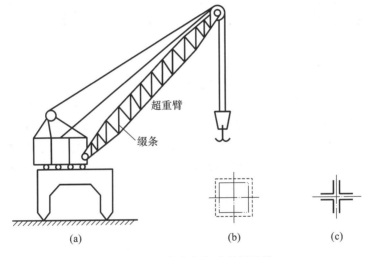

图 10-13 四根角钢组成的起重臂

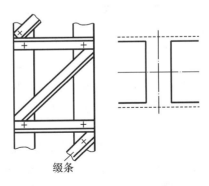

图 10-14 型钢分开安放

如压杆在各个纵向平面内的相当长度 μl 相同,应使截面对任一形心轴的 i 相等或接近相等,这样,压杆在任一纵向平面内的柔度 λ 都相等或接近相等,于是,在任一纵向平面内有

相等或接近相等的稳定性。例如圆形、环形或如图 10-13(b)所示的截面都能满足这一要求。相反,某些压杆在不同的纵向平面内,μl 并不相同。例如,发动机的连杆,在摆动平面内,两端可简化为铰支座[见图 10-15(a)],而在垂直于摆动平面的平面内,两端可简化为固定[见图 10-15(b)],这就要求连杆截面对两个形心主惯性轴 x 和 y 有不同的 i_x 和 i_y,使得两个截面在主惯性平面内的柔度接近相等。这样,连杆的两个主惯性平面内仍然可以有接近相等的稳定性。

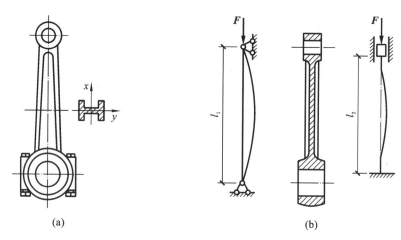

(a)   (b)

图 10-15　发动机的连杆示例

(2) 减小压杆的支撑长度。压杆的柔度越小,相应的临界载荷或临界应力就越高,而减小压杆的支撑长度是降低压杆柔度的方法之一,可有效地提高压杆的稳定性。因此,在条件允许的情况下,应尽可能地减小压杆的长度,或者在压杆的中间增加支座,也同样起到减小压杆支撑长度的作用。例如,钢铁厂无缝钢管车间的穿孔机(见图 10-16),原来轧制普通钢管,后改轧合金钢管,要求顶杆的穿孔压力增大,为了提高顶杆的稳定性,在顶杆中段增加一个抱辊装置,这就达到了提高顶杆稳定性的目的。

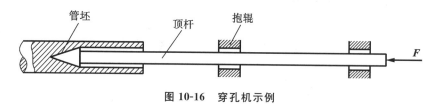

图 10-16　穿孔机示例

(3) 改善杆端的约束情况。从表 10-1 中可以看出,若杆端约束的刚性越强,压杆的长度因数 μ 就越小,相应地,柔度 λ 就越小,临界载荷就越大。其中,以固定端约束的刚性最好,铰支端次之,自由端最差。因此,尽可能加强杆端约束的刚性,就能使压杆的稳定性得到相应的提高。

(4) 合理选用材料。上述各点,都是通过降低压杆柔度的方法来提高压杆的稳定性。另一方面,合理选用材料对提高压杆稳定性也能起到一定的作用。

对于大柔度杆,材料的弹性模量 E 越大,压杆的临界载荷就越高。故选用弹性模量较大的材料可以提高压杆的稳定性。但必须注意,由于一般钢材的弹性模量 E 大致相同,且临界载荷与材料的强度指标无关,故选用高强度钢并不能起到有效提高细长压杆稳定性的作用。

对于中柔度杆,由相关资料可知,采用强度高的优质钢,系数 a 显著增大,按式 $\sigma_{cr} = a -$

$b\lambda$,压杆临界载荷也就较高,故其稳定性将更好。至于柔度很小的短杆,本身就是强度问题,优质钢材的强度高,其优越性自然是明显的。

知 识 拓 展

早在文艺复兴时期,伟大的艺术家、科学家和工程师达·芬奇对压杆做了一些开拓性的研究工作。荷兰物理学教授穆申布罗克(Musschenbroek P van)于 1729 年通过对于木杆的受压实验,得出"压曲载荷与杆长的平方成反比的重要结论"。细长杆压曲载荷公式是数学家欧拉首先导出的。他在 1744 年出版的变分法专著中,曾得到细长压杆失稳后弹性曲线的精确描述及压曲载荷的计算公式。1757 年他又出版了《关于柱的承载能力》的论著(工程中习惯将压杆称为柱),纠正了在 1744 年专著中关于矩形截面抗弯刚度计算中的错误。而大家熟知的两端铰支压杆压曲载荷公式是拉格朗日(Lagrange J L)在欧拉近似微分方程的基础上于 1770 年左右得

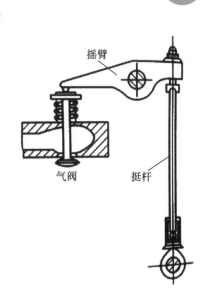

到的。1807 年英国自然哲学教授杨(Young T)、1826 年纳维先后指出欧拉公式只适用于细长压杆。1846 年拉马尔(Lamarle E)具体讨论了欧拉公式的适用范围,并提出超出此范围的压杆要依靠实验研究方可解决问题的正确见解。

习   题

10-1 材料相同、直径相等的三根细长压杆如图 10-17 所示,如取 $E=200$ GPa,$d=160$ mm,试计算三根压杆的临界压力。

10-2 两端铰支的圆截面直杆,长 $l=250$ mm,直径 $d=8$ mm,材料的弹性模量 $E=210$ GPa,$\sigma_p=240$ MPa。承受轴向压力 $F=1.8$ kN,稳定安全因数 $[n_{st}]=2.5$。试校核该杆的稳定性。

10-3 外径 $D=50$ mm,内径 $d=40$ mm 的钢管,两端铰支,材料为 Q235 钢,承受轴向压力 F。已知:$E=200$ GPa,$\sigma_p=200$ MPa,$\sigma_s=240$ MPa,利用直线公式计算临界应力时,$a=304$ MPa,$b=1.12$ MPa。

试求:(1)能用欧拉公式时压杆的最小长度;

(2)当压杆长度为上述最小长度的 3/4 时,压杆的临界应力。

10-4 如图 10-18 所示的两端球形铰支细长压杆,材料 $E=200$ GPa。试计算在如下三种情况下的临界载荷。

(1)圆形截面 $d=30$ mm,$l=1.2$ m;

(2)矩形截面 $h=2b=50$ mm,$l=1.2$ m;

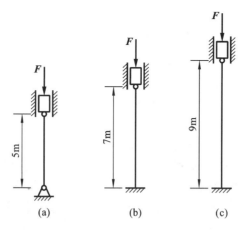

图 10-17　习题 10-1 图

（3）16 号工字钢，$l=2$ m。

10-5　如图 10-19 所示的液压千斤顶，顶杆直径 $d=40$ mm，长度 $l=375$ mm，材料为硅钢，$\lambda_P=100$，$\lambda_s=60$，当使用直线公式时，$a=577$ MPa，$b=3.74$ MPa。顶杆下端为固定端约束，上端为自由端。试确定该顶杆的临界载荷。

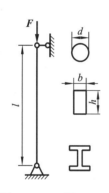

图 10-18　习题 10-4 图

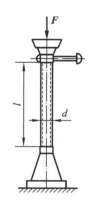

图 10-19　习题 10-5 图

10-6　图 10-20 所示油缸活塞直径 $D=65$ mm，油压 $p=1.2$ MPa。活塞杆长度 $l=1250$ mm，材料为 35 钢，$\sigma_s=220$ MPa，$E=210$ GPa，$[n_{st}]=6$。试确定活塞杆的直径 d。

图 10-20　习题 10-6 图

10-7　如图 10-21 所示，直径为 d 的两根细长钢制压杆，一根两端铰支，另一根一端固定、一端自由，要使两根压杆的临界压力相同，试确定两杆长度之间的关系。

10-8　一简易起重机简图如图 10-22 所示，其压杆 BD 为 20 号槽钢，材料为 Q235 钢。起重机最大起重重量为 $P=40$ kN，若规定的稳定安全因数 $[n_{st}]=5$。试校核杆 BD 的稳定性。

10-9　如图 10-23 所示结构，杆 1、2 均为直径 $d=40$ mm 的圆杆，两杆材料相同，弹性模量 $E=210$ GPa，$\sigma_p=280$ MPa，$\sigma_s=350$ MPa，利用直线公式计算临界应力时，$a=461$ MPa，b

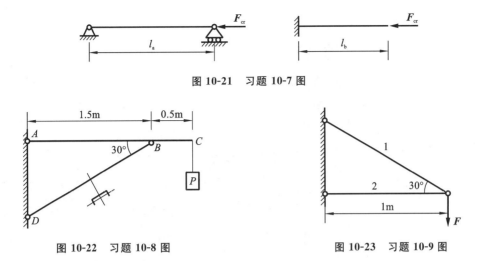

图 10-21 习题 10-7 图

图 10-22 习题 10-8 图   图 10-23 习题 10-9 图

$=2.568$ MPa,材料的许用应力$[\sigma]=180$ MPa,规定的稳定安全因数$[n_{st}]=2$。试求许可载荷$[F]$。

10-10 如图 10-24 所示结构,AB 为直径 $d=80$ mm 的圆杆,BC 为边长为 $a=70$ mm 的方杆。两杆可以各自独立发生弯曲变形。两杆材料相同,弹性模量 $E=200$ GPa,$\sigma_p=200$ MPa,$l=3$ m,规定的稳定安全因数$[n_{st}]=2.5$。试求此结构的许可载荷$[F]$。

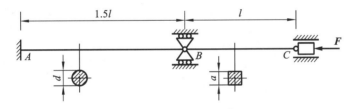

图 10-24 习题 10-10 图

第 11 章
动载荷

知识目标:

1.掌握用动静法求应力和变形;

2.掌握杆件受冲击时的应力和变形;

3.掌握交变应力与疲劳破坏及强度计算。

能力素质目标:

1.具有运用动静法求应力和变形,熟练计算动荷系数,校核动载荷下的强度问题的能力;

2.培养学生理论联系生活实际和实际工程问题的能力。

◀ **11.1 概 述** ▶

前面讨论的关于构件强度、刚度与稳定性计算的所有内容,都是以静载荷为前提的。即认为,作用于构件上的所有载荷,都是由零开始,缓慢平稳地增至一定数值后维持不变。因此,在加载过程中,构件上各点的加速度很小,可以忽略不计;外力所引起的杆件的应力、应变、位移等,也都是始终不变的常量。

但在工程实际中,人们不可避免地会遇到各种动载荷问题。例如,起重机加速提升重物时吊索受到的动载荷;落锤打桩时桩体受到的冲击载荷;大量机械零件工作时所承受的交变载荷等。

本章旨在解决构件在常见动载荷作用下的强度问题和刚度问题,内容包括:

(1) 构件作加速运动时的应力与变形计算;

(2) 构件在冲击载荷作用下的应力与变形计算;

(3) 构件在交变载荷作用下的疲劳强度计算。

◀ **11.2 杆件作加速运动时的应力与变形计算** ▶

杆件作加速运动时的动载荷问题,可以采用动静法,将其转化为静载荷问题来处理。现结合几种常见情况,说明如下。

11.2.1 杆件作匀加速提升

如图 11-1(a)所示,匀质等截面直杆在外力 F 的作用下,以加速度 a 作匀加速提升。

假设杆件的横截面面积为 A,质量密度为 ρ。则杆件单位长度的重力为

$$q_{st} = A\rho g$$

单位长度的惯性力为

$$q_I = A\rho a$$

根据动静法,作用于杆件上的起吊力 F、重力 q_{st} 与虚加于杆件上的惯性力 q_I 在形式上构成平衡力系[见图 11-1(b)]。由截面法易得,杆件任一 x 横截面上的动荷轴力[见图 11-1(c)]

$$F_{Nd} = (q_{st} + q_I)x = \left(1 + \frac{a}{g}\right)F_{Nst}$$

其中

$$F_{Nst} = A\rho g x$$

为杆件自重引起的静荷轴力。若引入动荷因素

$$K_d = 1 + \frac{a}{g} \tag{11-1}$$

则动荷轴力可以表示为

$$F_{Nd} = K_d F_{Nst}$$

上式两边同时除以杆件的横截面积,即得动荷应力

$$\sigma_d = K_d \sigma_{st}$$

式中，σ_{st} 为杆件自重引起的静荷应力。

试验表明，只要动荷应力 σ_d 不超过材料的比例极限 σ_p，材料在静荷下得到的胡克定律在动荷下依然有效，且各弹性常数保持不变。从而得动荷应变与动荷轴向变形分别为

$$\varepsilon_d = K_d \varepsilon_{st}$$

$$\Delta l_d = K_d \Delta l_{st}$$

其中，ε_{st} 与 Δl_{st} 分别为杆件自重引起的静荷应变与静荷轴向变形。

综上所述，构件作匀加速提升时，只要计算出杆件自重引起的静荷内力、静荷力、静荷应变与静荷变形，再乘以由式（11-1）确定的动荷因数 K_d，即可得相应的动荷内力、动荷应力、动荷应变与动荷变形。

得到动荷应力，即可建立强度条件

$$\sigma_d = K_d \sigma_{st} \leqslant [\sigma]$$

由于此种性质的动载荷不会改变材料破坏时的极限应力，因此，式中的 $[\sigma]$ 就是材料在静载荷下的许用应力。

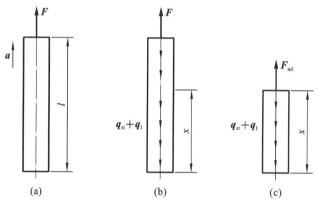

图 11-1　杆件作匀加速提升示例

思考：

图 11-2 所示埃及航空波音 737 飞机在飞行中和静止状态下被鸟撞击，飞机被撞击的部位有何不同，为什么？

图 11-2　波音 737 飞机

【例 11-1】 如图 11-3(a)所示,一水平放置的匀质混凝土预制梁,由起重机以匀加速度 a 向上提升,已知梁的长度为 l,横截面面积为 A,抗弯截面系数为 W,材料的质量密度为 ρ。试求起吊力 F 及梁横截面上的最大弯矩 M_{dmax}。

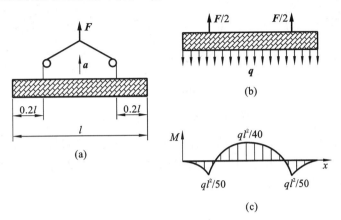

图 11-3 例 11-1 图

解:(1)确定动荷因数。

因横梁作匀加速提升,故根据式(11-1),得动荷因数

$$K_d = 1 + \frac{a}{g}$$

(2)计算起吊力 F。

首先,计算匀速提升时的静荷起吊 F_{st}。显然,F_{st} 就等于梁的自重,即

$$F_{st} = A\rho g l$$

所以,动荷起吊力

$$F = K_d F_{st} = \left(1 + \frac{a}{g}\right)A\rho g l$$

(3)计算最大弯矩 M_{dmax}。

首先,计算匀速提升时梁横截面上的最大静荷弯矩 M_{stmax}。作出混凝土预制梁在静荷(自重)作用下的受力图[见图 11-3(b)],并据此绘制出相应的弯矩图[见图 11-3(c)],图中,梁单位长度重力

$$q = A\rho g$$

由弯矩图可见,其最大静荷弯矩 M_{stmax} 位于跨中截面,为

$$M_{stmax} = \frac{q l^2}{40} = \frac{A\rho g l^2}{40}$$

所以,最大动荷弯矩

$$M_{dmax} = K_d M_{stmax} = \left(1 + \frac{a}{g}\right)\frac{A\rho g l^2}{40}$$

11.2.2 构件作匀速转动

如图 11-4(a)所示,一平均直径为 D 的薄壁圆环,绕通过其圆心且垂直于环平面的轴以角速度 ω 作匀速转动。

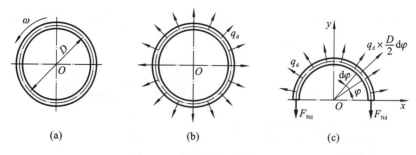

图 11-4　杆件作匀速转动示例

假设圆环横截面面积为 A，材料的质量密度为 ρ。由于圆环很薄，可认为环内各点的法向加速度就等于圆环轴线上各点的法向加速度。所以，圆环的惯性力沿圆环的轴线均匀分布，方向沿径向背离圆心［见图 11-4(b)］，其分布集度

$$q_d = A\rho \cdot \omega^2 \frac{D}{2}$$

用截面法，将圆环沿其直径截断，研究其中任意一半，并作出受力图［见图 11-4(c)］。根据动静法，由平衡方程 $\sum F_y = 0$，得圆环横截面上的动荷轴力

$$F_{Nd} = \frac{1}{2}\int_0^\pi q_d \sin\varphi \cdot \frac{D}{2}\,\mathrm{d}\varphi = \frac{q_d D}{2} = \frac{A\rho\,\omega^2\,D^2}{4}$$

所以，圆环横截面上的动荷应力

$$\sigma_d = \frac{F_{Nd}}{A} = \frac{\rho\,\omega^2\,D^2}{4}$$

从而得强度条件

$$\sigma_d = = \frac{\rho\,\omega^2\,D^2}{4} \leqslant [\sigma]$$

可见，要保证圆环的强度，主要在于限制圆环的角速度 ω，而与其横截面面积 A 无关。

对于构件作其他形式加速运动时的动荷问题，也都可以采用动静法，做类似处理。

【例 11-2】　如图 11-5 所示，在转轴 AB 的 B 端有一个质量很大的飞轮，在 A 端有制动装置。若在飞轮转速 $n = 100$ r/min 时开始制动，经 10 s 停止转动，试求轴内的最大切应力。已知飞轮对转轴的转动惯量 $J = 500$ kg·m²，轴的直径 $d = 100$ mm，轴的质量可以忽略不计。

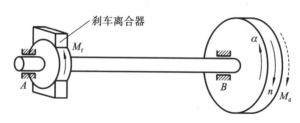

图 11-5　例 11-2 图

解：(1) 计算飞轮的惯性力偶矩。

飞轮的初始角速度

$$\omega_0 = \frac{\pi n}{30} = \frac{10\pi}{3} \text{ rad/s}$$

假设在制动的 10s 内，飞轮作匀减速转动，则其角加速度为

$$\alpha = \frac{0 - \omega_0}{10} = -\frac{\pi}{3} \text{ rad/s}^2$$

所以，飞轮的惯性力偶矩

$$M_I = -J\alpha = -500 \text{ kg} \cdot \text{m}^2 \times \left(-\frac{\pi}{3} \text{rad/s}^2\right) = \frac{0.5\pi}{3} \times 10^3 \text{ N} \cdot \text{m}$$

（2）计算最大切应力。

根据动静法，飞轮的惯性力偶矩 M_I 与制动力偶矩 M_f 相互平衡（见图 11-5），使得转轴 AB 发生扭转变形，其横截面上的扭矩

$$T_d = M_I = \frac{0.5\pi}{3} \times 10^3 \text{ N} \cdot \text{m}$$

故得轴内的最大动荷扭转切应力

$$\tau_{d\max} = \frac{T_d}{W_t} = \frac{\dfrac{0.5\pi}{3} \times 10^3 \text{ N} \cdot \text{m}}{\dfrac{\pi}{16} \times 100^3 \times 10^{-9} \text{ m}^3} = 2.67 \times 10^6 \text{ Pa} = 2.67 \text{ MPa}$$

◀ 11.3　杆件受冲击时的应力与变形计算 ▶

当运动物体碰撞到静止构件时，如物体的运动受阻并在瞬间停止，就称构件受到物体的冲击。这时，在被冲击构件与冲击物体之间会产生很大的相互作用力，即冲击载荷。冲击问题的精确分析非常困难，工程中一般采用能量法对其进行简化近似计算。简化近似计算的假设有以下几点。

（1）冲击物是刚性的。

（2）被冲击构件的质量忽略不计。

（3）被冲击构件的变形在线弹性范围内。

（4）冲击过程中无能量损耗。

（5）冲击物与被冲击构件接触后无回弹。

以上述假设为基础，利用冲击过程中的能量转换关系，即可计算冲击载荷以及由其引起的构件的应力与变形。下面结合几种典型的冲击问题加以介绍。

11.3.1　垂直冲击

如图 11-6(a)所示，重力为 P 的物体自相对高度为 h 处以初速度 v_0 下落，冲击位于其正下方的 AB 杆。

根据上述假设，可以将 AB 杆简化为一个无重弹簧，并认为物体落到弹簧顶部即和弹簧顶部一起，以同一速度向下运动，直至速度为零[见图 11-6(b)]。此时，弹簧受到的冲击载荷以及弹簧顶部产生的动荷位移均为最大值，分别记作 F_d 和 Δ_d。

取 Δ_d 对应位置为重力零势能位置，不考虑冲击过程中的能量损耗，根据能量守恒原理，

物体在下落开始时的动能和重力势能完全转换为了弹簧在 Δ_d 对应位置上的弹性变形能。据此即有

$$\frac{1}{2}\frac{P}{g}v_0{}^2+P(h+\Delta_d)=\frac{1}{2}F_d\Delta_d \tag{a}$$

在线弹性范围内，载荷与变形成正比，故有

$$F_d=\frac{P}{\Delta_{st}}\Delta_d \tag{b}$$

其中，Δ_{st} 为物体重力 P 以静荷方式作用于弹簧顶部时所引起的弹簧顶部的静荷位移。将式（b）代入式（a），整理得

$$\Delta_d{}^2-2\Delta_{st}\Delta_d-\left(2h+\frac{v_0{}^2}{g}\right)\Delta_{st}=0$$

这是关于动荷位移 Δ_d 的一元二次方程，解之得

$$\Delta_d=\left(1+\sqrt{1+\frac{2h+\dfrac{v_0{}^2}{g}}{\Delta_{st}}}\right)\Delta_{st}$$

引入动荷因数

$$K_d=1+\sqrt{1+\frac{2h+\dfrac{v_0{}^2}{g}}{\Delta_{st}}} \tag{11-2}$$

则得动荷位移

$$\Delta_d=K_d\Delta_{st}$$

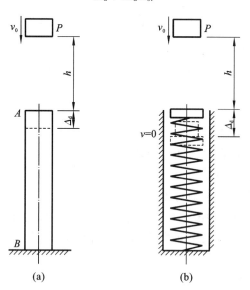

图 11-6　垂直冲击示例

由于在线弹性范围内，内力、应力、应变与位移之间均成正比，故依次有 $F_d=K_dF_{st}$、$\sigma_d=K_d\sigma_{st}$ 与 $\varepsilon_d=K_d\varepsilon_{st}$。

由此可见，当构件受到垂直冲击时，只要计算出冲击物的重力以静荷方式作用于构件上所引起的静荷内力、静荷应力、静荷应变与静荷位移，再乘以由式（11-2）确定的动荷因数 K_d，即可得相应的动荷内力、动荷应力、动荷应变与动荷位移。

式(11-2)适用于垂直冲击的其他场合,例如:

对于自由落体冲击,在式(11-2)中令初速度$v_0=0$,即得其动荷因数

$$K_d=1+\sqrt{1+\frac{2h}{\Delta_{st}}}\qquad(11\text{-}3)$$

对于突加载荷,在式(11-2)中令 v_0 与 h 同时为零,即得其动荷因数

$$K_d=2\qquad(11\text{-}4)$$

即在突加载荷作用下,构件的应力和应变均为静载荷时的 2 倍。

应该再次强调指出,式(11-2)和式(11-3)中的Δ_{st}是指冲击物的重力以静荷方式作用于构件的冲击点时,所引起的构件的冲击点沿冲击方向的静位移。这一点在应用时需要特别注意。

> 思考:
> 根据"打桩机"工作情况(见图 11-7),试解释冲击现象与撞击现象的相同与不同之处?

图 11-7 打桩机

【例 11-3】 一圆截面木柱如图 11-8 所示,已知木柱长度 $l=6$ m,截面直径 $d=300$ mm,木材的弹性模量 $E=10$ GPa,在离柱顶 $h=0.2$ m 的高度处有一重 $P=3$ kN 的物块自由落下,撞击木柱,试求柱内的动荷应力。

解:(1)计算静荷位移。

将物块静止放在柱顶,所引起的柱顶向下的静荷位移,显然就等于此时木柱的轴向变形,即

$$\Delta_{st}=\frac{Pl}{EA}=\frac{(3\times10^3\text{ N})\times(6\text{ m})}{(10\times10^9\text{Pa})\times\left(\frac{\pi\times0.3^2}{4}\text{ m}^2\right)}=25.5\times10^6\text{ m}=0.0255\text{ mm}$$

(2)计算动荷因数。

根据式(11-3),得动荷因数

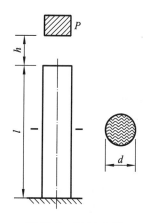

图 11-8 例 11-3 图

$$K_d=1+\sqrt{1+\frac{2h}{\Delta_{st}}}=1+\sqrt{1+\frac{2\times 200\ \text{mm}}{0.0255\ \text{mm}}}=126.2$$

（3）计算动荷应力。

将物块静止放在柱顶所引起的柱内的静荷应力

$$\sigma_{st}=\frac{P}{A}=\frac{3\times 10^3\ \text{N}}{\dfrac{\pi\times 0.3^2}{4}\ \text{m}^2}=42.2\times 10^3\ \text{Pa}=0.0424\ \text{MPa}$$

所以，动荷应力

$$\sigma_d=K_d\sigma_{st}=126.2\times 0.0424\ \text{MPa}=5.35\ \text{MPa}$$

注意到，此时的动荷应力是静荷应力的 126.2 倍，可见，冲击载荷是非常大的。

【例 11-4】 钢制圆截面杆如图 11-9 所示，其上端固定，下端固连一无重刚性托盘以承接落下的环形重物。已知杆的长度 $l=2$ m，直径 $d=30$ mm，弹性模量 $E=200$ GPa。若环形重物的重力 $P=500$ N，自相对高度 $h=50$ mm 处自由落下，使杆受到冲击。试求在下列两种情况下，杆内的动荷应力：（1）重物直接落在刚性托盘上；（2）托盘上放一刚度系数 $k=1$ MN/m 的弹簧，环形重物落在弹簧上。

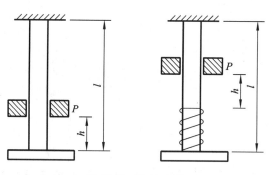

图 11-9 例 11-4 图

解：（1）环形重物直接落在刚性托盘上。

冲击点沿冲击方向的静荷位移

$$\Delta_{st}=\frac{Pl}{EA}=\frac{500\ \text{N}\times 2\ \text{m}}{(200\times 10^9\ \text{Pa})\times\left(\dfrac{\pi\times 0.3^2}{4}\ \text{m}^2\right)}=7.07\times 10^{-6}\ \text{m}$$

根据式（11-3），得动荷因数

$$K_d=1+\sqrt{1+\frac{2h}{\Delta_{st}}}=1+\sqrt{1+\frac{2\times 0.05\ \text{m}}{7.07\times 10^{-6}\ \text{m}}}=120$$

静荷应力

$$\sigma_{st}=\frac{P}{A}=\frac{500\ \text{N}}{\dfrac{\pi\times 0.3^2}{4}\ \text{m}^2}=0.707\times 10^6\ \text{Pa}=0.707\ \text{MPa}$$

故得动荷应力

$$\sigma_d=K_d\sigma_{st}=120\times 0.707\ \text{MPa}=84.9\ \text{MPa}$$

（2）环形重物落在弹簧上。

此时，冲击点沿冲击方向的静荷位移应为杆的静荷轴向伸长与弹簧静荷变形之和，即

$$\Delta_{st} = \frac{Pl}{EA} + \frac{P}{k} = \frac{500\text{ N} \times 2\text{ m}}{(200 \times 10^9\text{ Pa}) \times \left(\frac{\pi \times 0.3^2}{4}\text{ m}^2\right)} + \frac{500\text{ N}}{1 \times 10^6\text{ N/m}} = 507.07 \times 10^{-6}\text{ m}$$

根据式(11-3)，得动荷因数

$$K_d = 1 + \sqrt{1 + \frac{2h}{\Delta_{st}}} = 1 + \sqrt{1 + \frac{2 \times 0.05\text{ m}}{507.07 \times 10^{-6}\text{ m}}} = 15.08$$

故得动荷应力

$$\sigma_d = K_d \sigma_{st} = 15.08 \times 0.707\text{ MPa} = 10.7\text{ MPa}$$

与前者相比，此时的动荷应力小了很多。可见，弹簧起到了缓冲作用，使冲击载荷大大减小。

11.3.2 水平冲击

如图 11-10(a)所示，一重为 P 的物体，沿水平方向以速度 v 冲击杆件。F_d 与 Δ_d 分别表示杆件的冲击点沿冲击方向受到的最大冲击载荷与产生的最大动荷位移。

由于在水平冲击过程中，物体的重力势能没有变化，因此，物体的动能完全转换为了杆件在 Δ_d 对应位置上的弹性变形能。据此即有

$$\frac{1}{2}\frac{P}{g}v^2 = \frac{1}{2}F_d \Delta_d \tag{a}$$

在线弹性范围内，载荷与变形成正比，故有

$$F_d = \frac{P}{\Delta_{st}}\Delta_d \tag{b}$$

将式(b)代入式(a)，并引入水平冲击的动荷因数

$$K_d = \sqrt{\frac{v^2/g}{\Delta_{st}}} \tag{11-5}$$

即可得动荷位移

$$\Delta_d = K_d \Delta_{st}$$

式中，Δ_{st} 为冲击物的重力 P 以静载荷方式沿水平冲击方向作用于构件的冲击点时［见图 11-10(b)］，所引起的构件的冲击点沿水平冲击方向的静荷位移。

对于其他冲击问题，也都可以利用能量法，做类似处理。

【例 11-5】 如图 11-11(a)所示，钢丝绳的下端悬挂一重为 P 的重物，以速度 v 匀速下降。当钢丝绳长度为 l 时，滑轮突然被卡住，试求钢丝绳内的动荷应力。已知钢丝绳的横截面面积为 A、弹性模量为 E，滑轮与钢丝绳的质量均忽略不计。

解：当滑轮被卡住时，重物的速度由 v 瞬间降为零，使钢丝绳受到冲击。由于钢丝绳在受到冲击前就有了静变形 Δ_{st}［见图 11-11(b)］与弹性变形能，所以式(11-2)对此问题不再适用。

根据能量守恒原理，若不计能量损耗，重物在冲击过程中损失的动能和重力势能应等于钢丝绳内增加的弹性变形能，即

$$\frac{1}{2}\frac{P}{g}v^2 + P(\Delta_d - \Delta_{st}) = \frac{1}{2}F_d \Delta_d - \frac{1}{2}P\Delta_{st} \tag{a}$$

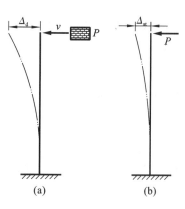

图 11-10 水平冲击示例

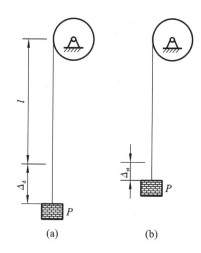

图 11-11 例 11-5 图

在线弹性范围内,载荷与变形成正比,即有

$$F_d = \frac{P}{\Delta_{st}}\Delta_d \qquad\qquad\qquad (b)$$

将式(b)代入式(a),整理得

$$\Delta_d{}^2 - 2\Delta_d\Delta_{st} + \left(1 - \frac{v^2/g}{\Delta_{st}}\right)\Delta_{st}{}^2 = 0$$

解得钢丝绳的动荷变形

$$\Delta_d = K_d\Delta_{st}$$

其中,动荷因数

$$K_d = 1 + \sqrt{\frac{v^2/g}{\Delta_{st}}}$$

钢丝绳的静荷变形、静荷应力分别为

$$\Delta_{st} = \frac{Pl}{EA}, \quad \sigma_{st} = \frac{P}{A}$$

所以,钢丝绳内的动荷应力

$$\sigma_d = K_d\sigma_{st} = \left(1 + \sqrt{\frac{v^2 EA}{gPl}}\right)\frac{P}{A}$$

◀ 11.4 交变应力与疲劳破坏 ▶

11.4.1 交变应力与疲劳破坏问题

在工程中,许多构件工作时受到随时间作周期性交替变化的应力,即交变应力的作用。

例如,齿轮每旋转一周,其上的每个轮齿均啮合一次。自开始啮合至脱开的过程中,轮齿所受的啮合力 F 迅速地由零增至某一最大值,然后再减为零[见图 11-12(a)],轮齿齿根内的应力 σ 随之也迅速地由零增至某一最大值 σ_{max} 再降至零。齿轮不停地转动,σ 也就随时间

t 不停地作周期性交替变化,其间的关系曲线如图 11-12(b)所示。再如火车轮轴,尽管所承受的载荷 F 保持不变,但由于轮轴随车轮以角速度 ω 不停地旋转,其横截面上某一固定点 A [见图 11-13(a)]的弯曲正应力

$$\sigma = \frac{M}{I_z}y_A = \frac{M}{I_z}R\sin\omega t$$

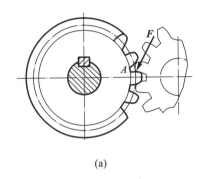

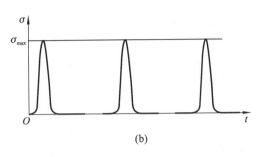

(a) (b)

图 11-12 齿轮受交变应力作用

同样在随时间周期性地交替变化,σ 与 t 之间的函数曲线如图 11-13(b)所示。

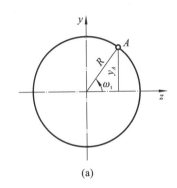

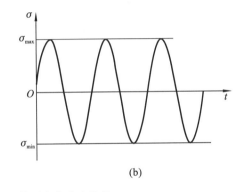

(a) (b)

图 11-13 火车轮轴受交变应力作用

经验表明,在交变应力作用下,即使构件内的最大工作应力远小于材料在静载荷下的极限应力,但在经历一定时间后,构件仍然会发生突然断裂;而且,即使是塑性材料,在断裂前,也不会产生明显的塑性变形。这种因交变应力的长期作用而引发的低应力脆性断裂现象称为疲劳破坏。

通过大量的试验和研究,人们对疲劳破坏的机理和过程,已经形成了一个统一的认识:在交变应力作用下,首先会在构件表面的应力集中处或内部的材质缺陷处,产生细微裂纹,形成裂纹源;这种细微裂纹随着交变应力循环次数的增加将不断扩展,在扩展过程中,由于交变应力的拉压交替变化,裂纹的两表面时而压紧,时而张开,从而形成断口表面的光滑区;当裂纹扩展到某一临界尺寸时,即发生脆性断裂,相应断口区域呈现出粗糙颗粒状(见图 11-14)。

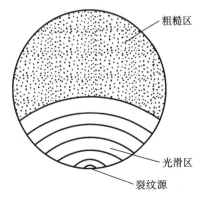

粗糙区

光滑区

裂纹源

图 11-14 断口区域

统计表明,在机械与航空等领域中,构件的破坏大都是疲劳引起的,而且疲劳破坏带有突发性,往往会造成灾难性的后果,因此,在工程设计中,必须高度重视构件的疲劳强度问题。

11.4.2　交变应力的特征参数

典型的交变应力如图 11-15 所示,应力在两个极值之间作周期性的交替变化。应力每重复变化一次,称为一个应力循环。

在一个应力循环中,最大应力 σ_{max} 和最小应力 σ_{min} 的代数平均值称为平均应力;最大应力 σ_{max} 和最小应力 σ_{min} 的代数差的一半称为应力幅;最小应力 σ_{min} 和最大应力 σ_{max} 的比值称为应力比或者循环特性。

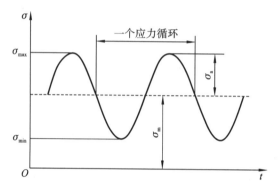

图 11-15　典型的交变应力

$$\frac{\sigma_{max} + \sigma_{min}}{2} = \sigma_{m} \tag{11-6}$$

$$\frac{\sigma_{max} - \sigma_{min}}{2} = \sigma_{a} \tag{11-7}$$

$$r = \frac{\sigma_{min}}{\sigma_{max}} \tag{11-8}$$

若交变应力的最大应力 σ_{max} 与最小应力 σ_{min} 的数值相等、负号相反,即应力比 $r = -1$,称为对称循环[见图 11-16(a)];除此之外的其余情况,统称为非对称循环。非对称循环交变应力中的一种特殊情况为 $\sigma_{min} = 0$,即 $r = 0$,则称为脉动循环[见图 11-16(b)]。

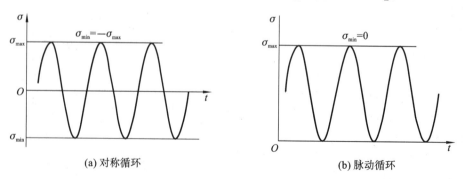

(a) 对称循环　　　　　　　　　　　　(b) 脉动循环

图 11-16　对称循环和脉动循环交变应力

由图 11-15 可见,任何非对称循环交变应力,都可以看成是在平均应力 σ_{m} 上叠加了一个

应力幅为 σ_a 的对称循环交变应力。

显然,静应力也可视为交变应力当应力比 $r=1$ 时的一个特例。

注意到,在交变应力的 5 个特征参数(σ_{max}、σ_{min}、σ_m、σ_a 与 r)中,只有 2 个是独立的,即只要知道其中任意 2 个,其余 3 个均可由其求出。

需要指出,本节关于交变应力的概念以及下节关于疲劳强度计算的内容,尽管都是通过正应力来表述的,但实际上对于交变切应力同样适用,只要将其中的正应力符号 σ 改为切应力符号 τ 即可。

◀ 11.5　构件的疲劳强度计算 ▶

11.5.1　材料的疲劳极限

材料在交变应力作用下的疲劳强度,应根据相应的国家标准,通过专门的疲劳试验来确定。

在疲劳试验中,分别测定出一组相同试样,在具有同一应力比 r,但不同最大应力 σ_{max} 的交变应力作用下的疲劳寿命 N(即疲劳破坏时所经历的应力循环次数)。显然,试样所承受的交变应力的最大应力 σ_{max} 越高,其对应的疲劳寿命 N 就越低;反之亦然。以疲劳寿命 N 为横坐标,以最大应力 σ_{max} 为纵坐标,依据试验数据描绘出 σ_{max} 与 N 之间的关系曲线。这种曲线称为材料的应力-疲劳寿命曲线或 S-N 曲线。例如,图 11-17、图 11-18 分别为 45 钢、硬铝的 S-N 曲线。

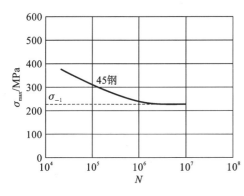

图 11-17　45 钢的 S-N 曲线

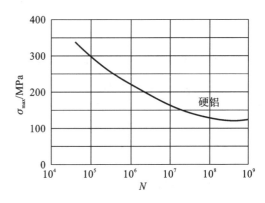

图 11-18　硬铝的 S-N 曲线

大量试验数据表明,对于钢和铸铁等黑色金属,其 S-N 曲线一般都是水平渐近线(见图 11-17),即当交变应力的最大应力 σ_{max} 趋向于某一数值 σ_r 时,试样的疲劳寿命 N 将趋向于无穷大。这一可使材料经历无数次应力循环而不发生疲劳破坏的最大应力 σ_r 称为材料的疲劳极限或持久极限,其中下标 r 代表应力比。例如图 11-17 中的 σ_{-1} 即代表材料在对称循环($r=-1$)下的疲劳极限。

对于铝合金等有色金属,其 S-N 曲线通常不是水平渐近线(见图 11-18),即不存在疲劳极限。此时规定,以对应某一指定寿命 N_0(一般取 $N_0=10^7\sim10^8$)的交变应力的最大应力作为疲劳强度指标,并称之为条件疲劳极限。

11.5.2　影响构件疲劳极限的因素

材料的疲劳极限,一般是用光滑小试样测定的。实践表明,实际构件的疲劳极限,除了与材料有关,还与构件的外形、尺寸、表面状况和工作环境等因素相关。下面,就影响构件在对称循环下疲劳极限的主要因素逐一加以介绍。

1. 构件外形的影响

构件外形的突变将引起应力集中,而应力集中将促使疲劳裂纹的形成,从而显著降低构件的疲劳极限。

若在对称循环下,材料的疲劳极限为 σ_{-1},有应力集中但无其他因素影响的构件的疲劳极限为 $(\sigma_{-1})_k$,定义其比值

$$K_\sigma = \frac{(\sigma_{-1})_d}{(\sigma_{-1})_k} \tag{11-9}$$

为有效应力集中因数。其值越大,构件外形对疲劳极限的影响就越大。

常用的有效应力集中因数 K_σ 可从有关机械设计手册中查到,图 11-19 给出了阶梯形圆轴纯弯曲时的有效应力集中因数。从中可见,有效应力集中因数 K_σ 非但与构件外形有关,还与材料的静载强度极限 σ_b 有关。一般来说,静载强度极限 σ_b 越高,有效应力集中因数 K_σ 就越大。

2. 构件尺寸的影响

材料的疲劳极限是采用直径为 $7 \sim 10$ mm 的标准小试样测定的。经验表明,在其他条件均相同的情况下,试样的尺寸越大,其疲劳极限就越低。

若在对称循环下,标准小试样的疲劳极限为 σ_{-1},直径为 d 的大尺寸试样的疲劳极限为 $(\sigma_{-1})_d$,定义其比值

$$\varepsilon_\sigma = \frac{(\sigma_{-1})_d}{\sigma_{-1}} \tag{11-10}$$

为尺寸因数。

图 11-20 给出了圆截面钢轴的尺寸因数。

3. 构件表面状况的影响

试验表明,构件的表面状况也将对疲劳极限产生明显影响。构件表面越粗糙,其疲劳极限就越低。这是因为在粗糙的表面,加工刀痕与擦伤较多,更容易引起应力集中,从而降低疲劳极限。另一方面,如果构件表面经过渗碳、喷丸等强化处理,则会提高疲劳极限。

构件表面状况对疲劳极限的影响,可用表面质量因数 β 来表示。在对称循环下,材料的疲劳极限为 σ_{-1},表面状况不同的构件的疲劳极限为 $(\sigma_{-1})_\beta$,表面质量因数 β 定义为

$$\beta = \frac{(\sigma_{-1})_\beta}{\sigma_{-1}} \tag{11-11}$$

图 11-21 给出了对应不同表面粗糙度的表面质量因数 β。从中可见,表面质量因数非但与构件外形有关,还与材料的静载强度极限有关。一般来说,静载强度极限越大,构件表面粗糙度对疲劳极限影响越大。

11.5.3　构件的疲劳极限

综合考虑上述三种影响疲劳极限的主要因素,构件在对称循环下的疲劳极限可表达为

$$\sigma_{-1}^0 = \frac{\varepsilon_\sigma \beta}{K_\sigma} \sigma_{-1} \tag{11-12}$$

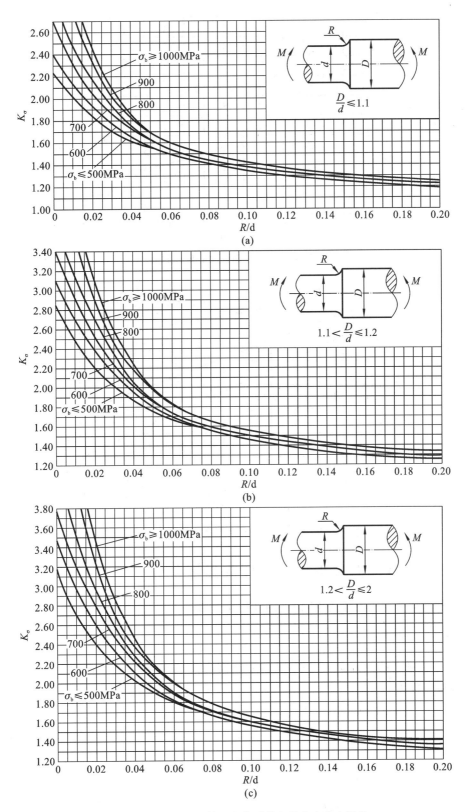

图 11-19 阶梯形圆轴纯弯曲时的有效应力集中因数

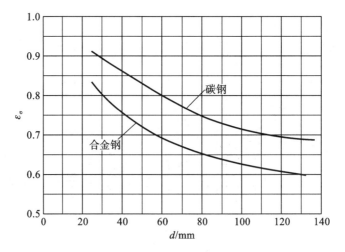

图 11-20　圆截面钢轴的尺寸因数

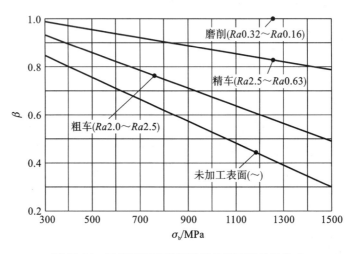

图 11-21　对应不同表面粗糙度的表面质量因数 β

11.5.4　对称循环下构件的疲劳强度条件

在对称循环交变应力作用下,构件的许用应力为

$$[\sigma_{-1}] = \frac{\sigma_{-1}^0}{n_f} = \frac{\varepsilon_\sigma \beta}{n_f K_\sigma} \sigma_{-1} \tag{11-13}$$

式中,$n_f > 1$,为规定的疲劳安全因数(其值可查阅有关设计规范)。由此得对称循环下构件的疲劳强度条件为

$$\sigma_{max} \leqslant [\sigma_{-1}] = \frac{\varepsilon_\sigma \beta}{n_f K_\sigma} \sigma_{-1} \tag{11-14}$$

或者改写为

$$n_\sigma = \frac{\varepsilon_\sigma \beta \sigma_{-1}}{K_\sigma \sigma_{max}} \geqslant n_f \tag{11-15(a)}$$

式中,n_σ 为构件的工作安全因数。

若构件承受对称循环扭转交变切应力的作用,则上述疲劳强度条件应改写为

$$n_\tau = \frac{\varepsilon_\tau \beta \tau_{-1}}{K_\tau \sigma \tau_{max}} \geqslant n_f \qquad (11\text{-}15(\text{b}))$$

根据式(11-14)或式(11-15),即可进行对称循环下构件的疲劳强度计算。

【例 11-6】　如图 11-22 所示阶梯形圆轴,受弯曲对称循环交变应力的作用。已知 $M = 400$ N·m, $D = 50$ mm, $d = 40$ mm, $R = 2$ mm,材料为高强度合金钢,强度极限 $\sigma_b = 1200$ MPa,疲劳极限 $\sigma_{-1} = 450$ MPa,轴的表面经过精车加工。若规定的疲劳安全因数 $n_f = 1.6$,试校核其疲劳强度。

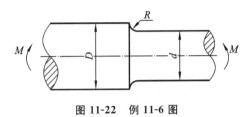

图 11-22　例 11-6 图

解: (1) 确定构件疲劳极限的影响因数。

根据 $\sigma_b = 1200$ MPa、$D/d = 1.25$、$R/d = 0.05$,由图 11-19(c)查得,其有效应力集中因数约为

$$K_d = 2.17$$

根据 $d = 40$ mm,由图 11-20 查得,其尺寸因数为

$$\varepsilon_\sigma = 0.755$$

根据精车加工的表面状况,由图 11-21 查得,其表面质量因数约为

$$\beta = 0.84$$

(2) 计算交变应力的最大应力。

交变应力的最大应力 σ_{max} 位于较细一段轴的横截面上,根据弯曲正应力计算公式,为

$$\sigma_{max} = \frac{M}{W_z} = \frac{400 \text{ N·m} \times 32}{\pi \times 40^3 \times 10^{-9} \text{ m}^3} = 63.7 \times 10^6 \text{ Pa} = 63.7 \text{ MPa}$$

(3) 疲劳强度校核。

由式(11-13),得交变应力作用下的许用应力

$$[\sigma_{-1}] = \frac{\sigma_{-1}^0}{n_f} = \frac{\varepsilon_\sigma \beta}{n_f K_\sigma} \sigma_{-1} = \frac{0.755 \times 0.84}{1.6 \times 2.17} \times 450 \text{ MPa} = 82.2 \text{ MPa}$$

由于

$$\sigma_{max} = 63.7 \text{MPa} < [\sigma_{-1}] = 82.2 \text{ MPa}$$

所以,该阶梯形圆轴的疲劳强度符合要求。

11.5.5　非对称循环下构件的疲劳强度条件

非对称循环交变应力可以看成是在平均应力 σ_m 上叠加了一个应力幅为 σ_a 的对称循环交变应力。根据试验结果的分析,非对称循环下构件的疲劳强度条件为

$$n_\sigma = \frac{\sigma_{-1}}{\dfrac{K_\sigma}{\varepsilon_\sigma \beta} \sigma_a + \phi_\sigma \sigma_m} \geqslant n_f \qquad (11\text{-}16(\text{a}))$$

若构件承受非对称循环扭转交变切应力的作用,则上述疲劳强度条件应改写为

$$n_\tau = \frac{\tau_{-1}}{\dfrac{K_\tau}{\varepsilon_\tau \beta}\tau_a + \phi_\tau \tau_m} \geqslant n_f \tag{11-16(b)}$$

式中,$\phi_\sigma(\phi_\tau)$称为敏感因数,反映了材料对应力循环非对称性的敏感程度。敏感因数$\phi_\sigma(\phi_\tau)$与材料的静强度有关,表 11-1 中列出了其近似值,仅供参考。

表 11-1　材料的敏感因数$\phi_\sigma(\phi_\tau)$

σ_b/MPa	350~500	500~700	700~1000	1000~1200	1200~1400
ϕ_σ	0	0.05	0.1	0.2	0.25
ϕ_τ	0	0	0.05	0.1	0.15

经验表明,对于承受应力比 $r>1$ 的非对称循环交变应力的构件,除了根据式(11-16)进行疲劳强度计算外,还应按照下式进行静强度校核:

$$\sigma_{max} = \sigma_a + \sigma_m \leqslant [\sigma] = \frac{\sigma_s}{n_s} \tag{11-17}$$

11.5.6　弯扭组合交变应力下构件的疲劳强度条件

机器中的轴类构件经常受到弯曲与扭转组合交变应力的作用,其疲劳强度条件为

$$n_{\sigma\tau} = \frac{n_\sigma n_\tau}{\sqrt{n_\sigma^2 + n_\tau^2}} \geqslant n_f \tag{11-18}$$

式中,n_f为规定的疲劳安全因数;$n_{\sigma\tau}$为弯扭组合交变应力下构件的工作安全因数;n_σ和n_τ分别为只有弯曲交变正应力和扭转交变切应力时的工作安全因数,分别按式(11-15(a))和式(11-15(b))确定。在非对称循环弯扭组合交变应力作用下,式(11-18)亦可适用,但此时的n_σ和n_τ,应分别按式(11-16(a))和式(11-16(b))计算。

知 识 拓 展

　　钱学森,出生于上海,祖籍浙江省杭州市,空气动力学家、系统科学家,工程控制论创始人之一。提出了跨声速流动相似律,并与奥多·冯·卡门一起,最早提出高超声速流的概念,为飞机在早期克服热障、声障,提供了理论依据,为空气动力学的发展奠定了重要的理论基础。高亚声速飞机设计中采用的公式是以卡门和钱学森名字命名的卡门-钱学森公式。此外,钱学森和卡门在 30 年代末还共同提出了球壳和圆柱壳的新的非线性失稳理论。钱学森在应用力学的空气动力学方面和固体力学方面都做过开拓性工作;与冯·卡门合作进行的可压缩边界层的研究,揭示了这一领域的一些温度变化情况,创立了"卡门-钱近似"方程。与郭永怀合作最早在跨声速流动问题中引入上下临界马赫数的概念。1999 年被授予两弹一星功勋奖章。

习　　题

11-1　用一直径 $d=40$ mm 的缆绳竖直起吊一重 $P=50$ kN 的重物。已知重物在最初 3s 内按匀加速被提升了 9 m。若不计缆绳自重,试计算在提升过程中缆绳横截面上的动荷应力。

11-2　如图 11-23 所示,用两根相同吊索,以 $a=10$ m/s^2 的加速度平行吊起一根长 $l=$ 12 m 的 No.14 工字钢。已知吊索横截面面积 $A=72$ mm^2。若只考虑工字钢自重而不计吊索自重,试计算吊索内的动荷应力与工字钢内的最大动荷应力。

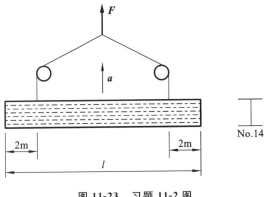

图 11-23　习题 11-2 图

11-3　如图 11-24 所示,轴 AB 以匀角速度 ω 旋转,在轴的纵向对称平面内,于跨中和自由端分别固结了一个重为 P 的重物。若不计连杆和轴的重力,试求轴内的最大动荷弯矩。

11-4　如图 11-25 所示,一长度为 l、横截面面积为 A、重为 P_1 的匀质杆,以角速度 ω 绕铅垂轴在水平平面内转动。另外,在杆端还固连了一重为 P 的重物。已知材料的弹性模量 E,试求杆的动荷伸长。

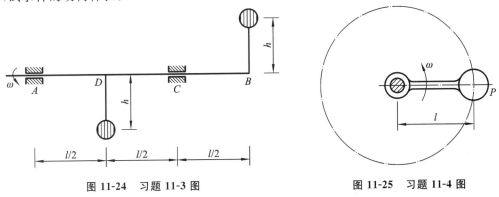

图 11-24　习题 11-3 图　　　　　　　**图 11-25　习题 11-4 图**

11-5　如图 11-26 所示,转轴上装一钢制圆盘,盘上有一圆孔。若轴与盘一体,以 $\omega=$ 40 rad/s 的匀角速度旋转,试求因该圆孔引起的轴内的最大动荷应力。钢的质量密度 ρ =7848.6 kg/m^3。

11-6　如图 11-27 所示,一直径 $d=30$ cm、长 $l=6$ m 的圆木桩,下端固定,上端受重 $P=$ 5 kN 的重锤作用。已知木材的弹性模量 $E_1=10$ GPa,试求下列三种情况下,木桩内的最大正应力:(1)重锤以静载荷方式作用于木桩上[见图 11-27(a)];(2)重锤从离桩顶 1 m 的高度自由落下[见图 11-27(b)];(3)在桩顶放置一直径为 15 cm、厚度为 20 mm、弹性模量为

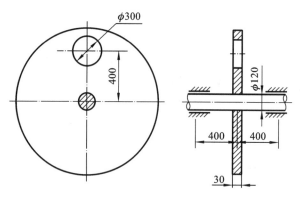

图 11-26　习题 11-5 图

$E_2 = 8$ MPa 的橡皮垫,重锤是从离橡皮垫顶面 1 m 的高度自由落下[见图 11-27(c)]。

11-7　如图 11-28 所示,一圆截面钢杆的下端固结一刚性托盘,盘上放置一刚度系数 k = 1.6 MN/m 的弹簧。已知钢杆的直径 $d = 40$ mm、长度 $l = 4$ m;材料的许用应力[σ] = 120 MPa、弹性模量 $E = 200$ GPa;钢杆与托盘的自重可忽略不计。若有一重 $P = 15$ kN 的重物自由落下,试求其许可高度 h。再问,如果没有弹簧,许可高度 h 又为多少?

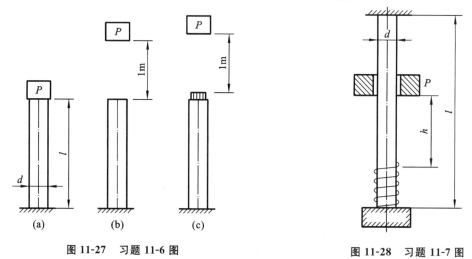

图 11-27　习题 11-6 图

图 11-28　习题 11-7 图

11-8　如图 11-29 所示,重为 P 的重物从高度 h 处自由下落,冲击 AB 梁的 D 点。若已知梁的抗弯刚度为 EI,抗弯截面系数为 W_z,试求梁内的动荷最大弯曲正应力以及跨中截面 C 的动荷挠度。

11-9　如图 11-30 所示一外伸梁,一重为 P 的重物从高度 h 处自由下落,落在其自由端 D 上。若已知梁的抗弯刚度 EI,试求截面 C 的动荷挠度。

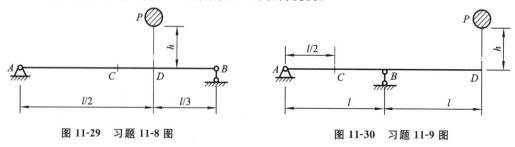

图 11-29　习题 11-8 图

图 11-30　习题 11-9 图

11-10 如图 11-31 所示一卷扬机,吊着重 $P=2$ kN 的重物以速度 $v=1.6$ m/s 匀速下降。当吊索长度 $l=60$ m 时,突然刹车。已知吊索横截面面积 $A=400$ mm²,弹性模量 $E=170$ GPa。若不计吊索自重,试计算吊索横截面上的动荷应力。

11-11 试计算图 11-32 所示各交变应力的应力比、平均应力与应力幅。

11-12 图 11-33 所示一阶梯形圆轴,受弯曲对称循环交变应力的作用。已知 $M=1.5$ kN·m;$D=60$ mm,$d=50$ mm,$R=5$ mm;材料为高强度合金钢,其强度极限 $\sigma_b=1000$ MPa,疲劳极限 $\sigma_{-1}=550$ MPa;轴的表面经过精车加工。若规定的疲劳安全因数 $n_f=1.7$,试校核其疲劳强度。

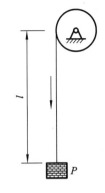

图 11-31 习题 11-10 图

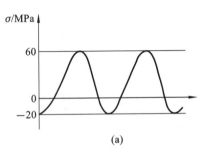

(a)

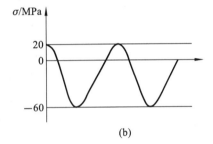

(b)

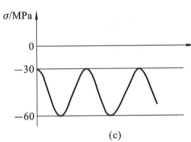

(c)

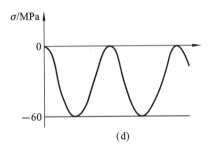

(d)

图 11-32 习题 11-11 图

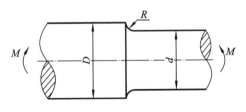

图 11-33 习题 11-12 图

第 12 章
有限元分析与建模

知识目标：

1.掌握基于仿真软件的力学建模与强度校核；

2.掌握基于仿真软件的优化设计。

能力素质目标：

1.了解学科交叉和技术融合对科学发展的意义；

2.培养学生解决复杂工程问题的能力；

3.具有实事求是的科学态度、勇于探索和创新的科学精神。

◀ 12.1 基于仿真软件的力学建模与强度校核 ▶

前面章节中讲到的均为材料力学模型的理论求解方法,在实际工程中,设计参数较多,由于人工计算耗时较多,常借助于 CAE 软件。CAE 即计算机辅助工程(computer aided engineering,CAE),指工程设计中的分析计算与仿真。CAE 软件可分为专用和通用两类,专用软件主要是针对特定类型的工程或产品用于产品性能分析、预测和优化的软件。它们以在某个领域中的应用深入而见长,如美国 ETA 公司的汽车专用 CAE 软件 LS－DYNA3D 及 ETA/FEMB 等。通用软件可对多种类型的工程和产品的物理力学性能进行分析、模拟、预测、评价和优化,以实现产品技术创新。它们以覆盖的应用范围广而著称,如 ANSYS、PATRAN、NASTRAN 和 MSC.Marc 等。

对于力学领域,通用软件 ANSYS 是使用较为广泛的软件,ANSYS 软件是融结构、流体、电场、磁场、声场和耦合场分析于一体的大型通用有限元软件,由世界上最大的有限元分析软件公司之一的美国 ANSYS 公司开发,它能与多数 CAD 软件接口,实现数据的共享和交换,如 Pro/Engineer、UG、I－DEAS、CADDS 及 AutoCAD 等,是现代产品分析设计中的高级 CAE 工具之一。近几年由西门子公司开发的 STARCCM＋异军突起,也是使用较为广泛的 CAE 软件之一。由于有限元软件使用方便、计算精度高,计算结果已成为各类工业产品设计和性能分析的可靠依据,成为解决现代工程问题必不可少的有力工具。

下面我们以火车轮轴强度设计问题为例,讲解如何使用有限元软件求解材料力学的工程问题。

12.1.1 火车轮轴强度设计案例

首先,对实际工程问题进行简化[如图 12-1(a)、(b)所示],根据火车自重、最大承载量、火车轮轴的数量计算火车轮轴的承载量,同时在工程允许误差范围内,对该问题影响较小的因素进行简化,如火车轮轴的自重远远小于轮轴的承载,可忽略火车轮轴本身的自重。简化后建立实际工程问题的力学模型,如图 12-2 所示。

(a)

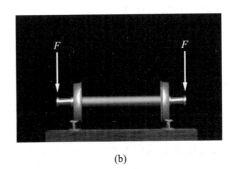

(b)

图 12-1 实际工程问题的简化

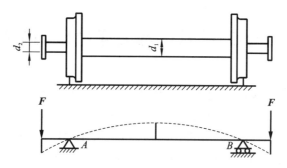

图 12-2　火车轮轴的力学模型

在应用有限元软件求解问题之前,我们先应用前面章节所学的理论求解方法进行求解,然后再与有限元软件求解结果进行对比,验证有限元软件求解相同问题的准确性。该工程问题描述如下:

图 12-3 所示为火车轮轴的简图,已知左右两侧安装车轮的轴段长为 b,直径为 d_2,中间段轴长为 a,直径为 d_1,已知材料的许用应力 $[\sigma]$,请校核该轴的强度,并计算最大挠度。

解:(1)作弯矩图。

根据前面所学方法作弯矩图,如图 12-3 所示。

(2)强度校核。

$$\sigma_{\max} = \frac{|M|_{\max}}{W_z} \leqslant [\sigma]$$

两侧截面:

$$\sigma_b = \frac{|M_b|}{W_{zb}} = \frac{Fb}{\dfrac{\pi d_2^3}{32}} = \frac{32Fb}{\pi d_2^3}$$

中间截面:

$$\sigma_a = \frac{|M_a|}{W_{za}} = \frac{Fb}{\dfrac{\pi d_1^3}{32}} = \frac{32Fb}{\pi d_1^3}$$

再根据强度条件判定

$$\sigma_{\max} = \sigma_a < [\sigma]$$

若最大应力小于许用应力,则强度满足要求,否则不满足。

(3)计算最大挠度。

采用"逐段刚化法",载荷分解、查表、叠加,可知最大挠度位于左右两侧,为

$$\omega_C = \frac{(3a+2b)b^2}{6EI} \quad (\text{方向向下})$$

这里对于理论求解步骤不做详尽的讲解。

我们再应用有限元软件来求解此火车轮轴强度和变形问题,这里采用 ANSYS 平台进行求解。求解火车轮轴的强度和变形问题属于结构静力问题,结构静力分析主要用来分析由于稳态外载荷所引起的系统或零部件的位移、应力、应变和作用力,很适合求解惯性及阻尼的时间相关作用对结构响应的影响并不显著的问题,其中稳态载荷主要包括外部施加的力和压力、稳态的惯性力,如重力和旋转速度、施加位移、温度和热量等。本例中的火车轮轴所施加的载荷即为稳态的外载荷。基于 ANSYS 平台建模和分析的过程,按以下步骤进行:

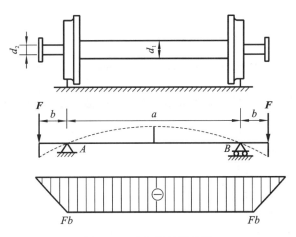

图 12-3 火车轮轴的简图

（1）建立参数化模型。求解之前要先建立力学模型的参数化模型,参数化模型的建立可以使用 CAD 软件,建立后导入 ANSYS 平台;也可以直接在 ANSYS 软件中的建模模块进行,依据力学模型的几何形状和尺寸建立参数化模型,如图 12-4 所示。

图 12-4 火车轮轴的参数化模型

（2）添加模型材料属性。根据力学模型的材料特性,对 ANSYS 中导入的模型添加材料属性,添加材料属性时可以从 ANSYS 给定的材料库中进行选择,也可以修改材料特性参数,此例中的火车轮轴模型所添加的材料如图 12-5 所示。

（3）施加载荷与约束。根据力学模型施加载荷与约束,模型中载荷为集中载荷,在 AN-SYS 中对载荷性质进行选择,然后对载荷的参数进行设置。模型约束一端为固定铰支座,另一端为可动铰支座,在约束中进行选择,确定施加位置。所施加的载荷和约束如图 12-6 所示。

（4）仿真分析。然后应用 ANSYS 平台,选择合适的算法,设置仿真步骤,对火车轮轴模型在已知的载荷和约束下进行仿真分析,仿真分析的结果如图 12-7、图 12-8 和图 12-9 所示。

与理论计算相比,有限元软件可以更直观地获得构件变形图以及应力的分布情况,也更便于获得各个截面的数据。

如图 12-10 所示,通过有限元软件获得的弯矩图和挠度图与前面理论计算的结果相一致,验证了有限元软件计算的准确性。同时,有限元软件可以直接获得整个火车轮轴应力最大的截面以及最大变形,这些结果可以直接作为设计的参考,提高了设计的效率,在载荷或结构本身设计参数更改时,有限元软件也能够更快地获得计算结果。

除了 ANSYS 软件外,其他有限元软件也可以用于对力学模型进行建模和分析,下面的例子即为使用 STAR CCM＋软件进行的力学分析。

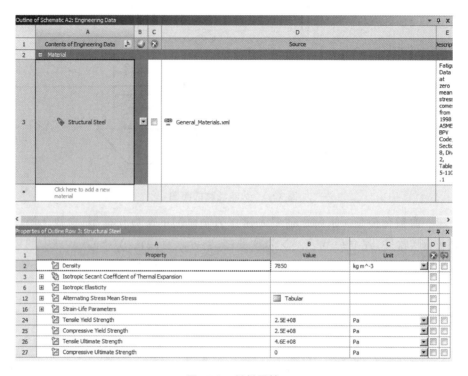

图 12-5　材料属性

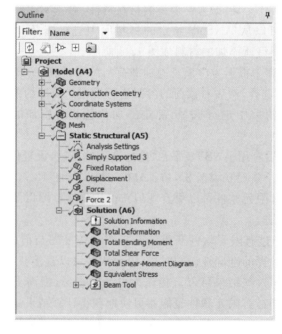

图 12-6　载荷与约束

图 12-7 弯曲变形与剪力图

图 12-8 弯矩图

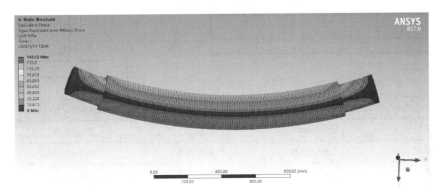

图 12-9 等效应力图

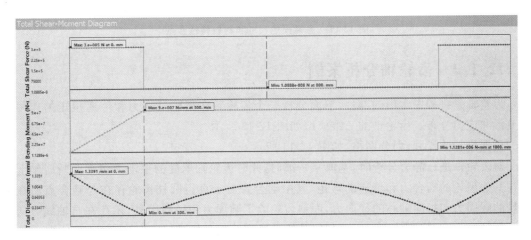

图 12-10 剪力图、弯矩图、挠度图

12.1.2 悬臂梁分析案例

悬臂梁也是材料力学中常见的构件,下面我们使用 STAR CCM+软件来求解悬臂梁自由端的挠度,以及应力张量分量 σ_{zz} 的最大值。与 ANSYS 软件相同,用 STAR CCM+仿真分析的步骤仍然包含建立参数化模型、添加模型材料属性、施加载荷与约束、仿真分析四个步骤。

首先,给定悬臂梁的设计参数,图 12-11 所示为梁的各个设计参数,包含尺寸参数和材料特性参数。

然后,按照有限元软件的分析流程,直接在 STAT CCM+软件中建立悬臂梁的三维模型,再基于图 12-11 中的材料特性参数来设置悬臂梁的参数,然后施加集中载荷和固定端约束,最后仿真分析获得悬臂梁的挠度图和悬臂梁的应力张量分量 σ_{zz} 图(见图 12-12),通过悬臂梁的挠度图和应力张量分量 σ_{zz} 图,可以直接获得悬臂梁的最大变形截面和最大变形量,以及最大应力张量分量 σ_{zz} 的截面和最大应力张量分量值 σ_{zz}。

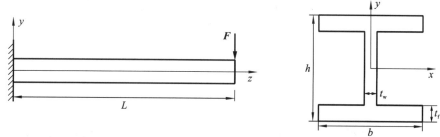

几　　何		材料特性（铁素体钢）/负载	
凸缘厚度	t_f=8.5 mm	负载	$|F|$=800 N
腹板厚度	t_w=5.6 mm	杨氏模量	$E=2\times10^5$ MPa
梁高度	h=200 mm	泊松系数	ν=0.3
梁长度	L=4000 mm	密度	ρ=7500 kg/m³
凸缘长度	b=100 mm		

图 12-11　悬臂梁的尺寸和材料特性参数

12.1.3 齿轮轴分析案例

齿轮轴是机构中常用的部件,下面分析一个齿轮轴在齿轮啮合力和传递扭矩的作用下的变形和应力分布。齿轮轴的三维模型如图 12-13 所示。

根据齿轮的尺寸,划分网格,如图 12-14 所示。

对齿轮轴进行静力分析时,选取某一瞬时,此时齿轮轴承受的主动力包含此瞬时轴上齿轮与其他齿轮的啮合力和传递的弯矩,其中啮合力对于直齿圆柱齿轮存在与啮合点所在圆相切的圆周力和指向轴心的径向力,而斜齿轮除了圆周力和径向力外,还存在与轴线方向相平行的轴向力;而弯矩的大小需要依据传输的功率和轴的转速,按照下面的公式确定。即

$$T=9550\frac{P}{n} \tag{12-1}$$

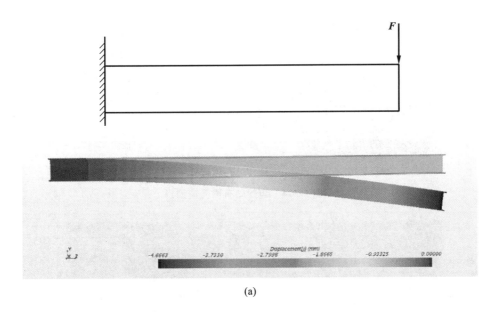

(a)

(b)

图 12-12　悬臂梁的挠度图、应力张量分量 σ_{zz} 图

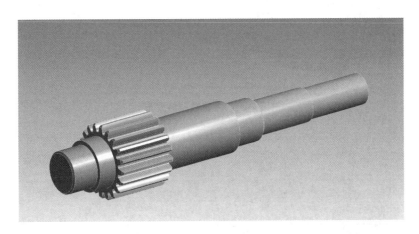

图 12-13　齿轮轴的三维模型

其中,功率单位为千瓦,转速单位为转/分,具体计算这里不再详细讲解。

齿轮轴的约束是轴承提供的约束,在模型上施加的载荷和约束如图 12-15 所示。

仿真分析获得齿轮轴的整体变形、应力分布和应变分布(见图 12-16、图 12-17 和图 12-18),

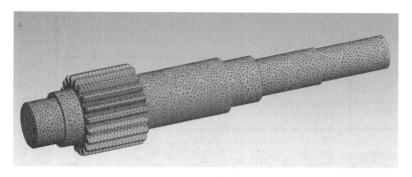

图 12-14　齿轮轴有限元模型

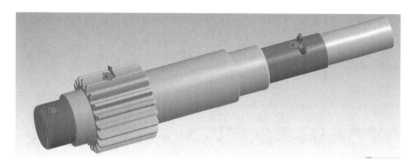

图 12-15　齿轮轴上施加的载荷和约束

各个截面的应力、最大应变均可以在图中获得，仿真分析的结果可以作为齿轮轴设计的参考。

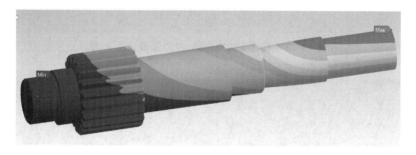

图 12-16　齿轮轴整体变形

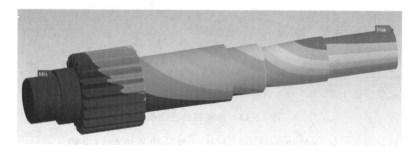

图 12-17　齿轮轴应力分布

图 12-18　齿轮轴应变分布

◀ 12.2　基于仿真软件的优化设计 ▶

结构优化是从众多方案中选择最佳方案的技术。一般而言,设计主要有两种形式:功能设计和优化设计。功能设计强调的是该设计能达到预定的设计要求,但仍能在某些方面进行改进。优化设计是一种寻找确定最优方案的技术。

所谓"优化",是指"最大化"或者"最小化",而"优化设计"指的是一种方案可以满足所有的设计要求,而且需要的支出最小。优化设计有两种分析方法:①解析法——通过求解微分与极值,进而求出最小值;②数值法——借助计算机和有限元,通过反复迭代逼近,求解出最小值。由于解析法需要列方程、求解微分方程,对于复杂的问题列方程和求解微分方程都比较困难,所以解析法常用于理论研究,工程上很少使用。

随着计算机的发展,结构优化算法取得了更大的发展,根据设计变量的类型不同,已由较低层次的尺寸优化发展到较高层级的结构形状优化,现已到达更高层级——拓扑优化。优化算法也由简单的准则法,到数学规划法,进而到遗传算法,以及现在更为高效的其他新兴算法。

对结构进行优化,即需获得最佳设计方案,就要提供更多的设计方案进行比较,这就需要大量的资源,单靠人力往往难以实现。只能借助计算机来完成,可以应用编程语言来实现优化,也可以借助成熟软件的优化模块。

优化设计常需要 CAD 和 CAE 软件联合完成,CAD 与 CAE 联合优化过程通常需要经过以下的步骤完成。

(1) 参数化建模。利用 CAD 软件的参数化建模功能把将要参与优化的数据(设计变量)定义为模型参数,为以后软件修整模型提供可能。

(2) CAE 求解。对参数化 CAD 模型进行加载与求解。

(3) 后处理。将约束条件和目标函数(优化目标)提取出来供优化处理器进行优化参数评价。

(4) 优化参数评价。优化处理器根据本次循环提供的优化参数(设计变量、约束条件、状态变量及目标函数)与上次循环提供的优化参数作比较之后确定该次循环目标函数是否达到了最小,或者说结构是否达到了最优,如果最优,则完成迭代,退出优化循环圈。否则,进行下一步。

(5) 根据已完成的优化循环和当前优化变量的状态修正设计变量,重新投入循环。

优化设计可以通过软件实现,ANSYS 提供了两种可处理大多数优化问题的优化方法,即零阶方法和一阶方法。其中:零阶方法是一个完善的处理方法,可有效地处理大多数的工程问题;一阶方法是基于目标函数对设计变量的敏感性,因此更适用于精度的优化分析。另外,ANSYS 还提供了一系列的优化工具以提高优化过程的效率。

拓扑优化是指对结构的形状进行优化,下例为一个梁结构基于拓扑优化的轻量化设计。

未优化前梁结构尺寸和载荷如图 12-19 所示,在 ANSYS 平台下对原梁的模型划分网格,施加载荷和约束,生成了梁的仿真模型(见图 12-20)。仿真分析后获得原梁结构的应力分布,如图 12-21 所示,由其应力分布图可知,该梁承受载荷的主要部分为梁的左右两端,以及拐角处,其他部分虽然存在材料,但承载较小,而这一部分材料即增加了梁本身的自重,又增加了材料的成本,可以对其多余材料进行优化,即对原梁的形状进行拓扑优化。

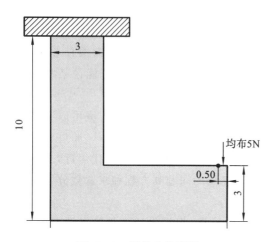

图 12-19　梁的力学模型

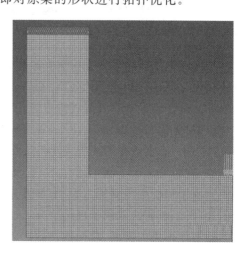

图 12-20　梁的仿真模型

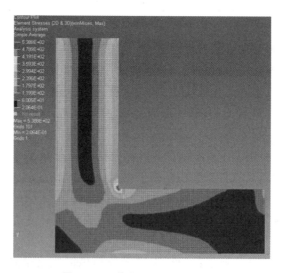

图 12-21　优化前梁的应力分布

软件拓扑优化后获得新的结构及其应力分布如图 12-22 所示。

优化后的梁结构重量更轻,应力分布更合理。

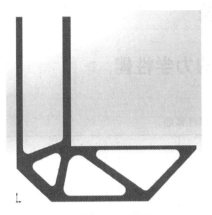

(a) 拓扑优化后的结构

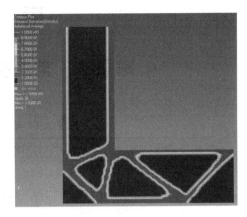

(b) 拓扑优化后应力分布

图 12-22 软件拓扑优化后的结构及其应力分布

知 识 拓 展

　　冯康,浙江绍兴人,出生于江苏省南京市,数学家、中国有限元法创始人、计算数学研究的奠基人和开拓者,主要研究拓扑群、广义函数、应用数学、计算数学、科学与工程计算。他提出的"最小几乎周期拓扑群"解决了这一类李群的结构表征问题;建立了广义函数的泛函对偶定理与"广义梅林变换";"基于变分原理的差分格式"独立于西方创始了有限元方法,被国际学术界视为中国独立发展"有限元法"的重要里程碑;提出了自然边界归化和超奇异积分方程理论,发展了有限元边界元自然耦合方法;"论差分格式与辛几何"系统地首创辛几何计算方法、动力系统及其工程应用的交叉性研究新领域。

附　　录

◀ 附录A　常用材料的力学性能 ▶

附表 A-1　常用材料的弹性常数

材 料 名 称	E/GPa	μ
碳钢	196～216	0.24～0.28
合金钢	186～206	0.25～0.30
灰铸铁	78.5～157	0.23～0.27
铜及铜合金	72.6～128	0.31～0.42
铝合金	70～72	0.26～0.34
混凝土	15.2～36	0.16～0.18
木材(顺纹)	9～12	

附表 A-2　常用材料的主要力学性能

材 料 名 称	牌　号	σ_s/MPa	σ_b/MPa[①]	δ_5/%[②]
普通碳素钢	Q215	215	335～450	26～31
	Q235	235	375～500	21～26
	Q255	255	410～550	19～24
	Q275	275	490～630	15～20
优质碳素钢	25	275	450	23
	35	315	530	20
	45	355	600	16
	55	380	645	13
低合金钢	15MnV	390	530～680	18
	16Mn	345	510～660	22
合金钢	20Cr	540	835	10
	40Cr	785	980	9
	30CrMnSi	885	1080	10
铸钢	ZG200—400	200	400	25
	ZG270—500	270	500	18
灰铸铁	HT150	—	150	—
	HT250	—	250	—
铝合金	LY12(2A12)	274	412	19

注：①σ_b为拉伸强度极限。

②δ_5表示标距 $l=5d$ 的标准试样的伸长率。

附录 B 型 钢 表

附表 B-1 热轧等边角钢

符号意义:b——边宽度;I——惯性矩;
d——边厚度;i——惯性半径;
r——内圆弧半径;W——抗弯截面系数;
r_1——边端内圆弧半径;z_0——重心距离。

角钢号数	尺寸/mm b	尺寸/mm d	尺寸/mm r	截面面积 /cm²	理论重量 /(kg/m)	外表面积 /(m²/m)	参考数值 $x-x$ I_x/cm⁴	$x-x$ i_x/cm	$x-x$ W_x/cm³	x_0-x_0 I_{x0}/cm⁴	x_0-x_0 i_{x0}/cm	x_0-x_0 W_{x0}/cm³	y_0-y_0 I_{y0}/cm⁴	y_0-y_0 i_{y0}/cm	y_0-y_0 W_{y0}/cm³	x_1-x_1 I_{x1}/cm⁴	z_0/cm
2	20	3	3.5	1.132	0.889	0.078	0.40	0.59	0.29	0.63	0.75	0.45	0.17	0.39	0.20	0.81	0.60
		4		1.459	1.145	0.077	0.50	0.58	0.36	0.78	0.73	0.55	0.22	0.38	0.24	1.09	0.64
2.5	25	3		1.432	1.124	0.098	0.82	0.76	0.46	1.29	0.95	0.73	0.34	0.49	0.33	1.57	0.73
		4		1.859	1.459	0.097	1.03	0.74	0.59	1.62	0.93	0.92	0.43	0.48	0.40	2.11	0.76
3.0	30	3	4.5	1.749	1.373	0.117	1.46	0.91	0.68	2.31	1.15	1.09	0.61	0.59	0.51	2.71	0.85
		4		2.276	1.786	0.117	1.84	0.90	0.87	2.92	1.13	1.37	0.77	0.58	0.62	3.63	0.89
3.6	36	3		2.109	1.656	0.141	2.58	1.11	0.99	4.09	1.39	1.61	1.07	0.71	0.76	4.68	1.00
		4		2.756	2.163	0.141	3.29	1.09	1.28	5.22	1.38	2.05	1.37	0.70	0.93	6.25	1.04
		5		3.382	2.654	0.141	3.95	1.08	1.56	6.24	1.36	2.45	1.65	0.70	1.09	7.84	1.07

续表

角钢号数	尺寸/mm b	尺寸/mm d	尺寸/mm r	截面面积/cm²	理论重量/(kg/m)	外表面积/(m²/m)	$x-x$ I_x/cm⁴	$x-x$ i_x/cm	$x-x$ W_x/cm³	x_0-x_0 I_{x0}/cm⁴	x_0-x_0 i_{x0}/cm	x_0-x_0 W_{x0}/cm³	y_0-y_0 I_{y0}/cm⁴	y_0-y_0 i_{y0}/cm	y_0-y_0 W_{y0}/cm³	x_1-x_1 I_{x1}/cm⁴	z_0/cm
4.0	40	3	5	2.359	1.852	0.157	3.58	1.23	1.23	5.69	1.55	2.01	1.49	0.79	0.96	6.41	1.09
		4		3.086	2.422	0.157	4.60	1.22	1.60	7.29	1.54	2.58	1.91	0.79	1.19	8.56	1.13
		5		3.791	2.976	0.156	5.53	1.21	1.96	8.76	1.52	3.10	2.30	0.78	1.39	10.74	1.17
4.5	45	3	5	2.659	2.088	0.177	5.17	1.40	1.58	8.20	1.76	2.58	2.14	0.89	1.24	9.12	1.22
		4		3.486	2.736	0.177	6.65	1.38	2.05	10.56	1.74	3.32	2.75	0.89	1.54	12.18	1.26
		5		4.292	3.369	0.176	8.04	1.37	2.51	12.74	1.72	4.00	3.33	0.88	1.81	15.25	1.30
		6		5.076	3.985	0.176	9.33	1.36	2.95	14.76	1.70	4.64	3.89	0.88	2.06	18.36	1.33
5	50	3	5.5	2.971	2.332	0.197	7.18	1.55	1.96	11.37	1.96	3.22	2.98	1.00	1.57	12.50	1.34
		4		3.897	3.059	0.197	8.26	1.54	2.56	14.70	1.94	4.16	3.82	0.99	1.96	16.69	1.38
		5		4.803	3.770	0.196	11.21	1.53	3.13	17.79	1.92	5.03	4.64	0.98	2.31	20.90	1.42
		6		5.688	4.465	0.196	13.05	1.52	3.68	20.68	1.91	5.85	5.42	0.98	2.63	25.14	1.46
5.6	56	3	6	3.343	2.624	0.221	10.19	1.75	2.48	16.14	2.20	4.08	4.24	1.13	2.02	17.56	1.48
		4		4.390	3.446	0.220	13.18	1.73	3.24	20.92	2.18	5.28	5.46	1.11	2.52	23.43	1.53
		5		5.415	4.251	0.220	16.02	1.72	3.97	25.42	2.17	6.42	6.61	1.10	2.98	29.33	1.57
		8		8.367	6.568	0.219	23.63	1.68	6.03	37.37	2.11	9.44	9.89	1.09	4.16	46.24	1.68
6.3	63	4	7	4.978	3.907	0.248	19.03	1.96	4.13	30.17	2.46	6.78	7.89	1.26	3.29	33.35	1.70
		5		6.143	4.822	0.248	23.17	1.94	5.08	36.77	2.45	8.25	9.57	1.25	3.90	41.73	1.74
		6		7.288	5.721	0.247	27.12	1.93	6.00	43.03	2.43	9.66	11.20	1.24	4.46	50.14	1.78
		8		9.515	7.469	0.247	34.46	1.90	7.75	54.56	2.40	12.25	14.33	1.23	5.47	67.11	1.85
		10		11.657	9.151	0.246	41.09	1.88	9.39	64.85	2.36	14.56	17.33	1.22	6.36	84.31	1.93

续表

角钢号数	尺寸/mm			截面面积/cm²	理论重量/(kg/m)	外表面积/(m²/m)	参考数值												
	b	d	r				x—x			x₀—x₀			y₀—y₀			x₁—x₁	z₀/cm
							I_x/cm⁴	i_x/cm	W_x/cm³	I_{x0}/cm⁴	i_{x0}/cm	W_{x0}/cm³	I_{y0}/cm⁴	i_{y0}/cm	W_{y0}/cm³	I_{x1}/cm⁴	
7	70	4	8	5.570	4.372	0.275	26.39	2.18	5.14	41.80	2.74	8.44	10.99	1.40	4.17	45.74	1.86
		5		6.875	5.397	0.275	32.21	2.16	6.32	51.08	2.73	10.32	13.34	1.39	4.95	57.21	1.91
		6		8.160	6.406	0.275	37.77	2.15	7.48	59.93	2.71	12.11	15.61	1.38	5.67	68.73	1.95
		7		9.424	7.398	0.275	43.09	2.14	8.59	68.35	2.69	13.81	17.82	1.38	6.34	80.29	1.99
		8		10.667	8.373	0.274	48.17	2.12	9.68	76.37	2.68	15.43	19.98	1.37	6.98	91.92	2.03
7.5	75	5	9	7.412	5.818	0.295	39.97	2.33	7.32	63.30	2.92	11.94	16.63	1.50	5.77	70.56	2.04
		6		8.797	6.905	0.294	46.95	2.31	8.64	74.38	2.90	14.02	19.51	1.49	6.67	84.55	2.07
		7		10.160	7.976	0.294	53.57	2.30	9.93	84.96	2.89	16.02	22.18	1.48	7.44	98.71	2.11
		8		11.503	9.030	0.294	59.96	2.28	11.20	95.07	2.88	17.93	24.86	1.47	8.19	112.97	2.15
		10		14.126	11.089	0.293	71.98	2.26	13.64	113.92	2.84	21.48	30.05	1.46	9.56	141.71	2.22
8	80	5	9	7.912	6.211	0.315	48.79	2.48	8.34	77.33	3.31	13.67	20.25	1.60	6.66	85.36	2.15
		6		9.397	7.376	0.314	57.35	2.47	9.87	90.98	3.11	16.08	23.72	1.59	7.65	102.50	2.19
		7		10.860	8.525	0.314	65.58	2.46	11.37	104.07	3.10	18.40	27.09	1.58	8.58	119.70	2.23
		8		12.303	9.658	0.314	73.49	2.44	12.83	116.60	3.08	20.61	30.39	1.57	9.46	136.97	2.27
		10		15.126	11.874	0.313	88.43	2.42	15.64	140.09	3.04	24.76	36.77	1.56	11.08	171.74	2.35
9	90	6	10	10.637	8.350	0.354	82.77	2.79	12.61	131.26	3.51	20.63	34.28	1.80	9.95	145.87	2.44
		7		12.301	9.656	0.354	94.83	2.78	14.54	150.47	3.50	23.64	39.18	1.78	11.19	170.30	2.48
		8		13.944	10.946	0.353	106.47	2.76	16.42	168.97	3.48	26.55	43.97	1.78	12.35	194.80	2.52
		10		17.167	13.476	0.353	128.58	2.74	20.07	203.90	3.45	32.04	53.26	1.76	14.52	244.07	2.59
		12		20.306	15.940	0.352	149.22	2.71	23.57	236.21	3.41	37.12	62.22	1.75	16.49	293.76	2.67

角钢号数	尺寸/mm			截面面积/cm²	理论重量/(kg/m)	外表面积/(m²/m)	参考数值												
	b	d	r				$x-x$			x_0-x_0			y_0-y_0			x_1-x_1	z_0/cm
							I_x/cm⁴	i_x/cm	W_x/cm³	I_{x0}/cm⁴	i_{x0}/cm	W_{x0}/cm³	I_{y0}/cm⁴	i_{y0}/cm	W_{y0}/cm³	I_{x1}/cm⁴	
10	100	6	12	11.932	9.366	0.393	114.95	3.10	15.68	181.98	3.90	25.74	47.92	2.00	12.69	200.07	2.67
		7		13.796	10.830	0.393	131.86	3.09	18.10	208.97	3.89	29.55	54.74	1.99	14.26	233.54	2.71
		8		15.638	12.276	0.393	148.24	3.08	20.47	235.07	3.88	33.24	61.41	1.98	15.75	267.09	2.76
		10		19.261	15.120	0.392	179.51	3.05	25.06	284.68	3.84	40.26	74.35	1.96	18.54	334.48	2.84
		12		22.800	17.898	0.391	208.90	3.03	29.48	330.95	3.81	46.80	86.84	1.95	21.08	402.34	2.91
		14		26.256	20.611	0.391	236.53	3.00	33.73	374.06	3.77	52.90	99.00	1.94	23.44	470.75	2.99
		16		29.267	23.257	0.390	262.53	2.98	37.82	414.16	3.74	58.57	110.89	1.94	25.63	539.80	3.06
11	110	7	12	15.196	11.928	0.433	177.16	3.41	22.05	280.94	4.30	36.12	73.38	2.20	17.51	310.64	2.96
		8		17.238	13.532	0.433	199.46	3.40	24.95	316.49	4.28	40.69	82.42	2.10	19.39	355.20	3.01
		10		21.261	16.690	0.432	242.19	3.39	30.60	384.39	4.25	49.42	99.98	2.17	22.91	444.65	3.09
		12		25.200	19.782	0.431	282.55	3.35	36.05	448.17	4.22	57.62	116.93	2.15	26.15	534.60	3.16
		14		29.056	22.809	0.431	320.71	3.32	41.31	508.01	4.18	65.31	133.40	2.14	29.14	625.16	3.24
12.5	125	8	14	19.750	15.504	0.492	297.03	3.88	32.52	470.89	4.88	53.28	123.16	2.50	25.86	521.01	3.37
		10		24.373	19.133	0.491	361.67	3.85	39.97	573.89	4.85	64.93	149.46	2.48	30.62	651.93	3.45
		12		28.912	22.696	0.491	423.16	3.83	41.17	671.44	4.82	75.96	174.88	2.46	35.03	783.42	3.53
		14		33.367	26.193	0.490	481.65	3.80	54.16	763.73	4.78	86.41	199.57	2.45	39.13	915.61	3.61
14	140	10	14	27.373	21.488	0.551	514.65	4.34	50.58	817.27	5.46	82.56	212.04	2.78	39.20	915.11	3.82
		12		32.512	25.522	0.551	603.68	4.31	59.80	958.79	5.43	96.85	248.57	2.76	45.02	1099.28	3.90
		14		37.567	29.490	0.550	668.81	4.28	68.75	1093.56	5.40	110.47	284.06	2.75	50.45	1284.22	3.98
		16		42.539	33.393	0.549	770.24	4.26	77.46	1221.81	5.36	123.42	318.67	2.74	55.55	1470.07	4.06

续表

角钢号数	尺寸/mm			截面面积 /cm²	理论重量 /(kg/m)	外表面积 /(m²/m)	参考数值										
	b	d	r				x－x			x0－x0			y0－y0			x1－x1	z0/cm
							I_x/cm⁴	i_x/cm	W_x/cm³	I_{x0}/cm⁴	i_{x0}/cm	W_{x0}/cm³	I_{y0}/cm⁴	i_{y0}/cm	W_{y0}/cm³	I_{x1}/cm⁴	
16	160	10	16	31.502	24.729	0.630	779.53	4.98	66.70	1237.30	6.27	109.36	321.76	3.20	52.76	1365.33	4.31
		12		37.441	29.391	0.630	916.58	4.95	78.98	1455.68	6.24	128.67	377.49	3.18	60.74	1639.57	4.39
		14		43.296	33.987	0.629	1048.36	4.92	90.95	1665.02	6.20	147.17	431.70	3.16	68.24	1914.68	4.47
		16		49.067	38.518	0.629	1175.08	4.89	102.63	1865.57	6.17	164.89	484.59	3.14	75.31	2190.82	4.55
18	180	12	16	42.241	33.159	0.710	1321.35	5.59	100.82	2100.10	7.05	165.00	542.61	3.58	78.41	2332.80	4.89
		14		48.896	38.383	0.709	1514.48	5.56	116.25	2407.42	7.02	189.14	621.53	3.56	88.38	2723.48	4.97
		16		55.467	43.542	0.709	1700.99	5.54	131.13	2703.37	6.98	212.40	698.60	3.55	97.83	3115.29	5.05
		18		61.955	48.634	0.708	1875.12	5.50	145.64	2988.24	9.94	234.78	762.01	3.51	105.14	3502.43	5.13
20	200	14	18	54.642	42.894	0.788	2103.55	6.20	144.70	3343.26	7.82	236.40	863.83	3.98	111.82	3734.10	5.46
		16		62.013	48.680	0.788	2366.15	6.18	163.65	3760.89	7.79	265.93	971.41	3.96	123.96	4270.39	5.54
		18		69.301	54.401	0.787	2620.64	6.15	182.22	4164.54	7.75	294.48	1076.74	3.94	135.52	4808.13	5.62
		20		76.505	60.056	0.787	2867.30	6.12	200.42	4554.55	7.72	322.06	1180.04	3.93	146.55	5347.51	5.69
		24		90.661	71.168	0.785	3338.25	6.07	236.17	5294.97	7.64	374.41	1381.53	3.90	166.65	6457.16	5.87

注:截面图中的 $r_1 = d/3$ 及表中 r 值,用于孔型设计,不作为交货条件。

附表 B-2 热轧不等边角钢

符号意义：B——长边宽度；b——短边宽度；
d——边厚；r——内圆弧半径；
r₁——边端内弧半径；x₀——形心坐标；
y₀——形心坐标；I——惯性矩；
i——惯性半径；W——抗弯截面系数。

角钢号数	尺寸/mm				截面面积/cm²	理论重量/(kg/m)	外表面积/(m²/m)	参考数值													
								x—x			y—y			x₁—x₁		y₁—y₁		u—u			
	B	b	d	r				I_x/cm⁴	i_x/cm	W_x/cm³	I_y/cm⁴	i_y/cm	W_y/cm³	I_{x1}/cm⁴	y_0/cm	I_{y1}/cm⁴	x_0/cm	I_u/cm⁴	i_u/cm	W_u/cm³	tanα
2.5/1.6	25	16	3	3.5	1.162	0.912	0.080	0.70	0.78	0.43	0.22	0.44	0.19	1.56	0.86	0.43	0.42	0.14	0.34	0.16	0.392
			4		1.499	1.176	0.079	0.88	0.77	0.55	0.27	0.43	0.24	2.09	0.90	0.59	0.46	0.17	0.34	0.20	0.381
3.2/2	32	20	3		1.492	1.171	0.102	1.53	1.01	0.72	0.46	0.55	0.30	3.27	1.08	0.82	0.49	0.28	0.43	0.25	0.382
			4		1.939	1.22	0.101	1.93	1.00	0.93	0.57	0.54	0.39	4.37	1.12	1.12	0.53	0.35	0.42	0.32	0.374
4/2.5	40	25	3	4	1.890	1.484	0.17	3.08	1.28	1.15	0.93	0.70	0.49	5.39	1.32	1.59	0.59	0.56	0.54	0.40	0.385
			4		2.467	1.936	0.127	3.93	1.26	1.49	1.18	0.69	0.63	8.53	1.37	2.14	0.63	0.71	0.54	0.52	0.381
4.5/2.8	45	28	3	5	2.149	1.687	0.143	4.45	1.44	1.47	1.34	0.79	0.62	9.10	1.47	2.23	0.64	0.80	0.61	0.51	0.383
			4		2.806	2.203	0.143	5.69	1.42	1.91	1.70	0.78	0.80	12.13	1.51	3.00	0.68	1.02	0.60	0.66	0.380

续表

| 角钢号数 | 尺寸/mm | | | | 截面面积/cm² | 理论重量/(kg/m) | 外表面积/(m²/m) | 参考数值 | | | | | | | | | | | | | |
| | B | b | d | r | | | | x—x | | | y—y | | | x₁—x₁ | | y₁—y₁ | | u—u | | | tanα |
								I_x/cm⁴	i_x/cm	W_x/cm³	I_y/cm⁴	i_y/cm	W_y/cm³	I_{x1}/cm⁴	y_0/cm	I_{y1}/cm⁴	x_0/cm	I_u/cm⁴	i_u/cm	W_u/cm³	
5/3.2	50	32	3	5.5	2.431	1.908	0.161	6.24	1.60	1.84	2.02	0.91	0.82	12.49	1.60	3.31	0.73	1.20	0.70	0.68	0.404
			4		3.177	2.494	0.160	7.02	1.59	2.39	2.58	0.90	1.06	16.65	1.65	4.45	0.77	1.53	0.69	0.87	0.402
5.6/3.6	56	36	3	6	2.743	2.153	0.181	8.88	1.80	2.32	2.92	1.03	1.05	17.54	1.78	4.70	0.80	1.73	0.79	0.87	0.408
			4		3.590	2.818	0.180	11.45	1.78	3.03	3.76	1.02	1.37	23.39	1.82	6.33	0.85	2.23	0.79	1.13	0.408
			5		4.415	3.466	0.180	13.86	1.77	3.71	4.49	1.01	1.65	29.25	1.87	7.94	0.88	2.67	0.79	1.36	0.404
6.3/4	63	40	4	7	4.058	3.185	0.202	16.49	2.02	3.87	5.23	1.14	1.70	33.30	2.04	8.63	0.92	3.12	0.88	1.40	0.398
			5		4.993	3.920	0.202	20.02	2.00	4.74	6.31	1.12	2.71	41.63	2.08	10.86	0.95	3.76	0.87	1.71	0.396
			6		5.908	4.638	0.201	23.36	1.96	5.59	7.29	1.11	2.43	49.98	2.12	13.12	0.99	4.34	0.86	1.99	0.393
			7		6.802	5.339	0.201	26.53	1.98	6.40	8.24	1.10	2.78	58.07	2.15	15.47	1.03	4.97	0.86	2.29	0.389
7/4.5	70	45	4	7.5	4.547	3.570	0.226	23.17	2.26	4.86	7.55	1.29	2.17	45.92	2.24	12.26	1.02	4.40	0.98	1.77	0.410
			5		5.609	4.403	0.225	27.95	2.23	5.92	9.13	1.28	2.65	57.10	2.28	15.39	1.06	5.40	0.98	2.19	0.407
			6		6.647	5.218	0.225	32.54	2.21	6.95	10.62	1.26	3.12	68.35	2.32	18.58	1.09	6.35	0.93	2.59	0.404
			7		7.657	6.011	0.225	37.22	2.20	8.03	12.01	1.25	3.57	79.99	2.36	21.84	1.13	7.16	0.97	2.94	0.402
(7.5/5)	75	50	5	8	6.125	4.808	0.245	34.86	2.39	6.83	12.61	1.44	3.30	70.00	2.40	21.04	1.17	7.41	1.10	2.74	0.435
			6		7.260	5.699	0.245	41.12	2.38	8.12	14.70	1.42	3.88	84.30	2.44	25.37	1.21	8.54	1.08	3.19	0.435
			8		9.467	7.431	0.244	52.39	2.35	10.52	18.53	1.40	4.99	112.50	2.52	34.23	1.29	10.87	1.07	4.10	0.429
			10		11.590	9.098	0.244	62.71	2.33	12.79	21.96	1.38	6.04	140.80	2.60	43.43	1.36	13.10	1.06	4.99	0.423
8/5	80	50	5	8	6.375	5.005	0.255	41.96	2.56	7.78	12.82	1.42	3.32	85.21	2.60	21.06	1.14	7.66	1.10	2.74	0.388
			6		7.560	5.935	0.255	49.49	2.56	8.25	14.95	1.41	3.91	102.53	2.65	25.41	1.18	8.85	1.08	3.20	0.387
			7		8.724	6.848	0.255	56.16	2.54	10.58	16.96	1.39	4.48	119.33	2.69	29.82	1.21	10.18	1.08	3.70	0.384
			8		9.867	7.745	0.254	62.83	2.52	11.92	18.85	1.38	5.03	136.41	2.73	34.32	1.25	11.38	1.07	4.16	0.381

续表

角钢号数	B	b	d	r	截面面积/cm²	理论重量/(kg/m)	外表面积/(m²/m)	I_x/cm⁴	i_x/cm	W_x/cm³	I_y/cm⁴	i_y/cm	W_y/cm³	I_{x1}/cm⁴	y_0/cm	I_{y1}/cm⁴	x_0/cm	I_u/cm⁴	i_u/cm	W_u/cm³	$\tan\alpha$
								x—x			y—y			x1—x1		y1—y1		u—u			
9/5.6	90	56	5	9	7.212	5.661	0.287	60.45	2.90	9.92	18.32	1.59	4.21	121.32	2.91	29.53	1.25	10.98	1.23	3.49	0.385
			6		8.557	6.717	0.286	71.03	2.88	11.74	21.42	1.58	4.96	145.59	2.95	35.58	1.29	12.90	1.23	4.18	0.384
			7		9.880	7.756	0.286	81.01	2.86	13.49	24.36	1.57	5.70	169.66	3.00	41.71	1.33	14.67	1.22	4.72	0.382
			8		11.183	8.779	0.286	91.03	2.85	15.27	27.15	1.56	6.41	194.17	3.04	47.93	1.36	16.34	1.21	5.29	0.380
10/6.3	100	63	6	10	9.617	7.550	0.320	99.06	3.21	14.64	30.94	1.79	6.35	199.71	3.24	50.50	1.43	18.42	1.38	5.25	0.394
			7		11.111	8.722	0.320	113.45	3.20	16.88	35.26	1.78	7.29	233.00	3.28	59.14	1.47	21.00	1.38	6.02	0.394
			8		12.584	9.878	0.319	127.37	3.18	19.08	39.39	1.77	8.21	266.32	3.32	67.88	1.50	23.50	1.37	6.78	0.391
			10		15.467	12.142	0.319	153.81	3.15	23.32	47.12	1.74	9.98	333.06	3.40	85.73	1.58	28.33	1.35	8.24	0.387
10/8	100	80	6	10	10.637	8.350	0.354	107.04	3.17	15.19	61.24	2.40	10.16	199.83	2.95	102.68	1.97	31.65	1.72	8.37	0.627
			7		12.301	9.656	0.354	122.73	3.16	17.52	70.08	2.39	11.71	233.20	3.00	119.98	2.01	36.17	1.72	9.60	0.626
			8		13.944	10.946	0.353	137.92	3.14	19.81	78.58	2.37	13.21	266.61	3.04	137.37	2.05	40.58	1.71	10.80	0.625
			10		17.167	13.476	0.353	166.87	3.12	24.24	94.65	2.35	16.12	333.63	3.12	172.48	2.13	49.10	1.69	13.12	0.622
11/7	110	70	6	10	10.637	8.350	0.354	133.37	3.54	17.85	42.92	2.01	7.90	265.78	3.53	69.08	1.57	25.36	1.54	6.53	0.403
			7		12.301	9.656	0.354	153.00	3.53	20.60	49.01	2.00	9.09	310.07	3.57	80.82	1.61	28.95	1.53	7.50	0.402
			8		13.944	10.946	0.353	172.04	3.51	23.30	54.87	1.98	10.25	354.39	3.62	92.70	1.65	32.45	1.53	8.45	0.401
			10		17.167	13.467	0.353	208.39	3.48	28.54	65.88	1.96	12.48	443.13	3.70	116.83	1.72	39.20	1.51	10.29	0.397
12.5/8	125	80	7	11	14.096	11.066	0.403	227.98	4.02	26.86	74.42	2.30	1.01	454.99	4.01	120.32	1.80	43.81	1.76	9.92	0.408
			8		15.989	12.551	0.403	256.77	4.01	30.41	83.49	2.28	13.56	519.99	4.06	137.85	1.84	49.15	1.75	11.18	0.407
			10		19.712	15.474	0.402	312.04	3.98	37.33	100.67	2.26	16.56	650.09	4.14	173.40	1.92	59.45	1.74	13.64	0.404
			12		23.351	18.330	0.402	364.41	3.95	44.01	116.67	2.24	19.43	780.39	4.22	209.67	2.00	69.35	1.72	16.01	0.400

续表

角钢号数	尺寸/mm				截面面积 /cm²	理论重量 /(kg/m)	外表面积 /(m²/m)	参考数值														
								x—x			y—y			x₁—x₁		y₁—y₁		u—u			
	B	b	d	r				I_x /cm⁴	i_x /cm	W_x /cm³	I_y /cm⁴	i_y /cm	W_y /cm³	I_{x1} /cm⁴	y_0 /cm	I_{y1} /cm⁴	x_0 /cm	I_u /cm⁴	i_u /cm	W_u /cm³	$\tan\alpha$
14/9	140	90	8	12	18.038	14.160	0.453	365.64	4.50	38.48	120.69	2.59	17.34	730.53	4.50	195.79	2.04	70.83	1.98	14.31	0.411
			10		22.261	17.475	0.452	445.50	4.47	47.31	146.03	2.56	21.22	913.20	4.58	245.92	2.21	85.82	1.96	17.48	0.409
			12		26.400	20.724	0.451	521.59	4.44	55.87	169.79	2.54	24.95	1096.09	4.66	296.89	2.19	100.21	1.95	20.54	0.406
			14		30.456	23.908	0.451	594.10	4.42	64.18	192.10	2.51	28.54	1279.26	4.74	348.82	2.27	114.13	1.94	23.52	0.403
16/10	160	100	10	13	25.315	19.872	0.512	668.69	5.14	62.13	205.03	2.85	26.56	1362.89	5.24	336.59	2.28	121.74	2.19	21.92	0.390
			12		30.054	23.592	0.511	784.91	5.11	73.49	239.09	2.82	31.28	1635.56	5.32	405.94	2.36	142.33	2.17	25.79	0.388
			14		34.709	27.247	0.510	896.30	5.08	84.56	271.20	2.80	35.83	1908.50	5.40	476.42	2.43	162.23	2.16	29.56	0.385
			16		39.281	30.835	0.510	1003.04	5.05	95.33	301.60	2.77	40.24	2181.79	5.48	548.22	2.51	182.57	2.16	33.44	0.382
18/11	180	110	10	14	28.373	22.373	0.571	956.25	5.80	78.96	278.11	3.13	32.49	1940.40	5.89	447.22	2.44	166.50	2.42	26.88	0.376
			12		33.712	26.464	0.571	1124.75	5.78	93.53	325.03	3.10	38.32	2328.35	5.98	538.94	2.52	194.87	2.40	31.66	0.374
			14		38.967	30.589	0.570	1285.91	5.75	107.76	369.55	3.08	43.97	2716.60	6.06	631.95	2.59	222.30	2.39	36.32	0.372
			16		44.139	34.649	0.569	1443.06	5.72	121.64	411.85	3.06	49.44	3105.15	6.14	726.46	2.67	248.84	2.38	40.87	0.369
20/12.5	200	125	12	14	37.912	29.761	0.641	1570.90	6.44	116.73	483.16	3.57	49.99	3193.85	6.54	787.74	2.83	285.79	2.74	41.23	0.392
			14		43.867	34.436	0.640	1800.97	6.41	134.65	550.83	3.54	57.44	3726.17	6.62	922.47	2.91	326.58	2.73	47.34	0.390
			16		49.739	39.045	0.639	2023.35	6.38	152.18	615.44	3.52	64.69	4258.86	6.70	1058.86	2.99	366.21	2.71	53.32	0.388
			18		55.526	43.588	0.639	2238.30	6.35	169.33	677.19	3.49	71.74	4792.00	6.78	1197.13	3.06	404.83	2.70	59.18	0.385

注：1. 括号内型号不推荐使用。

2. 截面图中的 $r_1 = d/3$ 及表中 r 值，用于孔型设计，不作为交货条件。

附表 B-3 热轧槽钢

符号意义：h——高度；r_1——腿端圆弧半径；b——腿宽度；I——惯性矩；d——腰厚度；W——抗弯截面系数；t——平均腿厚度；i——惯性半径；r——内圆弧半径；z_0——$y-y$ 轴与 y_1-y_1 轴间距。

型号	尺寸/mm						截面面积 /cm²	理论重量 /(kg/m)	参考数值							
									$x-x$			$y-y$			y_1-y_1	
	h	b	d	t	r	r_1			W_x/cm^3	I_x/cm^4	i_x/cm	W_y/cm^3	I_y/cm^4	i_y/cm	I_{y1}/cm^4	z_0/cm
5	50	37	4.5	7	7.0	3.5	6.928	5.438	10.4	26.0	1.94	3.55	8.30	1.10	20.9	1.35
6.3	63	40	4.8	7.5	7.5	3.8	8.451	6.634	16.1	50.8	2.45	4.50	11.9	1.19	28.4	1.36
8	80	43	5.0	8	8.0	4.0	10.248	8.045	25.3	101	3.15	5.79	16.6	1.27	37.4	1.43
10	100	48	5.3	8.5	8.5	4.2	12.748	10.007	39.7	198	3.95	7.8	25.6	1.41	54.9	1.52
12.6	126	53	5.5	9	9.0	4.5	15.692	12.318	62.1	391	4.95	10.2	38.0	1.57	77.1	1.59
14a	140	58	6.0	9.5	9.5	4.8	18.516	14.535	80.5	564	5.52	13.0	53.2	1.70	107	1.71
14b	140	60	8.0	9.5	9.5	4.8	21.316	16.733	87.1	609	5.35	14.1	61.1	1.69	121	1.67
16a	160	63	6.5	10	10.0	5.0	21.962	17.240	108	866	6.28	16.3	73.3	1.83	144	1.80
16	160	65	8.5	10	10.0	5.0	25.162	19.752	117	935	6.10	17.6	83.4	1.82	161	1.75

续表

| 型号 | 尺寸/mm | | | | | | 截面面积/cm² | 理论重量/(kg/m) | 参考数值 | | | | | | | |
| | h | b | d | t | r | r_1 | | | $x-x$ | | | $y-y$ | | | y_1-y_1 | z_0/cm |
									W_x/cm³	I_x/cm⁴	i_x/cm	W_y/cm³	I_y/cm⁴	i_y/cm	I_{y1}/cm⁴	
18a	180	68	7.0	10.5	10.5	5.2	25.699	20.174	141	1270	7.04	20.0	98.6	1.96	190	1.88
18	180	70	9.0	10.5	10.5	5.2	29.299	23.000	152	1370	6.84	21.5	111	1.95	210	1.84
20a	200	73	7.0	11	11.0	5.5	28.837	22.637	178	1780	7.86	24.2	128	2.11	244	2.01
20	200	75	9.0	11	11.0	5.5	32.837	25.777	191	1910	7.64	25.9	144	2.09	268	1.95
22a	220	77	7.0	11.5	11.5	5.8	31.846	24.999	218	2390	8.67	28.2	158	2.23	298	2.10
22	220	79	9.0	11.5	11.5	5.8	36.246	28.453	234	2570	8.42	30.1	176	2.21	326	2.03
a	250	78	7.0	12	12.0	6.0	34.917	27.410	270	3370	9.82	30.6	176	2.24	322	2.07
25b	250	80	9.0	12	12.0	6.0	39.917	31.335	282	3530	9.41	32.7	196	2.22	353	1.98
c	250	82	11.0	12	12.0	6.0	44.917	35.260	295	3690	9.07	35.9	218	2.21	384	1.92
a	280	82	7.5	12.5	12.5	6.2	40.034	31.427	340	4760	10.9	35.7	218	2.33	388	2.10
28b	280	84	9.5	12.5	12.5	6.2	45.634	35.823	366	5130	10.6	37.9	242	2.30	428	2.02
c	280	86	11.5	12.5	12.5	6.2	51.234	40.219	393	5500	10.4	40.3	268	2.29	463	1.95
a	320	88	8.0	14	14.0	7.0	48.513	38.083	475	7600	12.5	46.5	305	2.50	552	2.24
32b	320	90	10.0	14	14.0	7.0	54.913	43.107	509	8140	12.2	49.2	336	2.47	593	2.16
c	320	92	12.0	14	14.0	7.0	61.313	48.131	543	8690	11.9	52.6	374	2.47	643	2.09
a	360	96	9.0	16	16.0	8.0	60.910	47.814	660	11900	14.0	63.5	455	2.73	818	2.44
36b	360	98	11.0	16	16.0	8.0	68.110	53.466	703	12700	13.6	66.9	497	2.70	880	2.37
c	360	100	13.0	16	16.0	8.0	75.310	59.118	746	13400	13.4	70.0	536	2.67	948	2.34
a	400	100	10.5	18	18.0	9.0	75.068	58.928	879	17600	15.3	78.8	592	2.81	1070	2.49
40b	400	102	12.5	18	18.0	9.0	83.068	65.208	932	18600	15.0	82.5	640	2.78	1140	2.44
c	400	104	14.5	18	18.0	9.0	91.068	71.488	986	19700	14.7	86.2	688	2.75	1220	2.42

附表 B-4　热轧工字钢

符号意义：h ——高度；r₁ ——腿端圆弧半径；
b ——腿宽度；I ——惯性矩；
d ——腰厚度；W ——抗弯截面系数；
t ——平均腿厚度；i ——惯性半径；
r ——内圆弧半径；S ——半截面的静力矩。

| 型号 | 尺寸/mm | | | | | | 截面面积 /cm² | 理论重量 /(kg/m) | 参考数值 | | | | | | |
| | h | b | d | t | r | r₁ | | | $x-x$ | | | | $y-y$ | | |
									I_x/cm⁴	W_x/cm³	i_x/cm	$I_x:S_x$/cm	I_y/cm⁴	W_y/cm³	i_y/cm
10	100	68	4.5	7.6	6.5	3.3	14.345	11.261	245	49.0	4.14	8.59	33.0	9.72	1.52
12.6	126	74	5.0	8.4	7.0	3.5	18.118	14.223	488	77.5	5.20	10.8	46.9	12.7	1.61
14	140	80	5.5	9.1	7.5	3.8	21.516	16.890	712	102	5.76	12.0	64.4	16.1	1.73
16	160	88	6.0	9.9	8.0	4.0	26.131	20.513	1130	141	6.58	13.8	93.1	21.2	1.89
18	180	94	6.5	10.7	8.5	4.3	30.756	24.143	1660	185	7.36	15.4	122	26.0	2.00
20a	200	100	7.0	11.4	9.0	4.5	35.578	27.929	2370	237	8.15	17.2	158	31.5	2.12
20b	200	102	9.0	11.4	9.0	4.5	39.578	31.069	2500	250	7.96	16.9	169	33.1	2.06
22a	220	110	7.5	12.3	9.5	4.8	42.128	33.070	3400	309	8.99	18.9	225	40.9	2.31
22b	220	112	9.5	12.3	9.5	4.8	46.528	36.524	3570	325	8.78	18.7	239	42.7	2.27
25a	250	116	8.0	13.0	10.0	5.0	48.541	38.105	5020	402	10.2	21.6	280	48.3	2.40
25b	250	118	10.0	13.0	10.0	5.0	53.541	42.030	5280	423	9.94	21.6	309	52.4	2.40

续表

型号	尺寸/mm						截面面积/cm²	理论重量/(kg/m)	参考数值						
									$x-x$				$y-y$		
	h	b	d	t	r	r_1			I_x/cm⁴	W_x/cm³	i_x/cm	$I_x:S_x$/cm	I_y/cm⁴	W_y/cm³	i_y/cm
28a	280	122	8.5	13.7	10.5	5.3	55.404	43.492	7110	508	11.3	24.6	345	56.6	2.50
28b	280	124	10.5	13.7	10.5	5.3	61.004	47.888	7480	534	11.1	24.2	379	61.2	2.49
32a	320	130	9.5	15.0	11.5	5.8	67.156	52.717	11100	692	12.8	27.5	460	70.8	2.62
32b	320	132	11.5	15.0	11.5	5.8	73.556	57.741	11600	726	12.6	27.1	502	76.0	2.61
32c	320	134	13.5	15.0	11.5	5.8	79.956	62.765	12200	760	12.3	26.3	544	81.2	2.61
36a	360	136	10.0	15.8	12.0	6.0	76.480	60.037	15800	875	14.4	30.7	552	81.2	2.69
36b	360	138	12.0	15.8	12.0	6.0	83.680	65.689	16500	919	14.1	30.3	582	84.3	2.64
36c	360	140	14.0	15.8	12.0	6.0	90.880	71.341	17300	962	13.8	29.9	612	87.4	2.60
40a	400	142	10.5	16.5	12.5	6.3	86.112	67.598	21700	1090	15.9	34.1	660	93.2	2.77
40b	400	144	12.5	16.5	12.5	6.3	94.112	73.878	22800	1140	16.5	33.6	692	96.2	2.71
40c	400	146	14.5	16.5	12.5	6.3	102.112	80.158	23900	1190	15.2	33.2	727	99.6	2.65
45a	450	150	11.5	18.0	13.5	6.8	102.446	80.420	32200	1430	17.7	38.6	855	114	2.89
45b	450	152	13.5	18.0	13.5	6.8	111.446	87.485	33800	1500	17.4	38.0	894	118	2.84
45c	450	154	15.5	18.0	13.5	6.8	120.446	94.550	35300	1570	17.1	37.6	938	122	2.79
50a	500	158	12.0	20.0	14.0	7.0	119.304	93.654	46500	1860	19.7	42.8	1120	142	3.07
50b	500	160	14.0	20.0	14.0	7.0	129.304	101.504	48600	1940	19.4	42.4	1170	146	3.01
50c	500	162	16.0	20.0	14.0	7.0	139.304	109.354	50600	2080	19.0	41.8	1220	151	2.96
56a	560	166	12.5	21.0	14.5	7.3	135.435	106.316	65600	2340	22.0	47.7	1370	165	3.18
56b	560	168	14.5	21.0	14.5	7.3	146.635	115.108	68500	2450	21.6	47.2	1490	174	3.16
56c	560	170	16.5	21.0	14.5	7.3	157.835	123.900	71400	2550	21.3	46.7	1560	183	3.16
63a	630	176	13.0	22.0	15.0	7.5	154.658	121.407	93900	2980	24.5	54.2	1700	193	3.31
63b	630	178	15.0	22.0	15.0	7.5	167.258	131.298	98100	3160	24.2	53.5	1810	204	3.29
63c	630	180	17.0	22.0	15.0	7.5	179.858	141.189	102000	3300	23.8	52.9	1920	214	3.27

注：截面图和表中标注的圆弧半径 r 和 r_1 值，用于孔型设计，不作为交货条件。

参考文献

[1] 王永廉.材料力学[M].3 版.北京:机械工业出版社,2017.

[2] 王永廉,汪云祥,方建士.材料力学学习指导与题解[M].2 版.北京:机械工业出版社,2012.

[3] 孙训方,方孝淑,关来泰.材料力学[M].3 版.北京:高等教育出版社,2009.

[4] 刘鸿文.材料力学(Ⅰ、Ⅱ)[M].6 版.北京:高等教育出版社,2017.

[5] 单辉祖.材料力学(1、2)[M].3 版.北京:高等教育出版社,2010.

[6] 张新占.材料力学[M].西安:西北工业大学出版社,2005.

[7] 秦世伦.材料力学[M].2 版.成都:四川大学出版社,2011.

[8] 何青,刘静静.材料力学习题解析[M].北京:中国电力出版社,2015.

[9] 杨静宁,赵晓军.材料力学[M].西安:西安交通大学出版社,2015.

[10] 黄小青,陆丽芳,何庭蕙.材料力学[M].2 版.广州:华南理工大学出版社,2011.

[11] 秦飞.材料力学[M].北京:科学出版社,2012.

[12] 严圣平.工程力学(静力学和材料力学)[M].北京:高等教育出版社,2013.

[13] 李志君,许留旺.材料力学思维训练题集[M].北京:中国铁道出版社,2000.

[14] 闵行.材料力学重点难点及典型题精解[M].西安:西安交通大学出版社,2001.

[15] 苏振超,薛艳霞,赵兰敏.结构力学(上、下)[M].西安:西安交通大学出版社,2013.

[16] 刘庆潭.材料力学[M].北京:机械工业出版社,2003.

[17] 聂毓琴,孟广伟.材料力学[M].北京:机械工业出版社,2004.

[18] 刘耀乙.工程力学基础Ⅰ[M].北京:北京理工大学出版社,2004.

[19] 田健,邱国俊,李成植.材料力学[M].北京:中国石化出版社,2006.

[20] 张力,孟春玲,张媛.工程力学[M].北京:清华大学出版社,2006.

[21] 邱隶华,胡性侃,陈忠安,等.材料力学[M].北京:高等教育出版社,2004.

[22] 清华大学材料力学教研室.材料力学解题指导及习题集[M].2 版.北京:高等教育出版社,1984.